高职高专系列教材

绿色化学与人类现代生活

史文权　张怀远　主编

中国石化出版社

内 容 提 要

本书介绍了21世纪人类面临的环境问题，绿色化学的来源、兴起、理念、原则、发展趋势及绿色化学与人类现代生活的关系。贯穿全书的思想是树立绿色化学观念，增强环保意识，通过大量的实例反映绿色化学与人类现代生活之间的联系，使人们在研究和工作中努力促进化学和化工的绿色化，实现社会的可持续发展。

本书可作为高职院校非化工类专业学生的选修课教材，又可作为社会各界人士了解绿色化学与人类生活之间关系的参考用书，也对从事化学和化工生产工作的人员有一定的专业参考价值。

图书在版编目(CIP)数据

绿色化学与人类现代生活 / 史文权，张怀远主编.
—北京：中国石化出版社，2014.1
高职高专系列教材
ISBN 978-7-5114-2520-1

Ⅰ.①绿… Ⅱ.①史… ②张… Ⅲ.①化学工业-无污染技术
Ⅳ.①X78

中国版本图书馆CIP数据核字(2013)第274251号

中国石化出版社出版发行
地址：北京市东城区安定门外大街58号
邮编：100011　电话：(010)84271850
读者服务部电话：(010)84289974
http://www.sinopec-press.com
E-mail:press@sinopec.com
北京科信印刷有限公司印刷
全国各地新华书店经销
*
787×1092毫米 16开本 10.25印张 245千字
2014年1月第1版　2014年1月第1次印刷
定价：28.00元

前　言

长期以来传统化学为人类创造了大量的物质财富，改变了人类的生活方式，使人类健康、生活水平和生活质量有了前所未有的提高。然而化学也是“双刃剑”，化学在给人类带来舒适生活的同时，在其制造、使用和处理过程中，也伴随着对环境的污染、对人体健康的威胁和对生态系统的破坏。传统的化学、化工正面临着人类可持续发展要求的严重挑战。于是20世纪90年代出现了具有巨大社会需求和明确科学目标的新兴交叉学科——绿色化学，它是当今国际化学化工科学研究的前沿和发展的重要领域。

绿色化学体现了科学发展观，是减少资源消耗、实现循环经济和经济可持续发展的重要科学基础。它吸收了当代化学、物理、生物、材料、信息等学科的最新理论和技术，具有明确的科学目标和社会需要。面对国际上兴起的绿色化学与清洁生产技术浪潮，我国政府也决心实施可持续性发展战略。为实现我国经济、科技和社会发展的宏伟目标，在《国家重点基础研究发展规划》中亦将绿色化学的基础研究项目作为支持的重要方向之一，许多院校纷纷成立了绿色化学研究机构等。

20世纪以来世界人口急剧增长，对全球资源的掠夺性开发和伴随工业化的发展而产生的大量“三废”排放，已经对人类的生存环境造成了严重破坏。专家认为目前人类疾病的70%~80%与环境的破坏有关。由于环境污染和生态平衡失调，给人类的生存和健康造成威胁的无数事实，已经使人们越来越深刻地认识到环境保护的重要性。目前我国几个大中城市出现持续多日的严重雾霾和污染天气，给全体公民上了一堂生动的环保课，而绿色化学对人类可持续发展、环境保护等领域有着重要的推动作用。在社会经济发展中发挥绿色化学化工的作用，保护地球日益脆弱的生态环境，实现“从源头上完全解决环境污染问题”的愿望，才能使发展经济与保护环境做到有机的统一。

为适应我国化学化工发展的要求，为提高高职院校学生的化学素养，增强环保意识，使绿色化学这一新兴学科及知识能够得到迅速传播与普及，并在这一过程中不断得到完善，我们编写了《绿色化学与人类现代生活》这本书。本书以拓展当代大学生知识面、培养学生绿色化学意识、增强学生环保的自觉性为指导思想，结合人们现实生活中的案例培养学生保护环境的意识，开阔学生的视野，便于学生从整体上认识化学学科，了解绿色化学在人类社会发展中所起的作用，以及在知识经济为主导的当代文明中不可替代的功能和发展机遇；使学生及时了解最新和最热门的科学技术成果的研究进展以及国内外发展状况，成为高素质的技术技能型人才。考虑到非化学化工类专业学生化学基础薄弱的现状，在教材编写上力求避开较深的化学理论，以人们实际生产和生活中的环境热点问题介绍绿色化学的内涵和基本原理，通过大量实例反映绿色化学与人类现代生活之间的联系，以增强学生学习的兴趣。

本书由兰州石化职业技术学院史文权、张怀远编写，第4章、第5章由张怀远编写，其余部分均由史文权编写。全书由史文权教授统稿，陈淑芬教授主审。

本书的编写与出版得到了中国石化出版社的支持和同行们的帮助，在此谨表谢意，同时作者在编写过程中参阅和引用了大量专家和学者的研究成果，在此谨向原作者表示崇高敬意和衷心感谢。

由于绿色化学是一个新兴、多学科交叉的研究领域，涉及的学科知识面广，加之编者水平有限，书中疏漏或不妥之处在所难免，敬请广大读者批评指正。

编　者

目　录

第1章　20世纪化学的辉煌成就及21世纪人类面临的环境问题 …… (1)
1.1　20世纪化学的辉煌成就 …… (1)
1.1.1　20世纪化学的辉煌成就 …… (1)
1.1.2　未来化学的作用和地位 …… (4)
1.2　新的环境问题和隐忧 …… (5)
1.2.1　概述 …… (5)
1.2.2　生命伦理概念受到挑战 …… (9)
1.2.3　人类遭受新旧传染病的围攻 …… (9)
1.2.4　信息高速公路建设带来的隐患 …… (9)
1.2.5　人类活动污染宇宙 …… (10)
1.2.6　人类自身隐忧增加 …… (10)
1.3　人类十大环境危机 …… (10)
1.3.1　全球变暖 …… (10)
1.3.2　臭氧层破坏 …… (10)
1.3.3　生物多样性减少 …… (11)
1.3.4　酸雨蔓延 …… (11)
1.3.5　森林锐减 …… (11)
1.3.6　土地荒漠化 …… (11)
1.3.7　水体污染 …… (12)
1.3.8　海洋污染 …… (12)
1.3.9　垃圾围城 …… (12)
1.3.10　水土流失 …… (12)
1.4　过度排放与大气污染 …… (12)
1.4.1　正常的大气成分 …… (12)
1.4.2　常见的大气污染物 …… (12)
1.4.3　主要大气污染源 …… (12)
1.4.4　大气污染物的主要危害 …… (13)
1.5　过度排放与气候变化 …… (14)
1.5.1　概述 …… (14)
1.5.2　引起气候变化的原因 …… (15)
1.5.3　气候变化造成的危害 …… (16)
1.5.4　人类采取的对策 …… (17)
1.6　过度排放与水体污染 …… (20)

1.6.1 水的生理意义 …… (20)
1.6.2 水污染及防治 …… (21)
阅读材料 2010 中国环境状况公报(淡水环境) …… (25)
1.7 过度排放与臭氧层空洞 …… (29)
1.7.1 臭氧的产生 …… (29)
1.7.2 臭氧层的作用 …… (30)
1.7.3 臭氧层的破坏 …… (30)
1.7.4 消耗臭氧层物质 …… (31)
1.7.5 臭氧层空洞 …… (32)
1.7.6 臭氧层空洞的危害 …… (32)
1.7.7 “补天”行动 …… (33)
阅读材料 臭氧层国际保护行动 …… (33)
臭氧层中国保护行动 …… (34)
1.8 过度排放与酸雨 …… (35)
1.8.1 酸雨的概念 …… (35)
1.8.2 酸雨的形成过程 …… (36)
1.8.3 酸雨的危害 …… (36)
阅读材料 2010年中国环境状况公报(酸雨) …… (37)
1.9 人类面临严重环境问题的思考与行动 …… (38)
1.9.1 1962年《寂静的春天》问世 …… (38)
1.9.2 1972年《增长的极限》与全球性问题 …… (39)
1.9.3 1972年联合国人类环境大会与《人类环境宣言》 …… (40)
1.9.4 1987年《我们共同的未来》 …… (41)
1.9.5 1992年联合国环境与发展大会 …… (41)
1.9.6 2002年联合国可持续发展大会 …… (43)
1.9.7 2007年联合国气候变化大会,印度尼西亚巴厘岛 …… (46)
阅读材料 环保随手100事 …… (46)
第2章 绿色化学的来源 …… (48)
2.1 概述 …… (48)
2.2 绿色化学的兴起历史 …… (53)
2.3 绿色化学研究进展 …… (53)
2.4 我们身边的绿色化学 …… (54)
2.5 各国政府对绿色化学的政策与奖励 …… (56)
2.5.1 美国“总统绿色化学挑战奖” …… (56)
2.5.2 日本的“新阳光计划” …… (56)
2.5.3 德国的“为环境而研究”政策 …… (57)
2.5.4 中国走经济与社会持续协调发展道路的决定 …… (57)
2.6 绿色化学——中国化工可持续发展的必由之路 …… (57)
2.7 生态人居环境建设与绿色化学 …… (60)

第3章 绿色化学化工技术 ……（63）
3.1 能源技术 ……（63）
3.1.1 能源及其分类 ……（63）
3.1.2 各种能源技术 ……（66）
3.2 材料技术 ……（72）
3.2.1 新型材料的特点 ……（73）
3.2.2 金属材料 ……（74）
3.2.3 陶瓷材料 ……（75）
3.2.4 高分子材料 ……（77）
3.2.5 纳米材料 ……（79）
3.3 分离技术 ……（81）
3.3.1 超声技术 ……（81）
3.3.2 微波萃取技术 ……（83）
3.4 生物技术 ……（84）
3.4.1 生物技术及其发展 ……（84）
3.4.2 现代生物技术的研究及应用 ……（85）
第4章 循环化学 ……（89）
4.1 垃圾 ……（89）
4.1.1 垃圾分类 ……（89）
4.1.2 国内外垃圾循环及现状 ……（89）
4.2 节约能源的方法及措施 ……（89）
4.2.1 使用范围 ……（89）
4.2.2 用尽量少的材料制造尽量多的产品 ……（90）
4.2.3 一次性用品和消费者 ……（90）
4.2.4 容器和包装 ……（92）
4.2.5 使用更少的纸张 ……（92）
4.2.6 生命－周期分析 ……（93）
4.2.7 生态标签 ……（93）
4.2.8 生态公园 ……（94）
4.2.9 循环利用的经济学 ……（94）
4.2.10 政府在减少消费中的角色 ……（94）
4.3 展望 ……（95）
第5章 绿色化学与现代生活 ……（97）
5.1 绿色产品的定义与特征 ……（97）
5.1.1 绿色产品的定义 ……（97）
5.2.2 绿色产品的特征 ……（97）
5.2 绿色产品的分类 ……（97）
5.3 绿色产品的等级划分 ……（98）
5.4 绿色产品的评价标准及其认证 ……（98）

5.4.1 AA级绿色食品的肥料使用准则 …… (99)
5.4.2 A级绿色食品的肥料使用准则 …… (99)
5.5 绿色产品的标志 …… (99)
5.6 绿色食品 …… (100)
5.6.1 绿色食品的概念 …… (100)
5.6.2 绿色食品标准 …… (101)
5.6.3 绿色食品的特征 …… (101)
5.6.4 绿色食品发展模式 …… (102)
5.6.5 发展绿色食品的意义 …… (103)
5.6.6 绿色食品发展历程 …… (103)
5.6.7 中国绿色食品发展呈现的特点 …… (105)
5.6.8 我国绿色食品产业发展趋势 …… (105)
5.6.9 绿色食品与有机食品、无公害食品的区别 …… (108)
5.6.10 食品添加剂 …… (108)
5.7 白色污染及其消除 …… (112)
5.7.1 什么叫"白色污染" …… (112)
5.7.2 "白色污染"的主要危害 …… (112)
5.7.3 对付"白色污染"的措施 …… (113)
5.7.4 塑料的定义及特性 …… (113)
5.7.5 塑料降解 …… (117)
5.8 绿色家装 …… (119)
5.8.1 甲醛 …… (120)
5.8.2 苯及其同系物(甲苯、二甲苯) …… (122)
5.8.3 氨气 …… (123)
5.8.4 氡气 …… (124)
5.9 绿色能源 …… (125)
5.9.1 绿色能源的概念 …… (125)
5.9.2 生物质能 …… (126)
5.9.3 未来的几种新能源 …… (126)
5.10 绿色涂料 …… (127)
5.10.1 概述 …… (127)
5.10.2 涂料的定义 …… (127)
5.10.3 涂料的分类 …… (127)
5.10.4 涂料的化学组成 …… (128)
5.10.5 涂料对环境的影响 …… (128)
5.10.6 绿色涂料 …… (129)
5.10.7 绿色涂装技术 …… (131)
5.10.8 绿色涂料展望 …… (131)
5.11 绿色洗涤剂 …… (131)

5.11.1 洗涤剂的成分及作用 …… (132)
5.11.2 洗涤剂对环境的危害 …… (133)
5.11.3 无磷洗涤剂 …… (133)
5.12 废旧电池与环境污染 …… (134)
5.12.1 化学电池的种类及其危害 …… (134)
5.12.2 废电池的回收利用 …… (135)
5.13 绿色化学与茶叶 …… (140)
5.14 绿色食品的标准及其内容构成 …… (141)
5.14.1 绿色食品标准 …… (141)
5.14.2 绿色食品等级 …… (142)
5.14.3 绿色食品标准内容构成 …… (142)
5.15 绿色蔬菜和有机蔬菜的区别 …… (143)
5.16 塑料袋和塑料饭盒 …… (143)
5.17 卫生纸 …… (145)
5.18 转基因食品 …… (146)
5.19 金属元素与人类健康 …… (148)
参考文献 …… (154)

第1章 20世纪化学的辉煌成就及21世纪人类面临的环境问题

1.1 20世纪化学的辉煌成就

化学是在原子、分子层次上研究物质的组成、结构、性质及其变化规律的一门学科，它所涉及的内容相当广泛，包括自然界中存在的物质(如各种矿物、空气中的气体、海洋里的水和盐、动植物体内的化学成分等)及自然界原本不存在而由化学工作者合成的新物质。作为自然科学中的一门基础学科，化学是当代科学技术和人类物质文明迅猛发展的基础和动力，是一门中心的、实用的和创造性的学科，是一门古老而又生机勃勃的学科。20世纪以来随着科学技术的飞速发展，化学也越来越显示出它对人类的生存及提高人民生活质量等方面所作出的卓越贡献，显示出它在应用于人类需求时所处的中心地位。因此，普及化学知识、正确认识化学品、科学地使用化学品是摆在我们面前刻不容缓的任务。

化学品按来源可分为两大类：天然化学品和合成化学品。

天然化学品是指自然界中本来就存在的物质，而合成化学品则是化学工作者在实验室或化工厂通过化学反应合成出来的，如三大合成材料(塑料、橡胶、合成纤维)，治病用的药品，农业用的化肥、农药、除草剂，各种电器用的导体、半导体和光纤材料，日用化学品(如洗涤剂、化妆品)等。已有的上千万种化学品中只有小部分是天然化学品，大部分都是为了满足社会发展和人民生活需要而设计和合成出来的。合成化学品为提高人类的生活质量提供了物质保证，也为日益减少或稀缺的天然化学品提供了代用品。

1.1.1 20世纪化学的辉煌成就

20世纪人类物质需求的日益增加及科学技术的迅猛发展，极大地推动了化学学科的发展。化学不仅形成了完整的理论体系，而且在理论的指导下，化学实践为人类创造了丰富的物质。化学过程工业及与化学相关的国计民生的各个领域，如粮食、能源、材料、医药、交通、国防及人类的“衣、食、住、行、用”等，在这100余年中发生的变化都是有目共睹的。

1. 放射性和核裂变的重大发现

20世纪在能源利用方面一个重大突破就是核能的释放和可控利用，仅此领域就产生了6项诺贝尔奖。

首先是居里夫妇从19世纪末到20世纪初先后发现了放射性比铀强400倍的钋，以及放射性比铀强200多万倍的镭，这项艰巨的化学研究打开了20世纪原子物理学的大门，居里夫妇为此而获得了1903年诺贝尔物理学奖。1906年居里不幸遇车祸身亡，居里夫人继续专心于镭的研究与应用，测定了镭的原子量，建立了镭的放射性标准，同时制备了20g镭存放于巴黎国际度量衡中心作为标准，并积极提倡把镭用于医疗，使放射治疗得到了广泛应用，造福于人类。为表彰居里夫人在发现钋和镭、开拓放射化学新领域及发展放射性元素的应用方面的贡献，居里夫人被授予1911年诺贝尔化学奖。

20 世纪初卢瑟福从事关于元素衰变和放射性物质的研究，提出了原子的有核结构模型和放射性元素的衰变理论，研究了人工核反应，因此而获得了 1908 年的诺贝尔化学奖。

居里夫人的女儿和女婿约里奥·居里夫妇发现，用钋的 α 射线轰击硼、铝、镁时产生了带有放射性的原子核，这是第一次用人工方法创造出放射性元素，为此约里奥·居里夫妇荣获了 1935 年的诺贝尔化学奖。

在约里奥·居里夫妇的基础上，物理学家费米用慢中子轰击各种元素获得了 60 种新的放射性元素，并发现中子轰击原子核后就被原子核捕获而获得一个新原子核，且不稳定，原子核中的一个中子将放出一次 β 衰变，生成原子序数增加 1 的元素。这一原理和方法的发现，使人工放射性元素的研究迅速成为当时的热点。物理学介入化学，用物理方法在元素周期表上增加新元素成为可能。费米的这一成就使他获得了 1938 年的诺贝尔物理学奖。

1939 年哈恩发现了核裂变现象，震撼了当时的科学界，成为原子能利用的基础。为此哈恩获得了 1944 年的诺贝尔化学奖。

2. 化学键和现代量子化学理论

在化学键理论方面鲍林(L·Pauling，1901 ~ 1994)的贡献最大。他把量子力学应用于分子结构，创立了价键学说和杂化轨道理论。1954 年由于他在化学键研究和用化学键理论阐明物质结构方面的重大贡献而荣获了诺贝尔化学奖。

化学键和量子化学理论的发展足足用了半个世纪的时间，让化学家由浅入深，认识分子的本质及其相互作用的基本原理，从而让人们进入分子理性设计的高层次领域，创造出新的功能分子，如药物设计、新材料设计等，这也是 20 世纪化学界的一个重大突破。

3. 合成化学的发展

合成新物质是化学家的首要任务。100 余年里合成化学发展迅速，许多新技术被用于无机化合物和有机化合物的合成，如超低温合成、高温合成、高压合成、电解合成、光合成、声合成、微波合成、等离子体合成、固相合成、仿生合成等；发现和创造的新反应、新合成方法数不胜数。现在几乎所有的已知天然化合物及化学家感兴趣的具有特定功能的非天然化合物都能够通过化学合成的方法来获得。在人类已拥有的 1900 多万种化合物中，绝大多数是由化学家们通过研究而合成的。

合成化学为满足人类对物质的需求作出了极其重要的贡献。纵观 20 世纪，合成化学领域共获得 10 项诺贝尔奖。

这一时期先后合成了奎宁、胆固醇、可的松、叶绿素、利血平、维生素 B_{12} 等一系列复杂有机化合物，它们的发明者先后荣获诺贝尔化学奖。

4. 高分子科学和材料

20 世纪人类文明的标志之一是合成材料的出现。合成橡胶、合成塑料和合成纤维这三大合成高分子材料在化学中具有突破性的成就，也是化学工业的骄傲。在此领域相关科学家先后荣获三项诺贝尔化学奖。

5. 化学动力学与分子反应动态学

研究化学反应是如何进行的，揭示化学反应的历程和研究物质的结构与其反应能力之间的关系，是控制化学反应过程的需要。在这一领域研究人员相继获得三项诺贝尔化学奖。

6. 对现代生命科学和生物技术的重大贡献

研究生命现象和生命过程、揭示生命的起源和本质是当代自然科学重大的研究课题。

20世纪生命化学的崛起给古老的生物学注入了新的活力，人们在分子水平上向生命的奥秘打开了一个又一个通道。蛋白质、核酸、核糖等生物大分子和激素、神经递质、细胞因子等生物小分子是构成生命的基本物质。从20世纪初开始，生物小分子(如糖、血红素、叶绿素、维生素等)的化学结构与合成研究就多次获得诺贝尔化学奖，这是化学向生命科学进军的第一步。

以下是这一时期的主要研究成果。

1955年首次合成多肽激素催产素而荣获了诺贝尔化学奖。

1958年，牛胰岛素分子结构测定获得了诺贝尔化学奖。

1953年提出了DNA双螺旋结构模型，这项重大成果对于生命科学具有划时代的意义，它为分子生物学和生物工程的发展奠定了基础，为整个生命科学带来了一场深刻的革命。因此，该项成果荣获了1962年诺贝尔医学奖。

1960年成功地测定了鲸肌红蛋白和马血红蛋白的空间结构，揭示了蛋白质分子的三维空间的排布方式，为此获得了1962年诺贝尔化学奖。

1965年我国化学家人工合成结晶牛胰岛素获得成功，标志着人类在揭示生命奥秘的历程中迈进了一大步。

1980年在DNA分裂和重组、DNA测序及现代基因工程学方面的研究成果获得诺贝尔化学奖。

1982年发明“象重组”技术和揭示病毒和细胞内遗传物质的结构的成果获得诺贝尔化学奖。

1989年核酶的发现这一成果获得诺贝尔化学奖。

7. 对人类健康的贡献

利用药物治疗疾病是人类文明的重要标志之一。

20世纪初由于对分子结构和药理作用的深入研究，药物化学迅速发展，并成为化学学科的一个重要领域。

1909年德国化学家艾里希合成出治疗梅毒的特效药物胂凡纳明。

20世纪30年代以后化学家从染料的研究中发明了一系列磺胺药，使许多细菌性传染病—特别是肺炎、流行性脑炎、细菌性痢疾等长期危害人类健康和生命的疾病得到了控制。青霉素、链霉素、金霉素、氯霉素、头孢菌素等抗生素的发明，为人类的健康作出了巨大贡献。

据不完全统计，20世纪化学家通过合成、半合成或从动植物、微生物中提取而得到的临床有效的化学药物超过两万种，常用的就有1000余种，而且这个数目还在快速增加。

8. 对国民经济和人类日常生活的贡献

化学在改善人类生活方面是最有成效、最实用的学科之一。

利用化学反应和过程来制造产品的化学工业(包括精细化工、石油化工、制药工业、日用化工、橡胶工业、造纸工业、玻璃和建材工业、钢铁工业、纺织工业、皮革工业、饮食工业等)产值在发达国家的工业总产值中占有很大的份额，这个数字在美国超过30%，而且还不包括诸如电子、汽车、农业等需要用到化工产品的相关工业产值。

发达国家从事研究与开发的科技人员中，化学、化工方面的专业人员占一半左右，世界专利发明中有20%与化学有关。

人类的衣、食、住、行、用，无不与化学有关。例如，各种材料都是由不同的化学元素组成的；房子是用水泥、玻璃、油漆等化学产品建造的；肥皂和牙膏是日用化学品；衣服是合成纤维制成并由合成染料上色的；饮用水必须经过化学检验才能保证质量；食品则是由用化肥和农药生产的粮食制成的；维生素和药物也是由化学工作者合成的。交通工具更离不开化学。例如，车辆的金属部件和油漆显然是化学品；车厢内的装潢通常是特种塑料或经化学制剂处理过的皮革制品；汽车的轮胎是由合成橡胶制成的，燃油和润滑油是含化学添加剂的石油化学产品，蓄电池是化学电源，尾气排放系统中用来降低污染的催化转化器装有用铂、铑和其他一些物质组成的催化剂，它可将汽车尾气中的氮氧化物、一氧化碳和未燃尽的碳氢化合物转化成低毒害的物质；飞机则需要用质强量轻的铝合金来制造，还需要特种塑料和特种燃油。

书刊、报纸是用化学家所发明的油墨和经化学方法生产出的纸张印制而成的。摄影胶片是涂有感光化学品的塑料片，它们能被光所敏化，所以在曝光和用显影药剂冲洗时，它们会发生特定的化学反应。彩电和电脑显示器的显像管是由玻璃和荧光材料制成的，这些材料在电子束轰击时可发出不同颜色的光。VCD 光盘是由特殊的信息存储材料制成的。甚至参加体育活动时穿的跑步鞋、溜冰鞋、运动服以及乒乓球、羽毛球等，也都离不开现代合成材料和涂料。

1.1.2 未来化学的作用和地位

未来化学在人类生存、生存质量和安全方面将以新的思路、观念和方式继续发挥核心科学的作用。

应该说 20 世纪的化学科学在保证人类衣食住行需求、提高人类生活水平和健康状态等方面起了重大作用。21 世纪人类所面临的粮食、人口、环境、资源和能源等问题更加严重，虽然这些难题的解决要依赖各个学科，但无论如何都要依靠研究物质基础的化学学科。

1. 化学仍然是解决食品问题的主要学科之一

化学将在设计、合成功能分子和结构材料及从分子层次阐明和控制生物过程(如光合作用、动植物生长)的机理等方面，为研究开发高效安全肥料、饲料和肥料/饲料添加剂、农药、农用材料(如生物可降解的农用薄膜)、生物肥料、生物农药等打下基础。利用化学和生物的方法增加动植物食品的防病之有效成分，提供安全的有防病作用的食物和食物添加剂，改进食品储存加工方法，以减少不安全因素等，都是化学研究的重要内容。

2. 化学在能源和资源的合理开发和高效安全利用中起关键作用

在能源和资源方面，未来化学要研究高效洁净的转化技术和控制低品质燃料的化学反应；太阳能及高效洁净的化学电源与燃料电池等都将成为 21 世纪的重要新能源，这些研究大多都需要从化学基本问题做起，否则将很难取得突破。矿产资源是不可再生的，但可利用化学来研究重要矿产资源(如稀土)的分离和深加工技术及利用。

3. 化学继续推动材料科学的发展

各种结构材料和功能材料与粮食一样永远是人类赖以生存和发展的物质基础。

化学是新材料的源泉，任何功能材料都是以功能分子为基础的，发现具有某种功能的新型结构会引起材料科学的重大突破。

未来化学不仅要设计和合成分子，而且要把这些分子组装、构筑成具有特定功能的材料。

4. 化学是提高人类生活质量和生存安全的有效保障

在满足生存需要之后，不断提高生存质量和生存安全是人类进步的重要标志。化学可从如下三个方面对保证生存质量的提高作出贡献：

(1)通过研究各种物质和能的生物效应(正面的和负面的)的化学基础，特别是搞清楚两面性的本质，找出最佳利用方案；

(2)研究、开发对环境无害的化学品和生活用品，研究对环境无害的生产方式，这两方面是绿色化学的主要内容；

(3)研究大环境和小环境(如室内环境)中不利因素的产生、转化及其与人体的相互作用，提出优化环境建立洁净生活空间的途径。

健康是重要的生存质量的标志。维持健康状态要靠预防和治疗，以预防为主。预防疾病是 21 世纪医学的中心任务。化学可以从分子水平了解病理过程，提出预警生物标志物的检测方法，建议预防途径。

展望未来，21 世纪的化学仍将是一门中心的、实用的和创造性的科学，它将帮助我们解决人类所面临的一系列重大问题。与此同时，化学自身也将得到进一步的发展，我们有理由相信 21 世纪的化学将更加繁荣兴旺，化学将迎来它的黄金时代。

1.2　新的环境问题和隐忧

1.2.1　概述

化学给人类带来舒适生活的同时也伴随着对环境的污染、对人体健康的威胁和对生态系统的破坏，随着人类对自身安全及环境更加关心，人们对化学品也给予了极大的关注。从积极方面看，公众对保护环境的重要性已有深刻的认识；另一方面，一些人在化学品对人类生活的影响方面还存在着认识上的误区。在一些人的心目中，一切化学品都是有害的、危险的，这种恐惧有一些是由于缺乏化学常识引起的，有些则是不科学的、不符合实际的报道引起的。

1. 环境问题

环境问题是指由于人类活动作用于周围环境所引起的环境质量变化，以及这种变化对人类的生产、生活和健康造成的影响。人类在改造自然环境和创建社会环境的过程中，自然环境仍以其固有的自然规律变化着。社会环境一方面受自然环境的制约，另一方面也以其固有的规律运动着。人类与环境不断地相互影响和作用，于是就产生了环境问题。

环境问题多种多样，归纳起来有两大类。一类是自然演变和自然灾害引起的原生环境问题，也叫第一环境问题。如地震、洪涝、干旱、台风、崩塌、滑坡、泥石流等。另一类是人类活动引起的次生环境问题，也叫第二环境问题或“公害”。次生环境问题一般又分为环境污染和环境破坏两大类。而由化学引起的环境污染问题则是因过度排放产生的。

排放指的是人类生产活动产生的气体、液体、固体或“不可见”物质被释放到环境中。

大自然本身有一定的环境容量和自净能力，但当排放量超出了大自然的容纳量和自净能力(过度排放)时，就会产生一系列的环境问题，我们称之为环境污染。

污染指的是环境中增加了本不应该含有的物质成分，而且这些成分会直接或间接地给生命带来危害，这一过程和造成的状况统称为污染。

污染可分为“可见”与“不可见”两类。例如，黑烟、污水、垃圾是“可见”的，而挥发性化合物、有毒重金属、农药等物质的污染是我们的肉眼“不可见”的。后者称为隐形污染，但危害往往更大。

环境污染对人体的危害主要体现在以下几个方面。

急性危害：污染物在短期内浓度很高，或者几种污染物同时进入人体而对人体造成的危害。

慢性危害：主要指小剂量的污染物持续地作用于人体而产生的危害，如大气污染对呼吸道慢性炎症发病率的影响等。

远期危害：环境污染对人体的危害一般要经过一段较长的潜伏期后才表现出来，如环境因素的致癌作用等。

环境中的致癌因素主要有物理、化学和生物学因素。在物理因素方面，诸如放射线体外照射或吸入放射性物质引起的白血病、肺癌等；在化学因素方面，根据动物实验证明，有致癌性的化学物质达1100余种；在生物学因素方面，如热带性恶性淋巴瘤，已经证明是由吸血昆虫传播的一种病毒引起的。

另外，污染物对遗传有很大影响。一切生物本身都具有遗传变异的特性，环境污染对人体遗传的危害主要表现在致突变和致畸方面。

在日常生活中我们面临的环境问题主要有大气污染问题、水污染问题、固体废弃物(垃圾)污染及酸雨、气候变暖、臭氧层破坏等问题。这些问题又都与过度排放有关。

我国常见的污染排放源有以下几个方面。

重工业：废气、废水、废渣和噪音。

轻工业：气体、液体和固体化学物、重金属、不可降解的商品包装。

矿产加工业：粉尘、废水和废渣。

交通运输业：车辆、轮船和飞机排放的废气、噪声和报废后的固体废弃物。

农业：农药、化肥、除草剂、畜禽粪便和不可降解的农用地膜和农产品包装。

日常生活：烹饪油烟、生活污水、生活垃圾。

当人类向着他所宣告的征服大自然的目标前进时，他已写下了一部令人痛心的破坏大自然的记录，这种破坏不仅仅直接危害了人们所居住的大地，而且也危害了与人类共享大自然的其他生命。20世纪是人类对资源和环境破坏最严重的100年。20世纪70年代随着东西方冷战的结束，和平与发展慢慢成了人类追求文明与进步的共同主题，核战争已不再是威胁世界的第一危机，取而代之的是环境危机。

如今环境与发展问题已成了当代世界共同面临的两难选择，成了对21世纪人类最严峻的挑战，人类不得不面临新的环境问题，拯救地球就是拯救未来。

为了从根本上预防和治理环境污染，必须依靠近年在国际上引起极大关注的化学新领域——绿色化学。治理环境污染旨在实现人类的可持续发展，而可持续发展战略技术上的实现，主要是通过绿色化学。绿色化学又称环境无害化学，在其基础上发展的技术称环境友好技术或洁净技术。

2. 绿色化学

绿色化学是针对传统的化学工业对环境造成的化学污染，于1990年前后由美国科学家首先提出来的一个与环境保护密切相关的新学科。它们曾被先后命名为清洁化学、环境良性化学、原子经济学等。绿色化学是近几年来出现的一个新化学婴儿。

绿色化学是指利用化学原理在化学品的设计、生产和应用中消除或减少有毒有害物质的使用和产生，设计研究没有或只有尽可能少的环境负作用、在技术上和经济上可行的产品和化学过程，是在始端实现污染预防的科学手段。

绿色化学包括多种化学领域，如合成、催化、分离和分析监测等。

过去已经发明了不少技术治理污染源。但这些是终端污染控制而不是始端预防，所以不属于绿色化学范畴。另外还有不少管理上的改进实现污染预防，但它们不是化学研究问题。

绿色化学的主要特点是原子经济性，即在获取新物质的转化过程中，既要将原料中的每一原子都转换成产品，充分利用资源，又不产生任何废物和副产品，实现废物的零排放。

(1)绿色化学应用的原则

①防止环境污染；

②提高原子经济性；

③尽量减少化学合成中的有毒原料、产物；

④设计安全的化学品；

⑤新型催化剂的开发；

⑥以降低环境污染为宗旨的现场实际分析；

⑦原料的再利用；

⑧减少官能团的引入；

⑨使用安全的溶剂和助剂；

⑩产物的易降解性；

⑪提高能源经济性；

⑫防止生产事故的安全生产工艺。

这些原则主要体现了要充分关注环境的友好和安全、能源的节约、生产的安全性等问题，它们对绿色化学而言是非常重要的。在实施化学生产的过程中，应该充分考虑以上这些原则。

(2)绿色化学研究的中心问题

绿色化学研究的中心问题是使化学反应及其产物具有以下特点：

①采用无毒、无害的原料；

②在无毒无害的反应条件(催化剂、溶剂)下进行；

③具有原子经济性，即反应具有高选择性，极少副产品，甚至实现“零排放”；

④产品应是环境友好的。

此外，它还应满足物美价廉的传统标准。因此绿色化学可以看作是进入成熟期的更高层次的化学。

绿色化学研究的内容蕴藏在化工过程的四个基本要素中，即目标分子或最终产品、原材料或起始物、转换反应试剂及反应条件。评价一个化工过程是否符合绿色化学的要求，需要将它们联系起来全盘考虑。

(3)绿色化学的核心

绿色化学的核心是利用化学知识和技术预防污染，从源头消除污染。发达国家对环境的治理，已开始从治标(从末端治理污染)转向治本(开发清洁工艺技术，减少污染源头，生产环境友好产品)。从节约资源和防止污染的观点来重新审视和改革现有的生产工艺和流程，并发展可持续发展的科学技术。

鉴于人类面临的十大环境污染问题中的绝大多数都与化学物质的污染直接相关，化学工作者面临的任务尤为重大。

传统的化学虽然为人类提供了大量的新物质，但在许多场合却未有效地利用资源，并且产生大量废物，造成严重的环境污染。

绿色化学是更高层次的化学，以原子经济性为基本原则，在获取新物质的过程中充分利用每个原料原子，实现零排放，不仅充分利用资源，而且不产生污染。

(4)绿色化学的战略任务

150 年前大多数工业有机化学物品都是来自植物提供的生物质，少数来自动物物质，后来煤被用作化学原料。

在发明了从地下抽取石油的便宜方法之后，石油又成了主要的化学原料，今天 95% 以上的有机化学物品来自石油。

但是地球上的煤和石油储量是有限的，而且从 20 世纪 60 年代末以来，人类已经逐渐认识到煤和石油化学工业对环境的负面影响。因此绿色化学的战略任务是用生物质作化工原料。

(5)绿色化学的目标

用绿色化学原理重新审视改造现有的工业化学的同时，为满足人类对新生物物质、新功能物质和新材料的日益增长的要求，还应积极研究新的绿色化学合成途径和合成技术。如电化学是合成新药物和其他有机物的有效手段；无机水热合成条件温和，污染少，可用于合成新型分子筛和其他环境友好催化剂。绿色化学化工的目标是寻找充分利用原材料和能源的在各个环节中都净化和无污染的反应途径和工艺。

对于生产过程，绿色化学包括节约原材料和能源，淘汰有毒原材料，在生产过程排放废物之前减少废物的数量和毒性；对产品绿色化学减少从原材料的提炼到产品的最终处置的全周期的不利影响。绿色化学不仅将给传统的化学工业带来革命性的变化，而且必将推进绿色能源工业、绿色农业的建立和发展。

(6)绿色化学的可行性

绿色化学的目标能实现吗？回答是肯定的，因为这是人类社会的共同愿望。但要最终杜绝化学污染源，无疑在技术上、经济上都极为困难。它需要我们更新观念，改革化工设备和工艺。过去化学科学只强调化合物的功能、化学反应的效率，较少研究有关不利的毒作用。

新任美国化学会会长在 2000 年 1 月发表的就职报告中指出，更安全的化学是化学家在 21 世纪化学学习的首要领域。科学技术是靠人才来推动的。当新一代化学家的绿色化学意识提高时，绿色化工的理论和成果将得到充分的发展和应用。

近几年绿色化学这一“预防化学污染的新观点”逐步被人们认识、接受。美国科学基金会和许多化工企业已提供专门基金资助绿色化学的研究。继提出“信息高速公路计划”后，1995 年美国总统克林顿、副总统戈尔，为此专设了“总统绿色化学挑战奖”，奖励有更大突破的绿色化学成果。

(7)绿色化学在中国

科学家们建议国家把绿色化学列入重点支持的重大基础研究领域，并根据我国已有的基础，确定如下具体目标：

①对我国的环境至关重要的一些工业，如煤炭、石油、化工、造纸、制革、酿造和制药中的绿色化学开展基础研究；

②在原子经济性和可持续发展的基础上研究合成化学和催化化学的基础问题，即绿色合成和绿色催化等；

③综合利用现代生物技术和化学化工技术的绿色生化工程，如生物煤炭脱硫、微生物造纸、新生物煤炭脱硫和新生物质能源等；

④研究如何用类似于生物分子的自复制和自组装过程生产一般分子(特别是无机小分子)和特殊功能的纳米粒子。

发达国家大力研究采用无毒无害原料、催化剂和溶剂以及膜反应分离工艺制备环境友好产品。例如，研究发展钛硅分子筛烃类催化氧化、水溶性均相络合催化等新工艺，采用固体酸催化剂，采用二氧化碳替代光气等剧毒原料，采用水或超临界流体作为反应介质。这些绿色化学化工技术的出现将给有机化工带来革命性的变化，也为我国有机化工赶超世界先进水平提供了难得机遇。

(8)绿色化学展望

传统化学向绿色化学的转变可以看作是化学从粗放型向集约型的转变。绿色化学可以变废为宝，可使经济效益大幅度提高。绿色化学是化学家对传统化学反思的结果。

1.2.2　生命伦理概念受到挑战

种瓜得瓜，种豆得豆，用传统的观念看这本是常识范畴内的问题。但随着神奇的基因工程技术和人工助育技术以及信息技术等的日新月异，这些常规概念界限将被打破，生命伦理的概念问题，将是摆在 21 世纪日程上的一个令人头痛的新问题。

①新的生物投放自然界后可能不受控制地繁殖、传播，从而影响现有的生态系统平衡；

②改变了的基因遗传特征可能不知不觉地传给其他生物(基因自然转移)，并在这些生物中形成不受控制的或者是危险的特性；

③如果基因工程用于制造武器，就可能造出比原子弹威力更大的毁灭性武器。

1.2.3　人类遭受新旧传染病的围攻

21 世纪人类将有可能遭到新旧传染病围攻的危险，这是由下列因素导致的：

①全球变暖，病菌传播范围扩大，病菌繁殖速度加快。

②随着交通运输和贸易及旅游业的发展，人员在全球范围流动，交往频繁，增加了病菌传播的几率。

③环境污染，缺乏安全、卫生的饮用水和清洁新鲜的空气，现代病和环境怪病增多。

④人畜异体器官移植，病毒可能产生变异，成为人体内的新病原体或者同人体内原有病毒重新结合，形成新病毒菌株。

⑤人类居住地越来越都市化，将成为旧病复发的温床和新病源滋生的理想场所。

⑥抗菌素和杀虫剂的广泛使用，导致抗药性新病源体的出现。

⑦食品生产、加工、运输和销售的国际化，大大增加了食物源传染病的发病危险。

1.2.4　信息高速公路建设带来的隐患

信息高速公路的启动与延伸，为社会和经济发展的各个领域带来巨大贡献。然而有些国外环境界的有识之士却认为，信息高速公路将是 21 世纪最大的环境破坏技术，它将导致森林、空地及野生动植物的大量破坏与消失。

随着信息高速公路的迅猛发展，人口向大城市流动的趋势将被逆转。

人们没有必要再去固守着拥挤、嘈杂、污染严重的都市，他们可以到拥有蓝天、碧水、绿树的乡村原野去建安乐窝。在那里通过信息高速公路，同样可以享受过去在城市里才能享有的一切。但历史已经证明：人类在哪里活动，哪里的大自然就可能遭殃。

1.2.5 人类活动污染宇宙

人类在太空活动40年来，留在太空的垃圾如废弃卫星、火箭残骸、爆炸碎片等已满布太空，数以百万计。这些大大小小的碎片和残骸，以每小时28000 km的速度在太空轨道上飘游。这些高速飘游的太空垃圾已成为危险的太空“飘流炸弹”，对在轨道上运转的太空器造成了严重威胁。

随着太空飞行日益频繁，还会污染地球，危及人类。1983年苏联一颗核动力间谍卫星烧毁，反应堆中的110磅[1磅(1lb)=0.4536 kg]放射性铀有80%被释放出来，使高层大气中的放射性最强的铀235含量增加了50%。

由于实验的需要，越来越多的地球生物进入太空。这些进入太空的生物，在受到强烈紫外线和宇宙射线的照射后发生突变，可能成为具有强烈毒性的生物。

1.2.6 人类自身隐忧增加

21世纪的人类社会在各种高新技术的装备下，现代化和自动化程度越来越高，人类可以在各种人造环境中舒舒服服地坐享其成，而人类的适应力和抗逆性将会渐渐减弱。英国伦敦大学基因教授史蒂夫·琼斯在1997年初发表的研究报告中惊呼：社会在进步，人种在退化。

因为在舒适的环境中自然选择淘汰的几率越来越小，使得大量基因变异产生的素质不高的基因也能够遗传下去，最终导致人种的总体退化。另外，受教育程度高的人生育的子女少，受教育程度低的人生育的子女多，也将导致人口素质的逐步退化。

1.3 人类十大环境危机

20世纪的高度工业化为人类带来丰富的物质生活。当人们陶醉在现代文明的舒适享受中时，由于资源过度开发引起的自然灾害以及由于环境恶化引起的各种疾病也向人类席卷而来，人类对大自然的破坏必然引起大自然的报复。蓦然回首，人类发现自己已深陷十大环境危机中。

1.3.1 全球变暖

有资料表明，由于大量排放温室气体，在过去的100年中，全球气温上升了0.6℃。

有人认为全球变暖是一种大规模的环境灾难，它会导致海洋水体膨胀和两极冰雪融化，使海平面上升，危及沿海地区的经济发展和人民生活，影响农业和自然生态系统，加剧洪涝、干旱及其他气象灾害，此外，气候变暖还会影响人类健康，加大疾病危险和死亡率，增加传染病。

1.3.2 臭氧层破坏

1985年英国科学家观测到南极上空出现臭氧层空洞，并证实其同氟利昂分解产生的氯原子有直接关系，这一消息震惊了世界。臭氧层耗损意味着大量紫外线将直接辐射到地面，导致人类皮肤癌、白内障发病率增高，并抑制人体免疫系统功能；农作物受害而减产；破坏海洋生态系统的食物链，导致生态平衡的破坏。高空中臭氧虽在减少，但低空中臭氧含量的增加还会引起光化学烟雾，危害森林、农作物、建筑物等，并会造成人的机体失调和中毒。

1.3.3 生物多样性减少

地球上究竟存在多少物种我们目前仍不知晓。在地球上大约(1000～3000)×10^4 的物种中，只有140×10^4 已经被命名或被简单地描述过。当前地球上生物多样性损失的速度比历史上任何时候都快，鸟类和哺乳动物现在的灭绝速度可能是它们在未受干扰的自然界中的100～1000倍。

大面积地砍伐森林，过度捕猎野生动物，工业化和城市化发展造成的污染，植被破坏，无控制的旅游，土壤、水、空气的污染，全球变暖等人类的各种活动是引起大量物种灭绝或濒临灭绝的原因。

物种减少是人类的灾难。地球上动物、植物和微生物彼此之间相互作用以及与其所生存的自然环境间的相互作用，形成了地球丰富的生物多样性。这种多样性是生命支持最重要的组成部分，维持着自然生态系统的平衡，是人类生存和实现可持续发展必不可少的基础。每一物种的丧失减少了自然和人类适应变化条件的选择余地。生物多样性的减少必将恶化人类生存环境，限制人类生存发展机会的选择，甚至严重威胁人类的生存与发展。

1.3.4 酸雨蔓延

被称为“空中恶魔”的酸雨目前已成为一种范围广泛、跨越国界的大气污染现象。酸雨会破坏土壤，使湖泊酸化，危害动植物生长；会刺激人的皮肤，诱发皮肤病，引起肺水肿、肺硬化；会腐蚀金属制品、油漆、皮革、纺织品和含碳酸盐的建筑。

酸雨的危害早已被发现。1872年英国科学家史密斯在一些工业城市发现雨水的酸性偏高，并第一次使用了“酸雨”这个词。20世纪60年代，素有“千湖之国”之称的瑞典，全国3000多个湖泊虽仍清澈，却因酸度过高，鱼虾绝迹，成为死亡之湖。

我国从20世纪70年代末也开始发现酸雨。我国目前已发现有30%的地区有降酸雨的现象，主要集中在长江以南。20余年来酸雨受害面积已扩大到国土的30%以上，甚至连土质碱性的北方也有一些城市(如青岛、图门)出现酸雨。据中国环境科学研究院的研究，酸雨除对森林、建筑物、古迹等造成损害外，还会使农产品损失5%～10%。

1.3.5 森林锐减

联合国有关资料表明，全球森林面积的减少主要发生在20世纪50年代以后，其中1980～1990年期间全球平均每年损失森林995×10^4 公顷(1公顷=10^4 平方米)，约等于一个韩国的面积。

英国近200年来，工业化破坏了森林资源，现在90%的木材需要进口。20世纪50年代初，泰国的森林覆盖率为58%，20多年之后，1978年降到了33%。阿富汗和马来西亚的森林，在20世纪90年代后基本砍光。近100年来中国原有的森林面积已经减少了50%，木材蓄积量减少了33%；森林覆盖率为13.92%，不到全世界森林覆盖率30%的一半，居世界第100位左右。

1.3.6 土地荒漠化

目前，世界上受到沙漠化的威胁的土地面积达45×10^8 公顷，占全球陆地总面积的1/3。

我国的沙漠化面积占国土面积的27.3%，且在不断增加。

1.3.7 水体污染

昔日碧波荡漾，如今满目浑浊，水污染严重加剧了水资源危机，导致了水质性缺水。“清泉石上流，掬水而饮”的写意早已远离我们而去。全世界多数河流都受到不同程度的污染，其中约有40%的河流稳定流量受到较为严重的污染。全球每年水污染导致10亿人患病，300万儿童因腹泻死亡。

1.3.8 海洋污染

目前，全球每年都有数十亿吨的淤泥、污水、工业垃圾和化工废物等直接流入海洋，河流每年也将近百亿吨的淤泥和废物带入沿海水域。海洋对日益增多的污染废水净化能力每况愈下。海洋环境日益恶化尤其是近岸海域污染严重，赤潮频发使近海鱼虾锐减。

1.3.9 垃圾围城

垃圾围城成为世界城市化的毒瘤。固体废物侵占大量土地，对农田破坏严重，严重污染空气和水体。垃圾填埋产生的垃圾渗漏液呈红棕色或深黑色、恶臭，成分复杂多变，垃圾渗漏液的处理是一个世界性的难题。垃圾传播疾病，危险废物诱发癌症。

1.3.10 水土流失

进入90年代以后，全球的水土流失面积已达25×10^8公顷，占全球耕地和林地草地的29%。而我国是世界上水土流失最严重的国家之一。

1.4 过度排放与大气污染

1.4.1 正常的大气成分

正常大气成分及占有率如下：

①植物生长需要的氮气（N_2）占78.09%。

②人体和动物需要的氧气（O_2）占20.95%。

③惰性气体氩（Ar）占0.93%。

④二氧化碳（CO_2）占0.03%～0.04%。

当大气中有了本不属于大气成分的物质，或某种大气成分的浓度大大超过了正常值，就表明出现了大气污染。

1.4.2 常见的大气污染物

常见的大气污染物有二氧化硫（SO_2）、悬浮颗粒物（烟雾、粉尘）、氮氧化物（NO_x）、一氧化碳（CO）、挥发性有机化合物、臭氧（O_3）、铅等。这些物质主要是通过人类活动而大量排放到大气中的。

1.4.3 主要大气污染源

主要的大气污染源有以下几类：

①工厂、矿山等排放的烟雾、气体和粉尘；

②道路、城市建设产生的粉尘；

③交通工具排放的尾气和奔跑的轮胎产生的粉尘；

④餐馆和家庭厨房排出的油烟；

⑤垃圾焚烧产生的烟气；

⑥城乡裸露土地和荒漠化地区的扬尘；

⑦农垦烧荒的烟尘；

⑧森林火灾的烟尘。

1.4.4　大气污染物的主要危害

1. 二氧化硫的危害

二氧化硫形成工业烟雾，高浓度时使人呼吸困难，是著名的伦敦烟雾事件的元凶；进入大气层后氧化为硫酸（H_2SO_4），在云层中形成酸雨，对建筑、森林、湖泊、土壤危害极大；形成悬浮颗粒物，又称气溶胶，随着人的呼吸进入肺部，对肺有直接损伤。

2. 悬浮颗粒物的危害

悬浮颗粒物（如粉尘、烟雾等）随呼吸进入肺，可沉积于肺，引起呼吸系统的疾病。颗粒物上容易附着多种有害物质，有些有致癌性，有些会诱发花粉过敏症；沉积在绿色植物叶面，干扰植物吸收阳光和二氧化碳，并阻碍氧气和水分的释放，从而影响植物的健康生长；厚重的颗粒物浓度会影响动物的呼吸系统；杀伤微生物，引起食物链改变，进而影响整个生态系统；遮挡阳光而可能改变气候，这也会影响生态系统。

3. 氮氧化物（NO_x）的危害

NO_x（如 NO、NO_2 等）的危害是刺激人的眼、鼻、喉和肺，增加病毒感染的发病率。例如，引起支气管炎和肺炎的流行性感冒，诱发肺细胞癌变；形成城市的烟雾，影响可见度；破坏树叶的组织，抑制植物生长；在大气中形成硝酸小滴，产生酸雨。

4. 一氧化碳的危害

极易与血液中运载氧的血红蛋白结合，结合速度比氧气快 250 倍，因此，在极低浓度时就能使人或动物遭到缺氧性伤害。轻者会产生眩晕、头疼，重者导致脑细胞受到永久性损伤，甚至窒息死亡；对心脏病、贫血和呼吸道疾病的患者伤害性大；容易引起胎儿生长受损和智力低下。

5. 挥发性有机化合物的危害

挥发性有机化合物（如苯、碳氢化合物等）的危害是容易在太阳光作用下产生光化学烟雾；在一定的浓度下对植物和动物有直接毒性；对人体有致癌、引发白血病的危险。

6. 光化学氧化物的危害

光化学氧化物（如低空臭氧）是一种最强的氧化剂，能够与几乎所有的生物物质发生反应，浓度很低时就能损坏橡胶、油漆、织物等材料；臭氧对植物的影响很大。浓度很低时就能减缓植物生长，高浓度时能杀死叶片组织，致使整个叶片枯死，最终引起植物死亡，比如高速公路沿线的树木死亡就与臭氧有关；臭氧对于动物和人类有多种伤害作用，特别是伤害眼睛和呼吸系统，加重哮喘类过敏症。

7. 有毒微量有机污染物的危害

有毒微量有机污染物（如多环芳烃、多氯联苯、二噁英、甲醛）有致癌作用，以及环境激素（也叫环境荷尔蒙）的作用。

8. 重金属的危害

重金属（如铅、镉）其微粒随呼吸进入人体，铅能伤害人的神经系统，降低儿童的学习能力，镉会影响骨骼发育，对小孩极为不利。重金属微粒可被植物叶面直接吸收，也可在降落到土壤之后被植物吸收，通过食物链进入人体；降落到河流中的重金属微粒随水流移动，或沉积于池塘、湖泊，或流入海洋，被水中生物吸收，并在体内聚积，最终随着水产品进入人体。

9. 有毒化学品的危害

有毒化学品（如氯气、氨气、氟化物等）对动物、植物、微生物和人体有直接危害。

10. 难闻气味的危害

难闻气味直接引起人体不适或伤害；对植物和动物有毒性；破坏微生物生存环境，进而改变整个生态状况。

1.5 过度排放与气候变化

1.5.1 概述

气候变化是指气候平均状态统计学意义上的巨大改变或者持续较长一段时间（典型的为10年或更长）的气候变动。《联合国气候变化框架公约（UNFCCC）》第一款中，将“气候变化”定义为“经过相当一段时间的观察，在自然气候变化之外由人类活动直接或间接地改变全球大气组成所导致的气候改变。”

气候是某一地区较长时间内出现的天气特征的“综合”。气候反映的主要是某一地区冷、暖、干、湿等基本特征，所以最重要、最基本的气候要素是气温和降水。

1. 气温变化

资料表明，过去近50年的平均气温变化测量记录表现出明显的年代变化，即20世纪最主要的增暖发生在1976～2000年间，也能够看出其明显上升的趋势，如图1－1所示。

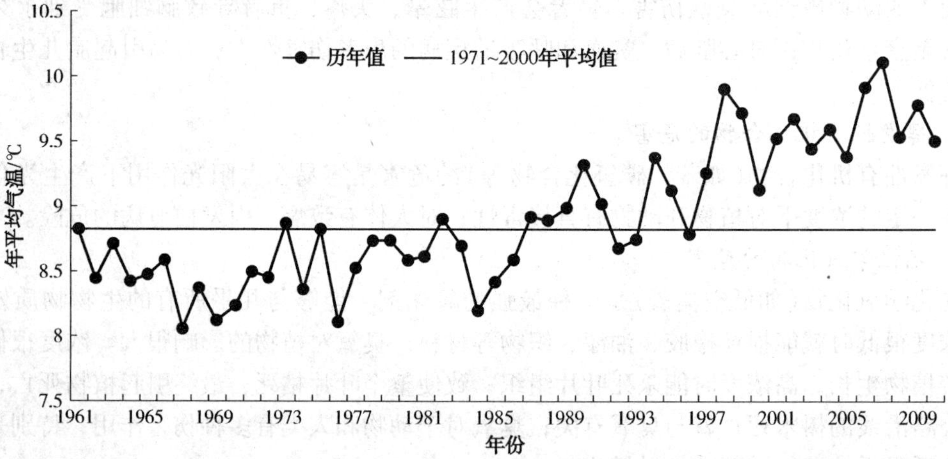

图1－1 年平均气温变化曲线图

2. 降水变化

资料表明，在过去近50年中中国年平均降水量变化的趋势不显著，主要表现出明显的年度变化，如图1－2所示。已有的研究表明，1951～1989年全国年平均降水量存在弱的减少趋势，但区域性差异明显，降水减少最严重的是华北，其次是长江中下游和华东、西南地区。进入20世纪90年代降水明显增多，但主要集中在长江中下游和华南、东北部分地区。

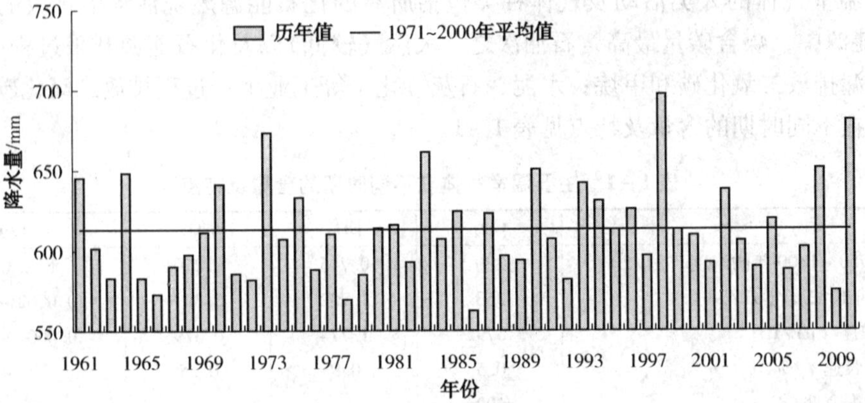

图1-2 年平均降水量

3. 海平面变化

国家海洋局发布的2007年《中国海平面公报》显示，近30年中国沿海海平面上升显著，上升速率高于全球平均值。

公报显示，2007年中国沿海海平面平均上升速率为2.5mm/a，高于全球海平面1.8mm/a的上升速率。渤海、黄海、东海和南海分别为2.2mm/a、2.5mm/a、3.1mm/a和2.4mm/a。

国家海洋环境监测中心权威人士说，气候变化与我国沿海海平面上升密切相关。近30年来，我国沿海气温上升1.1℃，海温上升0.9℃，同期我国沿海海平面也呈明显上升趋势，上升幅度达90mm。2007年9月我国东南部沿海持续受偏东南的副热带高压影响，该地区经历了历年来最严重的高温天气，同期沿海海平面异常偏高，比常年高96mm。预计未来10年我国沿海海平面将继续保持上升趋势，将比2007年上升32mm，沿海地区海平面上升幅度介于18~39mm。

1.5.2 引起气候变化的原因

1903年的诺贝尔奖得主、瑞典化学家斯万特·阿伦纽斯在1896年经过大量的计算之后，曾得出了如下的结论。

大气中的大量水蒸气和二氧化碳能够充分吸收地球发出的热辐射，从而使地球升温(即温室效应)。如果大气中的二氧化碳浓度增加1倍，将会使全球地表平均温度比工业化之前升高约5~6℃，这个数值相当接近于当今气候专家们所认定的大气中二氧化碳浓度倍增所造成的后果，全球升温1.5~4.5℃。而工业革命之后，大气中的二氧化碳浓度已经增加了25%，即从1850年的2.80μL/L增加到1990年的354μL/L。

据联合国组织的政府间气候变化专业委员会(IPCC)预测，如果不采取任何措施，预计到21世纪中叶，大气中的二氧化碳浓度可达560μL/L，21世纪世纪全球平均气温可能以每10年增加0.3℃速度递增。

造成温室效应的气体称为温室气体，这些气体有二氧化碳、甲烷、氯氟化碳、臭氧、氮的氧化物和水蒸气等，其中最主要的是二氧化碳。近百年来全球的气候正在逐渐变暖，与此同时，大气中的温室气体的含量也在急剧地增加。许多科学家都认为，温室气体的大量排放造成温室效应的加剧可能是全球变暖的基本原因。

排放温室气体的人类活动及气体种类包括所有的化石能源燃烧活动中排放的二氧化碳（在化石能源中，煤含碳量最高，石油次之，天然气较低）以及化石能源开采过程中的煤气、天然气泄漏排放二氧化碳和甲烷；水泥、石灰、化工等工业生产过程排放二氧化碳等。主要温室气体在不同时期的含量及特点见表1-1。

表1-1 主要温室气体在不同时期的含量及特点

温室气体	CO_2	CH_4	NO_x	CFCs
工业化前1750~1800年的浓度/(μL/L)	280	0.715	0.270	0
20世纪90年代浓度/(μL/L)	353	1.732	0.309	0.0002~0.0003
2005年的浓度/(μL/L)	379	1.774	0.319	0.0004~0.0005
每年平均增长速率/%	0.5	0.9	0.25	4
在大气中的寿命期/年	100	10	150	65~130
加热率比值 R（相对于 CO_2）	1	21	206	>10000
增温效应	50	15	6	20

注：数据来自IPCC第四次评估报告(2007)。

1.5.3 气候变化造成的危害

气候变暖将给地球和人类带来复杂的潜在影响，既有正面的也有负面的。例如，随着温度的升高，副极地地区也许将更适合人类居住；在适当的条件下，较高的二氧化碳浓度能够促进光合作用，从而使植物具有更高的固碳速率，导致植物生长的增加，即二氧化碳的增产效应，这是全球变暖的正面影响。但是与正面影响相比，全球变暖对人类活动的负面影响将更为巨大和深远。

1. 对人类健康的影响

①直接导致部分地区夏天出现超高温，因其引发的心脏病及各种呼吸系统疾病，每年都会夺去很多人的生命，其中又以新生儿和老年人的危险性最大。

②造成某些传染性疾病的传播。当蚊子叮咬一个带有传染病毒的人时，这种病毒就会跟随血液进入蚊子体内开始繁殖，并通过下一次叮咬进入某个健康人体内完成病毒的传播。在一定温度范围内随着温度的升高，蚊子的繁殖速率和叮咬速率都大大提高，其体内病毒的繁殖和成熟速率也将随之提高。夜晚和冬季温度上升，大大扩展了蚊子的生活期和地域，使得靠它传播的症疾、猩红热、黄疸、脑炎等恶性传染疾病的发病率提高。

③全球变暖会在不同地区造成不同的自然灾害，直接导致粮食减产，也使当地居民遭受饥饿和营养不良的威胁，同时会加速某些靠水传播的病毒的扩散速率，如脑炎、痢疾等。

2. 对生态环境的影响

①将会导致海平面上升及降雨重新分布，改变当前的世界气候格局；大陆地区尤其是中高纬地区降水增加，非洲等一些地区降水减少。有些地区极端的气候事件（厄尔尼诺、干旱、洪涝、雷暴、冰雹、风暴、高温天气和沙尘暴等）的出现频率与强度增加。

②破坏和影响生物链、食物链带来更为严重的自然恶果。例如，有一种候鸟每年从澳大利亚飞到中国东北过夏天。由于全球变暖使我国东北气温升高，夏天延长，这种鸟离开东北的时间相应变晚，再次回到东北的时间也相应延后。结果导致这种候鸟所吃的一种害虫泛滥成灾，毁坏了大片森林。另外，有关环境的极端事件增加，比如干旱、洪水等。

③对农作物生长的影响有弊有利。其一，全球气温变化直接影响全球的水循环，使某些

地区出现旱灾或洪灾，导致农作物减产，且温度过高也不利于种子生长。其二，降雨量增加尤其在偏旱地区会积极促进农作物生长。全球变暖伴随的 CO_2 含量升高也会促进农作物的光合作用，提高产量。

1.5.4　人类采取的对策

1.《联合国气候变化框架公约》(UNFCCC)

1992 年 6 月在巴西里约热内卢举行的联合国环境与发展大会上，150 多个国家制定了《联合国气候变化框架公约》(United Nations Framework Convention on Climate Change，简称《框架公约》)。《联合国气候变化框架公约》是世界上第一个为全面控制二氧化碳等温室气体排放，以应对全球气候变暖给人类经济和社会带来不利影响的国际公约，也是国际社会在应对全球气候变化问题上进行国际合作的一个基本框架。1992 年 5 月 22 日联合国政府间谈判委员会就气候变化问题达成公约，并于 1992 年 6 月 4 日在巴西里约热内卢举行的联合国环境与发展大会(地球首脑会议)上通过。根据公约规定，每年举行一次部长级会议。

公约于 1994 年 3 月 21 日正式生效。截至 2004 年 5 月，公约已拥有 189 个缔约方。

公约由序言、26 条正文和 2 个附件组成，是一个有法律约束力的公约，旨在控制大气中二氧化碳、甲烷和其他造成“温室效应”的气体的排放，确定了“将大气中温室气体浓度稳定在防止气候系统受到威胁和人为干扰的水平上”。

公约的目标是减少温室气体排放，减少人类活动对气候系统的危害，减缓气候变化，增强生态系统对气候变化的适应性，确保粮食生产和经济可持续发展。

公约明确规定发达国家和发展中国家之间负有“共同但有区别的责任”，即各缔约方均有义务采取行动对付气候变化；但发达国家对气候变化负有历史和现实的责任，理应承担更多义务，并率先采取行动。

当前积聚在大气中人为排放的温室气体主要来自发达国家自工业革命以后的排放，而且目前它们以占全球 22% 的人口排放了 60% 的 CO_2。公约同时要求发达国家向发展中国家提供资金、技术和能力建设方面的帮助。由于发展中国家的排放总量和人均排放量都相对较低，他们的首要任务是发展经济、消除贫困，公约对此予以肯定。

公约要求发达国家在 20 世纪末将其温室气体排放恢复到 1990 年的水平，但事实表明，多数发达国家的排放量仍在增长。

为实现上述目标，公约确立了五个基本原则：

①“共同而有区别”的原则，要求发达国家应率先采取措施，应对气候变化；

②要考虑发展中国家的具体需要和国情；

③各缔约方应当采取必要措施，预测、防止和减少引起气候变化的因素；

④尊重各缔约方的可持续发展权；

⑤加强国际合作，应对气候变化的措施不能成为国际贸易的壁垒。

《联合国气候变化框架公约》历次会议可简述如下。

自 1995 年 3 月 28 日首次缔约方大会在德国柏林举行以来，缔约方每年都召开会议。第 2 次至第 6 次缔约方大会分别在日内瓦、京都、布宜诺斯艾利斯、波恩和海牙举行。

1997 年 12 月 11 日，第 3 次缔约方大会在日本京都召开。149 个国家和地区的代表通过了《京都议定书》，它规定从 2008 年到 2012 年期间，主要工业发达国家的温室气体排放量要在 1990 年的基础上平均减少 5.2%，其中欧盟将 6 种温室气体的排放削减 8%，美国削减

7%，日本削减6%。但是2000年11月在海牙召开的第6次缔约方大会期间，世界上最大的温室气体排放国美国坚持要大幅度减少它的减排指标，因而使会议陷入僵局，大会主办者不得不宣布休会，将会议延期到2001年7月在波恩继续举行。

2001年10月，第7次缔约方大会在摩洛哥马拉喀什举行。

2002年10月，第8次缔约方大会在印度新德里举行。会议通过的《德里宣言》，强调应对气候变化必须在可持续发展的框架内进行。

2003年12月，第9次缔约方大会在意大利米兰举行。与会的这些国家和地区的温室气体排放量占世界总量的60%。

2004年12月，第10次缔约方大会在阿根廷布宜诺斯艾利斯举行。

2005年2月16日，《京都议定书》正式生效。目前已有156个国家和地区批准了该项协议。2005年11月，第11次缔约方大会在加拿大蒙特利尔市举行。

2006年11月，第12次缔约方大会在肯尼亚首都内罗毕举行。

2007年12月，第13次缔约方大会在印度尼西亚巴厘岛举行，会议着重讨论"后京都"问题，即《京都议定书》第一承诺期在2012年到期后如何进一步降低温室气体的排放事宜。12月15日，联合国气候变化大会通过了"巴厘岛路线图"，启动了加强《联合国气候变化框架公约》和《京都议定书》全面实施的谈判进程，致力于在2009年年底前完成《京都议定书》第一承诺期于2012年到期后全球应对气候变化新安排的谈判，并签署有关协议。

2.《京都议定书》

《京都议定书》产生的背景：在20世纪50~60年代，欧美一些科学家和经济学家开始研究人类的生产活动、科学技术进步和资源消费方式之短期和长期的不同后果，其中最著名的是60年代末提出的名为《增长的极限》的罗马俱乐部报告。这份报告与其他类似的文章、专著的一个共识是：如果人类继续现有的科技开发方式、人口增长速度和资源消耗结构不变，那么地球的生态环境将遭到严重破坏，资源有可能耗尽，世界人口和工业生产也将最终发生非常突然、无法控制的崩溃。

1972年联合国在斯德哥尔摩首次召开"人类与环境协议"，提出了"只有一个地球"的口号。

1987年世界环境与发展会议召开，并首次向国际社会提出了"可持续发展"的呼吁。

1992年联合国再次召开世界各国首脑会议，最后通过的《环境与发展宣言》(又称《里约宣言》)，正式确立可持续发展是当代人类发展的主题。

为了人类免受气候变乱的威胁，1997年12月《联合国气候变化框架公约》第3次缔约方大会在日本京都召开。149个国家和地区的代表通过了旨在限制发达国家温室气体排放量以抑制全球变暖的《京都协定书》。

《京都协定书》规定，到2010年所有发达国家二氧化碳等6种气体的排放量，要比1990年减少5.2%。具体地说，发达国家从2008年到2012年必须完成的削减目标是：与1990年相比，欧洲削减8%、美国削减7%、日本削减6%、加拿大削减6%、东欧各国削减5%~8%。新西兰、俄罗斯和乌克兰将排放量稳定在1990年水平上。协定书同时允许爱尔兰、澳大利亚和挪威的排放量比1990年分别增加10%、8%和1%。

《京都议定书》需要在占全球温室气体排放量55%以上的至少55个国家批准，才能成为具有法律约束力的国际公约。

中国于1998年5月签署并于2002年8月核准了该议定书。

欧盟及其成员国于2002年5月31日正式批准了《京都议定书》

2004年11月5日俄罗斯总统普京在《京都议定书》上签字，使之正式成为俄罗斯的法律文本。

截至2005年8月13日全球已有142个国家和地区签署该议定书，其中包括30个工业化国家，批准国家的人口数量占全世界总人口的80%。

美国人口仅占全球人口的3%～4%，而排放的二氧化碳却占全球排放量的25%以上，为全球温室气体排放量最大的国家。美国曾于1998年签署了《京都议定书》，但2001年3月，布什政府以“减少温室气体排放将会影响美国经济发展”和“发展中国家也应该承担减排和限排温室气体的义务”为借口，宣布拒绝批准《京都议定书》。

2005年2月16日《京都议定书》正式生效，这是人类历史上首次以法规的形式限制温室气体排放。为了促进各国完成温室气体减排目标，议定书允许采取以下四种减排方式。

①两个发达国家之间可以进行排放额度买卖的“排放权交易”，即难以完成削减任务的国家，可以花钱从超额完成任务的国家买进超出的额度。

②以“净排放量”计算温室气体排放量，即从本国实际排放量中扣除森林所吸收的二氧化碳的数量。

③可以采用绿色开发机制，促使发达国家和发展中国家共同减排温室气体。

④可以采用“集团方式”，即欧盟内部的许多国家可视为一个整体，采取有的国家削减、有的国家增加的方法，在总体上完成减排任务。

3.《巴厘岛路线图》

《京都议定书》规定了发达国家从2008～2012年必须完成的削减目标，2012年之后如何进一步降低温室气体的排放则是大家所关心的问题。2007年12月3日至14日联合国气候变化大会在印尼巴厘岛举行，全球180多个国家的代表，以及国际政府间机构、非政府机构和媒体的观察员出席了这次会议，讨论《京都议定书》第一承诺期在2012年到期后如何进一步降低温室气体的排放，由此产生了《巴厘岛路线图》。

《巴厘岛路线图》是为进一步落实《联合国气候变化公约》指明方向，设定具体时间表。它是人类应对气候变化历史中的一座新里程碑。

第一，强调了国际合作。《巴厘岛路线图》在第一项的第一款指出，依照《联合国气候变化公约》原则，特别是“共同但有区别的责任”原则，考虑社会、经济条件及其他相关因素，与会各方同意长期合作、共同行动，行动包括一个关于减排温室气体的全球长期目标，以实现《联合国气候变化公约》的最终目标。

第二，把美国纳入进来。由于美国拒绝签署《京都议定书》，美国如何履行发达国家应尽义务就一直存在疑问。《巴厘岛路线图》明确规定，《联合国气候变化公约》的所有发达国家缔约方都要履行可测量、可报告、可核实的温室气体减排责任，这把美国纳入了其中。

第三，除减缓气候变化问题外，还强调了另外三个在以前国际谈判中曾不同程度受到忽视的问题：适应气候变化问题、技术开发和转让问题，以及资金问题。这三个问题是广大发展中国家在应对气候变化过程中极为关心的问题。

第四，为下一步落实《联合国气候变化公约》设定了时间表。《巴厘岛路线图》要求有关的特别工作组在2009年完成工作，并向《联合国气候变化公约》第15次缔约方会议递交工作报告，这与《京都议定书》第二承诺期的完成谈判时间一致，实现了“双轨”并进。

1.6 过度排放与水体污染

1.6.1 水的生理意义

1. 水在人体内的分布

水是所有营养素中最重要的一种，人若失去体内水分的五分之一将导致死亡。水占人体质量的百分比因年龄增大而减少，如胚胎约含水98%，新生儿约75%，成人为65%，老年人约占50%。

人体中的水并非以纯水的形式存在，而是一种溶解有多种无机盐、糖、蛋白质等有机营养物质的溶液——体液，构成人体的内环境。体液分为细胞内液和细胞外液，细胞外液包括血浆、组织间液、淋巴液、结缔组织和软组织中的水、骨质中的水及细胞转移液（如唾液）等。

人体内不同组织的含水量各不相同，如血液含水约83%，肌肉含水约76%，骨骼含水约25%，唾液含水约99.5%，脂肪组织含水20%左右，因此成年人中肌肉发达而体型消瘦的人其水分所占比例高于体脂多的胖体型者。

2. 水的生理功能

①水是细胞的重要组成成分，每种组织都含有一定量的水。

②水参与人体内各种生化反应，如水解、水合反应等；又参与一系列的生理活动，如消化、吸收、呼吸、血液循环和分泌排泄等。

③水是人体内的重要溶剂，许多物质如单糖、氨基酸、磷脂、水溶性维生素、矿物质及体内分泌的多种激素均需溶于水形成水溶液后才能发挥其生理作用。

④水具有调节体温的作用，如在热环境或激烈活动下可通过出汗来调节体温。

⑤水是血液的主要成分，人体通过血液循环运送养料并排泄废物，并通过血液的流动把物质代谢产生的热迅速带至皮肤进行散热，以维持体温正常。

⑥水具有润滑功能，如泪液可防止眼球干燥，唾液及消化液有利于咽部的润滑和食物的消化，人体的关节部位、内脏之间也需要水来润滑保护。水还可以滋润皮肤，使其柔软并有伸缩性。

3. 人体内水的平衡

（1）水的来源

①食物和饮料。每日从食物和饮料中获得的水分约2300mL，摄入水的量受季节、饮茶或喝饮料的习惯、食物种类和数量、食物含盐量、活动强度等诸多因素的影响。

②物质氧化生成水。食物进入体内，某些营养成分在代谢过程中氧化生成水，不同成分在氧化过程中生成的水量、CO_2排出量及O_2的消耗量不同，每日摄入量2500kcal（1kcal = 4.1868kJ）的混合膳食约产生300mL的氧化水。

（2）水的排出

人体内的水主要通过以下途径排出体外。

①尿液。摄入一般膳食所排尿量为1000～1500mL，溶解在尿中的物质大部分是蛋白质的最终产物（尿素、尿酸等）和电解质，这些固体物质的总量每天约40g。肾脏具有适应机体

需要的能力，一方面排出多余的水和电解质，另一方面又起着保留水、电解质等调节体液平衡的作用。

②皮肤蒸发。通过皮肤蒸发排出的水每天有500mL左右。皮肤蒸发有两种情况：一种是指皮肤不断蒸发水分，即使在较冷的环境下仍不自觉地进行，即蒸发不显汗；另一种是出汗，出汗多少与环境温度、活动强度有关，人体通过出汗散热来降低体温以适应炎热的环境或强体力活动的生热，此时的汗液中还同时丢失一定量的电解质。

③呼吸。呼吸也会排出一部分水分，快而浅的呼吸排出水分少，缓慢而深的呼吸所排出的水分较多，正常人每日由呼吸排出的水约为300mL。

④粪便。粪便中约含水200mL，每日由消化道分泌的各种消化液约8L，但这些消化液在完成消化作用后几乎全部在回肠和结肠近端回收，流入结肠的水分很少。

从整体来讲水的排出量等于摄入量，二者维持着动态平衡。有些疾病会出现水肿，这时水分滞留在人体组织中；有些疾病会造成水分大量流失，如腹泻使人体脱水等。

1.6.2　水污染及防治

1. 概述

(1)水体

水体是河流、湖泊、水库、地下水、海洋等地表储水体的总称。

水和水体的区别：水体包括水中溶解物和水中悬浮物、底泥和水生生物。

(2)水体的自净作用和水体污染

以河流为例，河流的自净作用是指河水中污染物质在河水向下游流动中自然降低的现象。

①物理作用：稀释、扩散、沉底。

②化学净化：氧化、还原、分解。

③生物净化：水中微生物对有机物的氧化分解作用。

水体污染是指一定量的污水、废水、各种废弃物等污染物质进入水域，超出了水体的自净和纳污能力，从而导致水体及其底泥的物理、化学性质和生物群落组成发生不良变化，破坏了水中固有的生态系统和水体的功能，从而降低水体使用价值的现象。

工业废水、城市生活污水、农田的肥料与农药通过径流被输送入河流或湖泊，形成水体污染，给人类和生态环境带来不同程度的危害。20世纪70年代后，随着全球工业生产的发展和社会经济的繁荣，大量的工业废水和城市生活废水排入水体，水体污染日益严重。

2. 水中主要污染物的来源及影响

无机无毒物：酸、碱、一般无机盐、氮、磷等植物营养物质。

无机有毒物：各类重金属，氰、氟化合物。

有机无毒物：水中易分解的有机物、碳水化合物、脂肪、蛋白质。

有机有毒物：苯酚、多环芳烃、人工合成有毒物、农药等。

(1)需氧污染物

因有机物在微生物作用下分解成CO_2和H_2O需大量的氧，故称为需氧污染物。水中污染物过多，溶氧缺少，将对水生生物的生活产生影响。

用下列指标表示水中需氧有机物含量。

①BOD：水中有机污染物经微生物分解所需氧量。20℃时，C. H. N + $O_2 \longrightarrow CO_2 + H_2O$

$+NH_3$所需氧量。

②COD：用化学氧化剂重铬酸钾和高锰酸钾氧化水中有机污染物时所需氧量。

③总有机碳(TOC)：包括水体中所有有机污染物的含碳量。

④总需氧量(TOD)：有机物C. H. N. S $\longrightarrow CO_2+H_2O+NO.\ SO_2$所需氧量。

水体中需氧污染物来源包括生活污水，牧畜污水，食品以及造纸、制革、印染、焦化、石化等工业废水。

需氧污染物对鱼类的危害：一般鱼类需氧5～15mg/L，当小于5mg/L时鱼会逃离(浮头)，小于1mg/L时鱼会窒息死亡。

(2)植物营养物N和P

水体中植物营养物来源包括雨、雪对大气的淋洗和径流对地表的淋溶与冲刷，农田施肥、农业废弃物，城市生活废水和某些工业废水等。

植物营养物污染的危害：水体富营养化——营养物增加；水生生物大量繁殖(主要是藻类)，使鱼类生活的空间越来越少；藻类过度生长繁殖造成水中溶解氧急剧下降，从而使鱼类死亡。

(3)油类污染物

来源：船舶(运输)事故，工业含油废水，海底石油开采，大气中石油烃的沉降。海洋石油污染的危害主要体现在以下几个方面。

①石油膜：阻碍海水蒸发，使海面温度下降，溶解氧降低。

②对海洋生物的危害：鱼卵、幼鱼死亡，鱼产量下降，鱼体具有石油臭味降低食用价值，海洋中哺乳动物死亡。

(4)酚类污染物

来源：工业排放含酚废水和粪便污水；酚作为焦化厂的废料与原料可生产酚醛树脂、水杨酸。

酚污染的危害：酚臭味；高浓度可使水中生物死亡；水中酚强烈耗氧，使溶氧严重下降。

(5)氰化物

来源：电镀废水、炼焦、化工厂废水、提取贵金属生产废水。

危害：剧毒，0.1gKCN/次死亡，0.3mg/L时鱼类死亡，安全量为0.025mg/L。

氰化物在水体中的净化作用主要体现在以下几个方面。

①挥发。CN^-易水解，盐进入水体后呈碱性，$CN^-+H_2O\longrightarrow HCN\uparrow+OH^-$

②生成络合物。例如，加入$FeSO_4$时会发生以下变化：

$$FeSO_4\longrightarrow Fe(CN)_2\downarrow \text{或} Fe(CN)_6^{4-}\text{（毒性较小）}$$

但在高温、光照下放置过久时则有：

$$Fe(CN)_6^{4-}+O_2+H_2O\longrightarrow Fe(CN)_6^{3-}\longrightarrow Fe(OH)_3\downarrow+HCN\uparrow+OH^-+CN^-$$

因此，电镀废水放置后毒性加剧。

(6)酸碱及一般无机盐类

来源：酸—矿山、工业废水，$FeS_2+O_2\longrightarrow SO_2\longrightarrow H_2SO_4$；碱－制碱，碱法造纸；酸＋碱$\longrightarrow$盐类。

酸碱及一般无机盐类进入水体后，水对无机物有较强的净化作用。

$$H_2SO_4 + (Na, K)AlSi_3O_3(\text{长石}) \longrightarrow (Na, K)SO_4 + Al_2(SO_4)_3 + SiO_2 + H_2O$$

危害：使水的pH值发生变化，抑制微生物生长；腐蚀船舶；盐的污染使水的硬度增大。

(7)重金属污染

重金属污染是指Hg、Cd、Pb、Cr、As等毒性显著的重金属对环境造成的污染。有色金属冶炼是重金属污染的主要来源之一。

①重金属污染的危害：

a. 毒性，如Hg、Cd，0.01～0.001mg/L即显毒性；

b. 转化为更具毒性的物质，如Hg的甲基化。

c. 生物放大作用(蓄积)，如水俣病：Hg(废水)→藻类吸附→鱼食(蓄积)；

②重金属污染物在水体中的迁移转化：

a. 沉淀作用，$M^{n+} + nOH^- \longrightarrow M(OH)_n\downarrow$；

b. 吸附作用；

c. 络合和螯合作用，与配体Cl^-、SO_4^{2-}、HCO_2^-、OH^-、S^{2-}、F^-等发生络合或螯合作用；

d. 氧化还原Cr(Ⅵ)毒性>>Cr(Ⅲ)。

3. 水体污染的防治

我国是在经济技术相对落后的情况下实现经济快速发展的。人口基数大，人均资源少，环境污染和生态破坏的防治将是一项长期的战略任务。特别是水环境污染问题的解决不可能一蹴而就，需要经过一个艰苦的治理过程。因此，我们必须在认真总结水污染防治经验教训的基础上，借鉴国外一切成功的经验，结合我国的具体情况，不断加强政策创新、制度创新和技术创新，逐步走出一条具有中国特色的水污染防治道路。

(1)在决策中控制新的水环境问题产生

中央和地方各级政府，在确定经济发展速度、制定国民经济和社会发展计划、资源开发计划、区域开发计划，以及制定经济技术政策，进行重大经济决策时，应当对实施这些决策可能产生的环境影响作出科学评价，并把评价的结论作为各级决策的依据。在决策中综合考虑环境、经济和社会因素，统筹兼顾，使发展对环境的不利影响降低到最小。建立科学的评价指标体系，设置专门的评价审议机构，并使这一制度法制化，逐步建立起依法决策的运行机制。

区域经济的发展要充分考虑水资源的保护。限制缺水地区发展耗水型产业，调整缺水地区的产业结构，严格控制高耗水、高耗能和重污染的建设项目。生态环境脆弱地区的经济发展应考虑为生态用水留有余地，防止因过度开发导致下游地区河流湖泊萎缩、土地沙化、生态退化。在水源地区，引导和组织水源地生态经济体系建设，避免水源地区经济发展导致下游城市水源污染。

(2)资源的开发和利用要坚持开源节流并举的方针

大力开展节水活动，采取有效措施，减少水消耗。有组织地推行节水技术；完善科学的用水管理措施，制定单位产品用水定额和水重复利用率考核指标，建立工业用水考核制度；明确规定冷却水及工艺用水等工业废水必须循环利用和再生利用；大力发展水的闭路循环使用，最大限度地减少废水排放量。

在开展节约用水解决我国水资源短缺的同时，全面加强水污染防治，特别是重点流域的水污染防治。流域治理的重点在城市工业废水和生活污水的治理。建设污水处理设施，处理后的污水可用于工业冷却水、城市景观和园林绿地用水等。

(3)建立和完善资源有偿使用制度和价格体系

国家有关部门应组织开展资源定价研究，有计划地对关系国计民生的重要资源和国家稀缺资源制定分类指导的价格政策，尽快改变资源元价、资源产品低价的不合理状况，使水资源价格体现资源价值、资源利用和污染防治费用。同时积极推进水资源资产化管理进程，加强资源核算体系的研究。

(4)完善环境经济政策

抓紧制定有利于环境保护的环境经济政策，进一步强化市场经济体制下的环境经济手段。尽快提高排污费标准，使之高于污染治理成本；制定水污染防治相关政策，建立资源更新的补偿机制；实现"污染者付费"的原则，在用水收费中，增加污水处理费，作为城市污水处理厂运行费用；同时鼓励和推动环境保护基础设施建设，积极建立环境税收制度。扩大资源税的征收范围，对地下水等稀缺资源征收资源税；对新建污染项目征收固定资产投资方向调节税，控制结构型污染；对从事城市污水处理的企业实行零税率；对生产再生资源和利用再生资源生产的产品，应给予税收减免的优惠。

(5)大力推行清洁生产

工业部门要加快产业结构调整，合理调整工业布局，推动资源消耗小、效益高的高新技术产业发展。结合技术改造推行以清洁原料、清洁生产过程和清洁产品为主要内容的清洁生产。要把清洁生产当做在可持续发展战略指导下的一次工业企业的全面改造，在全国所有工业企业推行清洁生产。通过加强环境管理，建立科学的管理体制，促进我国工业向新的技术基础转移，以集约方式提高质量，降低消耗，增加经济效益，并在此基础上逐步建立我国资源节约型生态工业生产体系。

(6)加快城镇污水处理厂建设，大力发展环保产业

改革现行城市污水处理体制，实现污水处理厂建设和运营的社会化、市场化和企业化。污水处理厂的建设要引入竞争机制，按照"谁投资谁所有，谁管理谁受益"的原则，建立多元化投资建设、企业化运营管理、社会共同负担费用、政府给予必要的政策扶持的模式。积极探索城镇给排水建设和运营一体化的管理体制。逐步使政府从直接管理污水处理设施的建设和运行中解脱出来，让污水处理真正走向市场。

4. 工业废水处理

以印染工业废水处理为例，考虑到工业效率与处理成本，目前常用的处理方法有以下几种。

①气浮法：在染料废水中添加铝、铁盐等絮凝剂，使其水解形成带高电荷的羟基化合物，它们对水中憎水性染料分子的混凝效果好，当PAC(聚合氯化铝，也称碱式氯化铝)的添加量为100～150mg/L时，即可取得90%以上的脱色效率。

②电化学法：采用石墨、钛板等作极板，以NaCl、Na_2SO_4或水中原有盐分作导电介质，对染料废水通电电解，阳极产生O_2或Cl_2，阴极产生H_2，新生态氧或NaCl的氧化作用及H_2的还原作用破坏了染料分子结构而脱色。

③化学氧化法：利用O_3、Cl_2及其含氧化合物等氧化剂，将染料的发色基团氧化破坏而脱色，常采用组合氧化法与催化氧化法。

④光催化氧化法：采用 $ZnO-CuO-H_2O_2-A$ 复合体系进行光降解，利用紫外线使半导体激发产生电子空穴，破坏染料分子中的共轭发色体系和分子结构使废水脱色。

⑤吸附法：利用吸附剂如活性炭、硅聚物、高岭土、工业炉渣等吸附废水中的染料。

⑥生物法：染料废水中大部分有机物是可生物降解的，即使是苯环结构也能被诺卡氏菌、环形小球菌分解，在辅酶 HSCOA 的作用下苯环裂解，分解为有机酸，最终氧化为 CO_2 和 H_2O。

阅读材料

2010　中国环境状况公报(淡水环境)

一、水环境质量状况

全国地表水污染依然较重。七大水系总体为轻度污染，浙闽区河流和西南诸河水质良好，西北诸河水质为优，湖泊(水库)富营养化问题突出。

1. 河流

长江、黄河、珠江、松花江、淮河、海河和辽河七大水系总体为轻度污染。204 条河流 409 个地表水国控监测断面中，Ⅰ~Ⅲ类、Ⅳ~Ⅴ类和劣Ⅴ类水质的断面比例分别为 59.9%、23.7% 和 16.4%。主要污染指标为高锰酸盐指数、五日生化需氧量和氨氮。其中，长江、珠江水质良好，松花江、淮河为轻度污染，黄河、辽河为中度污染，海河为重度污染。

(1)长江水系

长江水系水质总体良好。105 个国控监测断面中，Ⅰ~Ⅲ类、Ⅳ类、Ⅴ类和劣Ⅴ类水质的断面比例分别为 88.6%、6.6%、1.0% 和 3.8%。

长江干流水质总体为优。与上年相比，水质无明显变化。

长江支流水质总体良好。与上年相比，水质无明显变化。十大支流中，雅砻江、岷江、嘉陵江、乌江、沅江和汉江水质为优；大渡河、沱江、湘江和赣江水质良好。但岷江眉山段、湘江衡阳段和赣江南昌段为轻度污染，主要污染指标均为氨氮。

省界河段水质为优。20 个断面中，Ⅰ~Ⅲ类和Ⅳ类水质的断面比例分别为 95.0% 和 5.0%，无Ⅴ类和劣Ⅴ类水质。与 2009 年相比，水质无明显变化。

(2)黄河水系

黄河水系总体为中度污染。44 个国控监测断面中，Ⅰ~Ⅲ类、Ⅳ类、Ⅴ类和劣Ⅴ类水质的断面比例分别为 68.2%、4.5%、6.8% 和 20.5%。主要污染指标为五日生化需氧量、石油类和氨氮。

黄河干流水质总体为优。与 2009 年相比水质无明显变化。

黄河支流总体为重度污染。与 2009 年相比水质无明显变化。主要污染指标为五日生化需氧量、石油类和氨氮。伊河、洛河和沁河水质为优，伊洛河为轻度污染，湟水河、大黑河、北洛河为中度污染，其余支流为重度污染。渭河西安段和渭南段，湟水河西宁下游段，汾河太原段、临汾段和运城段，涑水河运城段污染严重。

省界河段为中度污染。11 个断面中，Ⅰ~Ⅲ类、Ⅴ类和劣Ⅴ类水质的断面比例分别为 63.6%、9.1% 和 27.3%。主要污染指标为氨氮、五日生化需氧量和高锰酸盐指数。渭河渭南潼关吊桥断面(陕—豫、晋)、汾河运城河津大桥断面(晋—陕、晋)和涑水河运城张留庄断面(晋—陕、晋)污染严重。

(3)珠江水系

珠江水系水质总体良好。33 个国控监测断面中，Ⅰ~Ⅲ类、Ⅳ类和劣Ⅴ类水质的断面比例分别为 84.9%、12.1% 和 3.0%。

珠江干流水质总体良好。与 2009 年相比，水质无明显变化。珠江广州段为中度污染，主要污染指标为氨氮、石油类和溶解氧。

珠江支流水质总体为优。与 2009 年相比，水质无明显变化。深圳河为重度污染，主要污染指标为氨氮、高锰酸盐指数和五日生化需氧量。

海南岛内河流中万泉河水质为优；海甸溪为轻度污染，主要污染指标为石油类。

省界河段水质为优。7个断面中，2个为Ⅰ类，3个为Ⅱ类，2个为Ⅲ类。与上年相比，水质无明显变化。

(4)松花江水系

松花江水系总体为轻度污染。42个国控监测断面中，Ⅰ~Ⅲ类、Ⅳ类、Ⅴ类和劣Ⅴ类水质的断面比例分别为47.6%、35.7%、4.8%和11.9%。主要污染指标为高锰酸盐指数、氨氮和五日生化需氧量。

松花江干流总体为轻度污染。主要污染指标为高锰酸盐指数、氨氮和石油类。与上年相比，水质无明显变化。

松花江支流总体为中度污染。主要污染指标为高锰酸盐指数、五日生化需氧量和氨氮。与上年相比，水质有所好转。

5个省界断面中，Ⅱ类水质断面2个、Ⅲ类水质断面2个、Ⅳ类水质断面1个。

(5)淮河水系

淮河水系总体为轻度污染。86个国控监测断面中，Ⅰ~Ⅲ类、Ⅳ类、Ⅴ类和劣Ⅴ类水质的断面比例分别为41.9%、32.5%、9.3%和16.3%。主要污染指标为五日生化需氧量、高锰酸盐指数和石油类。

淮河干流水质总体为优。与2009年相比，水质有所好转。

淮河支流总体为中度污染。主要污染指标为五日生化需氧量、高锰酸盐指数和氨氮。与2009年相比，水质无明显变化。主要一级支流中，史灌河水质为优，浉河和潢河水质良好，洪河、洪河分洪道、西淝河、沱河和浍河为轻度污染，颍河为中度污染，涡河为重度污染。

省界河段为中度污染。33个断面中，Ⅰ~Ⅲ类、Ⅳ类、Ⅴ类和劣Ⅴ类水质的断面比例分别为24.2%、39.4%、15.2%和21.2%。主要污染指标为高锰酸盐指数、五日生化需氧量和石油类。与2009年相比，水质有所好转。

(6)海河水系

海河水系总体为重度污染。62个国控监测断面中，Ⅰ~Ⅲ类、Ⅳ类、Ⅴ类和劣Ⅴ类水质的断面比例分别为37.1%、11.3%、11.3%和40.3%。主要污染指标为高锰酸盐指数、五日生化需氧量和氨氮。

海河干流总体为重度污染，海河大闸和三岔口断面的水质分别为劣Ⅴ类和Ⅳ类，主要污染指标为高锰酸盐指数、五日生化需氧量和氨氮。与2009年相比，水质无明显变化。

海河水系其他主要河流总体为重度污染。主要污染指标为高锰酸盐指数、五日生化需氧量和氨氮。与2009年相比，水质无明显变化。主要河流中，永定河水质为优；滦河和南运河水质良好；大沙河、漳卫新河、子牙河、徒骇河、北运河和马颊河等为重度污染。

省界河段为重度污染。19个断面中，Ⅰ~Ⅲ类、Ⅳ类、Ⅴ类和劣Ⅴ类水质的断面比例分别为42.1%、5.3%、21.0%和31.6%。主要污染指标为高锰酸盐指数、五日生化需氧量和氨氮。与2009年相比，水质无明显变化。

(7)辽河水系

辽河水系总体为中度污染。37个国控监测断面中，Ⅰ~Ⅲ类、Ⅳ类、Ⅴ类和劣Ⅴ类水质的断面比例分别为40.5%、16.3%、18.9%和24.3%。主要污染指标为氨氮、高锰酸盐指数和石油类。

辽河干流总体为轻度污染。主要污染指标为五日生化需氧量、石油类和氨氮。老哈河水质为优，东辽河水质良好，西辽河和辽河为中度污染。与2009年相比老哈河水质无明显变化，西辽河水质有所下降，东辽河和辽河水质有所好转。

辽河支流总体为重度污染。与2009年相比水质无明显变化。西拉沐沦河为轻度污染，条子河和招苏台河为重度污染。主要污染指标为高锰酸盐指数、五日生化需氧量和氨氮。

大辽河及其支流总体为重度污染。浑河沈阳段、太子河鞍山段和大辽河营口段污染严重。主要污染指标为氨氮、石油类和高锰酸盐指数。与上年相比，水质有所好转。

大凌河水质总体良好。与2009年相比，水质明显好转。

3个省界断面中，Ⅱ类、Ⅳ类和劣Ⅴ类水质的断面各1个。与2009年相比，水质有所好转。

2. 湖泊(水库)

26个国控重点湖泊(水库)中，满足Ⅱ类水质的1个，占3.8%；Ⅲ类的5个，占19.2%；Ⅳ类的4个，占15.4%；Ⅴ类的6个，占23.1%；劣Ⅴ类的10个，占38.5%。主要污染指标是总氮和总磷。大型水库水质好于大型淡水湖泊和城市内湖。

26个国控重点湖泊(水库)中，营养状态为重度富营养的1个，占3.8%；中度富营养的2个，占7.7%；轻度富营养的11个，占42.3%；其他均为中营养，占46.2%。

太湖水质总体为劣Ⅴ类。主要污染指标为总氮和总磷。湖体处于轻度富营养状态。与上年相比，水质无明显变化。

太湖环湖河流总体为轻度污染。88个国控监测断面中，Ⅰ～Ⅲ类、Ⅳ类、Ⅴ类和劣Ⅴ类水质的断面比例分别为43.0%、33.0%、12.0%和12.0%。主要污染指标为氨氮和石油类。与2009年相比，水质有所好转，如图1-3所示。

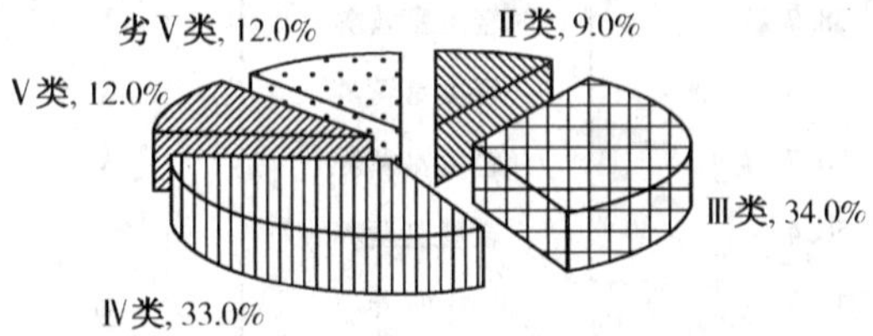

图1-3　2010年太湖环湖河流水质类别比例

滇池水质总体为劣Ⅴ类。主要污染指标为总磷、总氮和高锰酸盐指数。与2009年相比，水质无明显变化。草海和外海均处于重度富营养状态。

滇池环湖河流总体为重度污染。8个国控监测断面中，Ⅱ类、Ⅲ类和劣Ⅴ类水质的断面比例分别为37.5%、12.5%和50.0%。主要污染指标为氨氮、五日生化需氧量和高锰酸盐指数。与2009年相比水质明显好转，如图1-4所示。

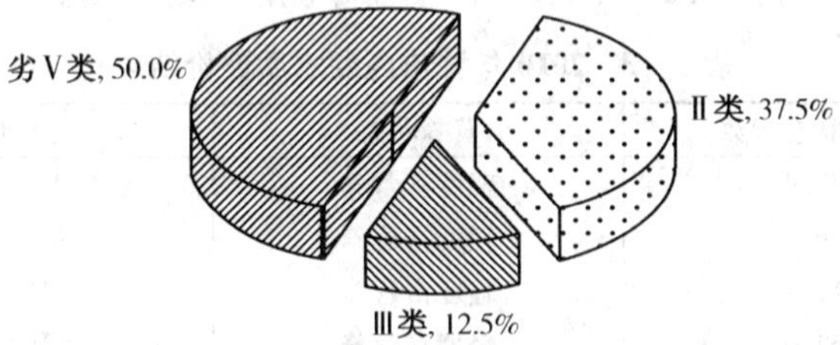

图1-4　2010年滇池环湖河流水质类别比例

巢湖水质总体为Ⅴ类。主要污染指标为总氮、总磷和石油类。西半湖处于中度富营养状态，东半湖处于轻度富营养状态，全湖平均为轻度富营养状态。与2009年相比，水质无明显变化。

巢湖环湖河流总体为重度污染。12个国控监测断面中，Ⅱ类、Ⅲ类、Ⅳ类和劣Ⅴ类水质的断面比例分别为8.3%、25.0%、16.7%和50.0%。主要污染指标为氨氮、五日生化需氧量和石油类。与2009年相比，水质无明显变化，如图1-5所示。

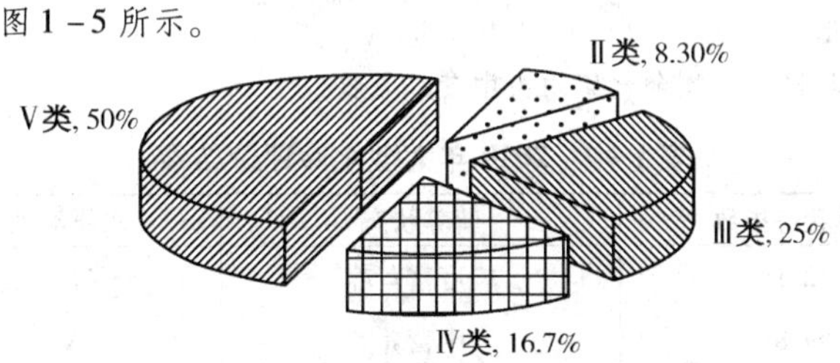

图1-5　2010年巢湖环湖河流水质类别比例

其他大型淡水湖泊监测的9个重点国控大型淡水湖泊中，镜泊湖、洱海和博斯腾湖为Ⅲ类水质，洪泽湖、鄱阳湖和南四湖为Ⅴ类水质，达赉湖、白洋淀和洞庭湖为劣Ⅴ类水质。大型淡水湖泊的主要污染指标为总氮、总磷和高锰酸盐指数。与2009年相比，洪泽湖水质好转，鄱阳湖、南四湖和洞庭湖水质变差，其他大型淡水湖泊水质无明显变化。

镜泊湖、洱海和博斯腾湖为中营养状态，洪泽湖、鄱阳湖、南四湖和洞庭湖为轻度富营养状态，达赉湖和白洋淀为中度富营养状态，详见表1-2。

表1-2　2010年重点大型淡水湖泊水质状况

名　称	综合营养状态指数	营养状态	水质类别	主要污染指标
达赉湖	65.2	中度富营养	劣Ⅴ	高锰酸盐指数、总磷、总氮
白洋淀	60.3	中度富营养	劣Ⅴ	氨氮、总氮、总磷
洪泽湖	58.2	轻度富营养	Ⅴ	总氮、总磷
鄱阳湖	51.5	轻度富营养	Ⅴ	总氮、总磷
南四湖	50.7	轻度富营养	Ⅴ	总磷
洞庭湖	50.4	轻度富营养	劣Ⅴ	总氮、总磷
镜泊湖	43.3	中营养	Ⅲ	
洱海	40.6	中营养	Ⅲ	
博斯腾湖	38.1	中营养	Ⅲ	

城市内湖监测的5个城市内湖中，昆明湖（北京）和东湖（武汉）为Ⅳ类水质，玄武湖（南京）为Ⅴ类水质，西湖（杭州）和大明湖（济南）为劣Ⅴ类水质。各湖主要污染指标为总氮和总磷，详见表1-3。与2009年相比，5个城市内湖水质均无明显变化。

昆明湖为中营养状态，东湖、玄武湖、大明湖和西湖为轻度富营养状态。

表1-3　2010年城市内湖水质评价结果

名称	营养状态指数	营养状态	水质类别	主要污染指标
东湖	57.4	轻度富营养	Ⅳ	总磷、总氮
玄武湖	56.2	轻度富营养	Ⅴ	总氮、总磷
大明湖	51.7	轻度富营养	劣Ⅴ	总氮
西湖	51.0	轻度富营养	劣Ⅴ	总氮
昆明湖	46.4	中营养	Ⅳ	总氮

大型水库监测的9座大型水库中，密云水库（北京）为Ⅱ类水质，千岛湖（浙江）和董铺水库（安徽）为Ⅲ类水质，丹江口水库（湖北、河南）和于桥水库（天津）为Ⅳ类水质，松花湖（吉林）为Ⅴ类水质，门楼水库（山东）、大伙房水库（辽宁）和崂山水库（山东）为劣Ⅴ类水质。各水库主要污染指标为总氮。2010年大型水库评价结果如表1-4所示。与上2009年相比，于桥水库水质好转，松花湖和大伙房水库水质变差，其他大型水库水质无明显变化。

崂山水库为轻度富营养状态，其余水库均为中营养状态。

表1-4　2010年大型水库评价结果

名称	营养状态指数	营养状态	水质类别	主要污染指标
崂山水库	52.1	轻度富营养	劣Ⅴ	总氮
松花湖	49.8	中营养	Ⅴ	总氮、总磷
于桥水库	46.1	中营养	Ⅳ	总氮

续表

名称	营养状态指数	营养状态	水质类别	主要污染指标
董铺水库	45.6	中营养	Ⅲ	
大伙房水库	45.5	中营养	劣Ⅴ	总氮
门楼水库	37.8	中营养	劣Ⅴ	总氮
密云水库	35.5	中营养	Ⅱ	
丹江口水库	35.0	中营养	Ⅳ	总氮
千岛湖	33.1	中营养	Ⅲ	

二、地下水环境质量状况

2010年，对全国182个城市开展了地下水水质监测工作，水质监测点总数为4110个。分析结果表明，水质为优良级的监测点为418个，占全部监测点的10.2%；水质为良好级的监测点为1135个，占27.6%；水质为较好级的监测点为206个，占5.0%；水质为较差级的监测点为1662个，占40.4%；水质为极差级的监测点为689个，占16.8%。

全国地下水质量状况不容乐观，水质为优良—良好—较好级的监测点总计为1759个，占全部监测点的42.8%，2351个监测点的水质为较差—极差级，占全部监测点的57.2%。

全国主要城市的地下水水质状况与2009年比较以稳定为主。其中，水质变好的城市主要集中在华东地区，华北、东北、西北地区仅有少数城市水质变好；水质变差的城市主要集中在华北、东北和西北地区，华东及中南、华南地区仅有少量城市水质变差。

三、全国重点城市主要集中式饮用水水源地水质

2010年，全国113个环保重点城市共监测395个集中式饮用水源地，其中地表水源地245个，地下水源地150个。监测结果表明，重点城市年取水总量为220.3亿吨，达标水量为168.5亿吨，占76.5%；不达标水量为51.8亿吨，占23.5%。

四、废水和主要污染物排放量

2010年，全国废水排放总量为617.3亿吨，比2009年增加4.7%；化学需氧量排放量为1238.1万吨，比2009年下降3.1%；氨氮排放量为120.3万吨，比2009年下降1.9%。全国近年废水和主要污染物排放量如表1－5所示。

表1－5　全国近年废水和主要污染物排放量

项目 年度	废水排放量/亿吨			化学需氧量排放量/万吨			氨氮排放量/万吨		
	合计	工业	生活	合计	工业	生活	合计	工业	生活
2006	536.8	240.2	296.6	1428.2	541.5	886.7	141.3	42.5	98.8
2007	556.8	246.6	310.2	1381.8	511.1	870.8	132.3	34.1	98.3
2008	572	241.9	330.1	1320.7	457.6	863.1	127	29.7	97.3
2009	589.2	234.4	354.8	1277.5	439.7	837.8	122.6	27.3	95.3
2010	617.3	237.5	379.8	1238.1	434.8	803.3	120.6	27.3	93.0

1.7　过度排放与臭氧层空洞

1.7.1　臭氧的产生

在距离地球表面14～25km的高空，因受太阳紫外线照射的缘故，形成了包围在地球外

围空间的臭氧层，这个臭氧层正是人类赖以生存的保护伞。这就是大多数人对臭氧的全部认识。人类真正认识臭氧还是在150多年以前，由德国化学家先贝因(Schanbein)博士首次提出在水电解及火花放电中产生的气味，同在自然界闪电后产生的气味相同，先贝因博士认为其气味类似于希腊文的OZEIN(意为难闻)，由此将其命名为OZEIN－臭氧。

自然界中的臭氧，大多分布在距地面20～50km的大气中，我们称之为臭氧层，臭氧层中的臭氧主要是紫外线制造出来的。大家知道，太阳光线中的紫外线分为长波和短波两种，当大气中(含有21%)的氧气分子受到短波紫外线照射时，氧分子会分解成原子状态。氧原子的不稳定性极强，极易与其他物质发生反应。如与氢(H_2)反应生成水H_2O，与碳(C)反应生成二氧化碳(CO_2)。同样地，它与氧分子(O_2)反应时就形成了臭氧(O_3)。臭氧形成后，由于其密度大于氧气，会逐渐向臭氧层的底层降落，在降落过程中随着温度的变化(上升)，臭氧不稳定性愈趋明显，再受到长波紫外线的照射，再度还原为氧。臭氧层就是保持了这种氧气与臭氧相互转换的动态平衡。

1.7.2 臭氧层的作用

大气层是由对流层、平流层、中间层、热成层、逸散层组成的，臭氧层是分布在平流层中距地面15～25km左右富含臭氧的部分。臭氧层能吸收绝大部分太阳紫外线，使地球生物免受紫外线的危害。在自然状态下大气平流层中的臭氧分子能够吸收紫外线的能量，分解成为氧原子，并很快与大气中的氧气发生进一步的化学反应生成新的臭氧分子，使臭氧层中的臭氧分子达到动态平衡。这个过程周而复始从而抵挡大量的有害紫外线到达地球。

科学家们一般将来自太阳的紫外线按照波长的长短分为三个区：波长在320～400nm之间的紫外线称为UV－A区，该区的紫外线不能被臭氧有效吸收，但是也不会造成地表生物圈的损害，事实上这一波段少量的紫外线是地表生物所必需的；波长为280～300nm的紫外线称之为UV－B区，这一波段的紫外辐射可能到达地表并对人类和生态系统造成极大危害；波长为200～280nm紫外线部分称为UV－C区，该区紫外线波长短能量高，不过该区的紫外线能被大气中的臭氧和氧气完全吸收，即使是平流层的臭氧发生损耗，UV－C区波段的紫外线也不会到达地球，所以不会对地球表面造成不良影响。

1.7.3 臭氧层的破坏

在正常状况下，平流层中的臭氧分子是处于一种动态平衡的状态。高层大气中的氧分子(O_2)吸收紫外线，分解成活泼的氧原子(O)：

$$O_2 + h\nu \longrightarrow O + O$$

氧原子再与邻近的氧分子反应生成臭氧：

$$O + O_2 \longrightarrow O_3$$

臭氧也会因受强烈紫外线照射而分解，生成氧原子和氧分子，或是与活泼的氧原子作用形成氧分子：

$$O_3 + h\nu \longrightarrow O_2 + O$$

$$O_3 + O \longrightarrow O_2 + O_2$$

臭氧就在这些反应中不断生成与分解，维持着微妙但脆弱的平衡。

氮氧化物、氯、溴等活性物质及其他活性基团会破坏这个平衡，使其向着臭氧分解的方向转移。如CFCs(氯氟烃类化学物质)在平流层受强烈紫外线照射而分解产生氯，氯会与臭氧反应生成氧化氯自由基(ClO·)：

$$Cl + O_3 \longrightarrow ClO\cdot + O_2$$

带有自由基的 ClO 非常活泼，若与同样活泼的氧原子反应，便生成氯和较安定的氧分子：

$$ClO\cdot + O \longrightarrow Cl + O_2$$

而这个被释出的氯又可以再与臭氧反应，因此氯一方面能够不断消耗臭氧，另一方面却又能在反应中再生。

1.7.4　消耗臭氧层物质

1. ODS

许多科学研究证明，工业上大量生产和使用的全氯氟烃、全溴氟烃等物质，当它们被释放并上升到平流层时，受到强烈的太阳紫外线 UV－C 的照射，分解出 Cl 自由基和 Br 自由基，这些自由基很快地与臭氧进行连锁反应，每一个 Cl 自由基可以摧毁 10 万个臭氧分子。人们把这些破坏大气臭氧层的物质称为消耗臭氧层物质，因其英文名称为 Ozone Depleting Substances，取其英文名称字头组成缩写，简称 ODS。

目前，学者们认定的 ODS 包括下列物质：CFCs、哈龙(Halon)、四氯化碳、甲基氯仿、溴甲烷等。

2. CFC

工业上大量生产和使用的氯氟烃是破坏臭氧层的物质，根据氯氟烃的英文名称 Chloro Fluoron Carbon，取其字头组成缩写 CFC，用 CFC 代码作为氯氟烃的统称。

在 CFC 后标以化合物代码，可以代表不同的氯氟烃，如 CFC－12 代表二氯二氟甲烷，CFC－113 代表三氯三氟乙烷等。

氯氟烃的命名法是其后面以代码表示不同的化学物质(或组成)。编码原则是用三位数组成代码，个位数表示分子中氟原子的个数、十位数表示分子中的氢原子的个数加 1，百位数表示分子中的碳原子的个位数减 1。按此原则，三氯一氟甲烷(分子式为 CCl_3F)的代码百位数为 0、十位数为 1、个位数为 1，写为 CFC－11；二氯二氟甲烷(分子式为 CCl_2F_2)的代码百位数为 0、十位数为 1、个位数为 2，写为 CFC－12。几种重要的 CFC 物质见表 1－6 所示。

表 1－6　重要的 CFC 物质

代码	化学式	化学名称
CFC－11	CCl_3F	三氯一氟甲烷
CFC－12	CCl_2F_2	二氯二氟甲烷
CFC－13	$CClF_3$	一氯三氟甲烷
CFC－113	CCl_2FCClF_2	三氯三氟乙烷
CFC－114	$CClF_2CClF_2$	二氯四氟乙烷
CFC－115	$CClF_2CF_3$	一氯五氟乙烷

以上物质由于与碳相连的氢原子完全被氯和氟取代，所以又叫全氯氟烃。

CFCs 的性质非常稳定，一旦被排放到大气中，除非进行光分解反应，否则会不断累积在对流层中。在 CFCs 未受管制之前，全世界每年都要排放大约 100×10^4t 以上的 CFCs，而这些管制前就被排放到大气中，总量约为 2000×10^4t 的 CFCs 目前大部分仍留存在对流层中。

1.7.5 臭氧层空洞

1984 年英国科学家法尔曼等人在南极哈雷湾观测站发现：在过去 10 ~ 15 年间，每到春天南极上空的臭氧浓度就会减少约 30%，极地上空的中心地带有近 95% 的臭氧被破坏。从地面上观测，高空的臭氧层已极其稀薄，与周围相比像是形成一个“洞”，“臭氧层空洞”由此而得名，这是人类历史上第一次发现臭氧层空洞，当时观察此洞覆盖面积只有美国的国土面积那么大。

美国国家宇航局(NASA)的科学家在 20 世纪 90 年代时曾宣布，到 2000 年 10 月，南极上空臭氧空洞的面积大约为 2900 万平方英里(1 平方英里约为 2.58999 平方千米)，这是迄今为止观测到臭氧空洞的最大面积。从 NASA 发布的图片上可以看到，臭氧洞像一个大的蓝水滴，完全罩在南极的上空，并延伸到南美的南端。

臭氧层空洞增大的速度是惊人的，特别是近年来南极上空的臭氧层空洞有恶化的趋势。根据全球总臭氧观测的结果表明，在过去 10 ~ 15 年间，每到春天南极上空平流层的臭氧都会发生急剧的大规模损耗。臭氧洞可以用一个三维的结构来描述，即臭氧洞的面积、深度及延续时间。1987 年 10 月，南极上空的臭氧浓度下降到了 1957 ~ 1978 年间的一半，臭氧洞面积则扩大到足以覆盖整个欧洲大陆。从那以后臭氧浓度下降的速度还在加快，有时甚至减少到只剩 30%，臭氧洞的面积也在不断扩大。1994 年 10 月观测到臭氧洞曾一度蔓延到了南美洲最南端的上空。近年臭氧洞的深度和面积等仍在继续扩展，1995 年观测到的臭氧洞的天数是 77 天，到 1996 年几乎南极平流层的臭氧全部被破坏，臭氧洞发生天数增加到 80 天。1997 年至今，科学家进一步观测到臭氧洞发生的时间也在提前，1998 年臭氧洞的持续时间超过 100 天，是南极臭氧洞被发现以来的最长纪录，而且臭氧洞的面积比 1997 年增大约 15%，几乎可以相当三个澳大利亚的面积。这一迹象表明，南极臭氧洞的损耗状况正在恶化之中。

目前不仅在南极，在北极上空也出现了臭氧减少的现象，美、日、英、俄等国家联合观测发现，北极上空臭氧层也减少了 20%，已形成了面积约为南极臭氧层空洞三分之一的北极臭氧层空洞。在被称为是世界上“第三极”的青藏高原，中国大气物理及气象学者的观测也发现，青藏高原上空的臭氧正在以每 10 年 2.7% 的速度减少，已经成为大气层中的第三个臭氧层空洞。

1.7.6 臭氧层空洞的危害

臭氧层中的臭氧能吸收 200 ~ 300nm 的阳光紫外线辐射，因此臭氧层空洞可使阳光中紫外辐射到地球表面的量大大增加，从而产生一系列严重的危害。

阳光紫外线辐射能量很高的部分称为 EUV，在平流层以上就被大气中的原子和分子所吸收，从 EUV 到波长为 290nm 之间的称为 UV - C 段，能被臭氧层中的臭氧分子全部吸收，波长为 290 ~ 320nm 的辐射段称为紫外线 B 段(即 B 类紫外线)，也有 90% 能被臭氧分子吸收，从而可以大大减弱到达地面的强度。如果臭氧层的臭氧含量减少，则地面受到紫外线 B 的辐射量增大。

B 类紫外线灼伤是紫外线辐射最明显的影响之一，学名为红斑病。B 类紫外线也能损耗皮肤细胞中的遗传物质，导致皮肤癌。B 类辐射增加还可对眼睛造成损害，导致白内障发病率增加，B 类紫外线辐射也会抑制人类和动物的免疫力。因此 B 类紫外线辐射的增加，会降低人类对一些疾病包括癌症、过敏症和一些传染病的抵抗力。B 类辐射的增加，会对自然生态系统和作物造成直接或间接的影响。例如，B 类紫外辐射对 20m 深度以内的海洋生物造成危害，会使浮游生物、幼鱼、幼蟹、虾和贝类大量死亡，会造成某些生物减少或灭绝，由于海洋中的任何生物都是海洋食物链中重要的组成部分，因此某些种类的减少或灭绝，会引起海洋生态系统的破坏。B 类辐射的增加也会损害浮游植物，由于浮游植物可吸收大量二氧化碳，其产量减少使得大气中存留更多的二氧化碳，使温室效应加剧。B 类辐射还将引起用于建筑物、绘画、包装的聚合材料的老化，使其变硬变脆，缩短使用寿命等。有人甚至认为，当臭氧层中的臭氧量减少到正常量的五分之一时，将是地球生物死亡的临界点。这一论点虽尚未经科学实验所证实，但至少也表明了情况的严重性和紧急性。

1.7.7 “补天”行动

当科学家的研究令人信服地揭示出人类活动已经造成臭氧层严重损耗的时候，“补天”行动非常迅速。为解决此问题，国际社会在联合国环境规划署的协调下，于 1985 年也就是南极臭氧层空洞发现的当年，由联合国环境规划署发起 21 个国家的政府代表签署了《保护臭氧层维也纳公约》(以下简称《维也纳公约》)，首次在全球建立了共同控制臭氧层破坏的一系列原则、方针，并于 1987 年 9 月有 36 个国家和 10 个国际组织的 140 名代表和观察员在加拿大蒙特利尔集会，通过了大气臭氧层保护的重要历史性文件《关于消耗臭氧层物质的蒙特利尔议定书》。在该议定书中，规定了保护臭氧层的受控物质种类和淘汰时间表，要求到 2000 年全球的氟利昂削减一半，并制定了针对氟利昂类物质生产、消耗、进口及出口等控制措施。由于进一步的科学研究显示大气臭氧层损耗的状况更加严峻，1990 年通过了《关于消耗臭氧层物质的蒙特利尔议定书》伦敦修正案，1992 年通过了哥本哈根修正案，其中受控物质的种类再次扩充，完全淘汰的日程也一次次提前，缔约国和地区也在增加。到目前为止缔约方已达 165 个之多，反映了世界各国和地区政府对保护臭氧层工作的重视和责任。不仅如此 1995 年 1 月 23 日，联合国大会通过决议，确定从 1995 年开始，每年的 9 月 16 日为“国际保护臭氧层日”，旨在纪念 1987 年 9 月 16 日签署的《关于消耗臭氧层物质的蒙特利尔议定书》，要求所有缔约方根据“议定书”及其修正案的目标，采取具体行动纪念这一特殊的日子，以增加世界人民保护臭氧层的意识，提高参与保护臭氧层行动的积极性。

我国政府和科学家们非常关心保护大气臭氧层这一全球性的重大环境问题。我国于 1989 年就加入了《保护臭氧层维也纳公约》，先后积极派团参与了历次的《保护臭氧层维也纳公约》和《关于消耗臭氧层物质的蒙特利尔议定书》缔约方会议，并于 1991 年加入了修正后的《关于消耗臭氧层物质的蒙特利尔议定书》缔约方。我国还成立了保护臭氧层领导小组，开始编制并完成了《中国消耗臭氧层物质逐步淘汰国家方案》。根据这一方案，我国已于 1999 年 7 月 1 日冻结了氟利昂的生产，并将于 2010 年前全部停止生产和使用所有损耗臭氧层的物质。

由此我们不仅可以看到人类日益紧迫的步伐，而且发现即使如此努力地弥补我们上空的“臭氧洞”，但由于臭氧层损耗物质从大气中除去十分困难，预计采用哥本哈根修正案，也要在 2050 年左右才能使平流层氯原子的浓度下降到临界水平以下，到那时我们上空的“臭氧洞”可望开始恢复。

阅读材料

臭氧层国际保护行动

20 世纪 20 ~ 30 年代，CFC(氯氟烃，也称氟利昂)开始人工合成。

1974 年，美国科学工作者 Rowland 发表 CFC 破坏臭氧层理论。

1977年，联合国环境规划署UNEP研讨CFC气体问题，批准“有关臭氧层的全球行动计划”，成立臭氧问题调整委员会CCOL。

1978年，美国禁止使用CFC气体制造的喷雾制品。

1979年，加拿大、瑞典开始禁止制造使用CFC喷雾制品。

1980年，在欧共体(1993年后被欧盟取代)部长级理事会上，决定冻结CFC－11、CFC－12的制造，削减喷雾用CFC的生产。日本也随之实行。

1981年，联合国环境规划署UNEP在拟订臭氧层保护公约上取得一致性意见；挪威禁止制造和进口使用含CFC的喷雾制品。

1985年，联合国环境规划署缔结《维也纳公约》，旨在加强臭氧层保护的研究。英国科学家观测到南极上空出现臭氧层空洞，并证实其与氟利昂(CFC)有直接关系。

1987年，联合国环境规划署组织制定了《关于消耗臭氧层物质的蒙特利尔议定书》(以下简称《蒙特利尔议定书》)，对八种破坏臭氧层的物质(五种特定CFC和三种特定哈龙)提出了将年产量和消耗量在10年内减少一半的要求。这八种物质被称为“受控物质”。

1988年，美国国家环保局EPA根据清洁大气法，公布CFC的控制规则；欧共体提出到1998年CFC的境内生产减少一半，并禁止从未缔结控制公约的国家进口，通过了到2000年全面禁止使用CFC气体的提案；在荷兰海牙的国际会议上，决定提前一年开展旨在强化《蒙特利尔议定书》的CFC控制内容的再评价工作；英国科学家出版报告书，指出南极上空的臭氧层在前所未有地减少。

1989年，《维也纳公约》和《蒙特利尔议定书》缔约方第一次会议在赫尔辛基召开，发表了《赫尔辛基宣言》，提出：在本世纪末全部停止使用八种受控物质。

1990年，《维也纳公约》和《蒙特利尔议定书》缔约方第二次会议在伦敦召开，将以CFC为主的受控物质扩大到20种，决定到2000年全部停止使用(但三氯乙烷到2005年全部停止使用)，并决定设立多边基金，对发展中国家淘汰消耗臭氧层物质提供资金援助和技术支持。

1992年，为提前停止使用《蒙特利尔议定书》所列的受控物质，在哥本哈根召开了第四次缔约方会议。

1994年，科学家发现南极上空的臭氧层破坏面积已达2400万平方千米，欧洲和北美上空的臭氧层平均减少了10%～15%。

1995年，联合国大会通过决议，确定从1995年开始，每年的9月16日为“国际保护臭氧层日”。

1996年，经济发达国家停止使用和生产大部分受控物质；多边基金共集资4.5亿美元，在发展中国家共安排了1100多个淘汰受控物质的项目，以便帮助发展中国家实现到2010年全部停止使用受控物质的目标。

1999年，《蒙特利尔议定书》第十一次缔约方会议在北京举行。

臭氧层中国保护行动

1989年4月26日至5月5日，在《维也纳公约》缔约方第一次会议与《蒙特利尔议定书》缔约方第一次大会上，中国代表团提出设立保护臭氧层国际基金的建议。

1989年7月14日，国务院以国函[1989]49号文决定我国正式加入《维也纳公约》。

1989年9月11日，中国由外交部正式宣布遵守《维也纳公约》。

1991年6月17日至21日，在《维也纳公约》缔约方第二次会议与《蒙特利尔议定书》缔约方第三次会议上，中国正式宣布遵守《蒙特利尔议定书》伦敦修正案。

1991年7月15日，中国国家保护臭氧层领导小组成立。

1993年1月12日，国务院批准了《中国逐步淘汰消耗臭氧层物质国家方案》。

1993年3月8日至10日，蒙特利尔多边基金执委会第九次会议通过了《中国逐步淘汰消耗臭氧层物质国家方案》。

1993年4月20日至23日，国家环保局与中国科学技术协会工程联合会在北京联合召开了“氯氟碳与哈龙替代技术保护臭氧层国际会议”。

1995年5月18日，在天津举行了联合国开发计划署“天津聚氨酯软泡生产无CFC技术改造”项目的产权移交仪式。这是中国完成的第一个多边基金投资项目。

1996年9月16日至17日，国家保护臭氧层领导小组在北京召开了“中国首届保护臭氧层大会”。

1997年1月，国家保护臭氧层领导小组决定组织修订《中国逐步淘汰消耗臭氧层物质国家方案》。

1998年9月16日至18日，联合国开发计划署、联合国环境规划署和国家环境保护总局在北京联合召开“纪念9·16国际保护臭氧层日大会暨《国家方案》修订及国际政策研讨会”。

1998年11月24日，《蒙特利尔议定书》缔约方大会第十次会议上决定中国为第十一次缔约方大会的主办国。

1999年4月，国务院批准成立第十一次《蒙特利议定书》缔约方会议组织委员会。

1999年9月16日，国家环境保护总局在北京少儿活动中心举行了向全国少年儿童赠送保护臭氧层儿童画册仪式。

1999年11月15日，国务院批准实施由18个部委会签的《中国逐步淘汰消耗臭氧层物质国家方案》(修订稿)。

1999年11月29日至12月3日，《蒙特利尔议定书》缔约方大会第十一次会议和《维也纳公约》缔约方大会第五次会议在中国北京召开，会议通过了《北京宣言》。

2001年4月，《中国保护臭氧层行动》刊物通讯员会议召开。

2003年4月，中国政府正式签署《蒙特利尔议定书》哥本哈根修正案。2005年1月1日，将甲基溴的生产和消费减少20%，并于2015年1月1日起完全淘汰必要用途之外的甲基溴生产和消费。

2003年7月，为表彰保护臭氧层所作的努力和所取得的成绩，我国政府开始设立“保护臭氧层贡献奖”。“保护臭氧层贡献奖”共设立六个奖项，其中设立金奖五个，特别金奖一个，用于奖励那些长期以来始终为保护臭氧层作出突出贡献的单位或个人。每年9月16日的“国际保护臭氧层日”举行颁奖仪式。

2003年9月16日，由国家环保总局主办的首届“保护臭氧层贡献奖”颁奖大会在北京人民大会堂举行。国家环保总局局长解振华、副局长祝光耀和联合国环境规划署保护臭氧层秘书处、蒙特利尔多边基金执委会秘书处等国际组织的代表，向获得特别金奖和金奖的单位和个人颁发了奖牌和证书。

2003年11月14日，在关于消耗臭氧层物质的蒙特利尔议定书第十五次缔约方大会上，中国作为优秀的履约方，获得了2003年度联合国环境规划署国家保护臭氧层机构杰出贡献奖。

2004年5月1日起，吉林省开始逐步淘汰氟利昂，到2005年5月1日，氟利昂将在全省范围内禁止使用。

2005年9月16日，“国际保护臭氧层日”纪念大会暨中国第三届“保护臭氧层贡献奖”颁奖仪式在深圳市举行。

1.8　过度排放与酸雨

1.8.1　酸雨的概念

随着现代工业的发展及人们生活质量的提高，工业及生活用电量猛增，燃煤数量也随之增加。而煤含杂质硫约百分之一，在燃烧过程中将排放酸性气体SO_2；燃烧产生的高温尚能促使助燃的空气发生部分化学变化，氧气与氮气化合还会排放酸性气体NO_x。它们在高空中被雨雪溶解而形成酸雨；这些酸性气体在雨水中以硫酸根、硝酸根离子的形式存在。1872年英国科学家史密斯分析了伦顿市雨水的成分，发现它呈酸性，于是史密斯首先在他的著作《空气和降雨：化学气候学的开端》中提出“酸雨”这一专有名词。

简单地说酸雨就是酸性的雨。大家都知道纯水是中性的，没有味道；而柠檬水、橙汁有酸味，醋的酸味较大，它们都是弱酸的；小苏打水有略涩的碱味，呈碱性。科学家发现酸味大小与水溶液中氢离子的浓度有关；而碱味与水溶液中羟基离子的浓度有关。因此，可以建立一个指标：氢离子浓度对数的负值，即pH值，亦即 $pH = -\lg[H^+]$。

因此，纯水的pH值为7；酸性越大，pH值越低；碱性越大，pH值越高。未被污染的雨雪是中性的，pH值近于7；当雨雪被大气中的二氧化碳污染后，略呈酸性，pH值约为5.65。云层被大气中存在的酸性气体污染后，pH值小于5.65的雨就叫做酸雨；在高空或高山上弥漫的雾，若pH值小于5.65时叫做酸雾。

一年之内可降若干次雨，有的是酸雨，有的不是酸雨，因此一般称某地区的酸雨率为该地区酸雨次数除以降雨的总次数，其最低值为0，最高值为100%。如果有降雪，当以降雨视之。有时一个降雨过程可能持续几天，所以酸雨率应以一个降水全过程为单位，即酸雨率为一年内出现酸雨的降水过程次数除以全年降水过程的总次数。

除了年均降水的pH值之外，酸雨率是判别某地区是否为酸雨区的又一重要指标。

检验水的酸碱度一般可以使用下面几种方式：石蕊试剂、酚酞试液、pH试纸、pH计(能测出更精确的pH值)。

1.8.2 酸雨的形成过程

酸雨大多是由于化石燃料的燃烧引起的。

1. 硫的氧化物溶于水形成硫酸

$$S \longrightarrow H_2SO_4$$

$$S + O_2(\text{点燃}) \longrightarrow SO_2$$

$$SO_2 + H_2O \longrightarrow H_2SO_3(\text{亚硫酸})$$

$$2H_2SO_3 + O_2 \longrightarrow 2H_2SO_4(\text{硫酸})$$

也可以认为是 SO_2 先被氧化为 SO_3，SO_3 再与水反应生成 H_2SO_4。

总的化学反应方程式：

$$S + O_2(\text{点燃}) = SO_2 \quad 2SO_2 + 2H_2O + O_2 = 2H_2SO_4$$

2. 氮的氧化物溶于水形成硝酸

(1) $NO \longrightarrow HNO_3$

$$2NO + O_2 = 2NO_2, \quad 3NO_2 + H_2O = 2HNO_3 + NO$$

总的化学反应方程式为：

$$4NO + 2H_2O + 3O_2 = 4HNO_3$$

(2) $NO_2 \longrightarrow HNO_3$

总的化学反应方程式为：

$$4NO_2 + 2H_2O + O_2 \longrightarrow 4HNO_3$$

1.8.3 酸雨的危害

1. 对人体健康的影响

首先，酸雨或酸雾对人类的最重要影响是呼吸系统的问题，酸性物质会对肺的呼吸功能产生影响，尤其是进入青春发育期的少儿肺脏支气管相对较直，酸性物质容易到达细支气管和肺泡，对末梢小气道的通气功能造成损害。这可引起急性和慢性呼吸道损害，轻者可引起咳嗽、声音嘶哑等上呼吸道炎症；重者可产生呼吸急促、胸痛，甚至可发生肺气肿及肺心病。此外，在某些特定条件下，若形成酸雾，侵入人的肺部，能够导致肺水肿、肺硬化。另外大量研究表明，SO_2 对于在呼吸道中起主要防御功能的肺泡巨噬细胞有严重损伤作用，其后果将会使呼吸道感染，肺肿瘤的发生机会大大增加；当 SO_2 经过呼吸道被吸收后，约 40% ~ 90% 进入血液而扩散到全身，也有部分被红细胞吸收并有 2/3 的 SO_2 进入红细胞内部，引起血液 pH 值显著下降，使肺泡动脉血氧压差发生变化。大量吸入酸雨中的 SO_2 后，人体会感到窒息并引发细胞毒性，从而对中枢神经系统也产生一定的损害。

其次，酸雨或酸雾可刺激人的眼睛，致使沙眼患病率的提高。据报道酸雨污染较重区的沙眼检出率与污染较轻区的检出率之间存在显著性差异。

另外，酸雨还会对人类健康造成一些间接影响。酸雨使土壤中的有害金属被冲刷带入河流、湖泊，一方面使饮用水水源被污染；另一方面，这些有毒的重金属会在鱼类机体中沉积，人类因食用而受害。这是酸雨对人类健康最具重要性的潜在危害。酸雨沉降于地球表面后，受地质因素的影响会从土壤和岩石中溶滤出来一些金属，其中至少有铅、汞、铝三种物质对人体具有危害性。

2. 对土壤、水体、森林、建筑、名胜古迹的破坏

酸雨使土壤酸化，肥力降低，有毒物质更毒害作物根系，杀死根毛，导致发育不良或死亡。酸雨还杀死水中的浮游生物，减少鱼类食物来源，破坏水生生态系统；酸雨污染河流、湖泊和地下水，直接或间接危害人体健康；酸雨对森林的危害更不容忽视，酸雨淋洗植物表面，直接伤害或通过土壤间接伤害植物。酸雨对金属、石料、水泥、木材等建筑材料均有很强的腐蚀作用，因而对电线、铁轨、桥梁、房屋等均会造成严重损害。

阅读材料

2010 年中国环境状况公报(酸雨)

1. 酸雨频率

监测的 494 个市(县)中，出现酸雨的市(县)249 个，占 50.4%；酸雨发生频率在 25% 以上的 160 个，占 32.4%；酸雨发生频率在 75% 以上的 54 个占 11.0%，见表 1 - 7。图 1 - 6 是 2009 年与 2010 年不同酸雨发生频率的城市比例对比图。

表 1 - 7　2010 年全国酸雨发生频率分段统计

酸雨发生频率/%	0	0 ~ 25	25 ~ 50	50 ~ 75	≥75
城市数/个	245	89	57	49	54
所占比例/%	49.6	18.0	11.5	9.9	11.0

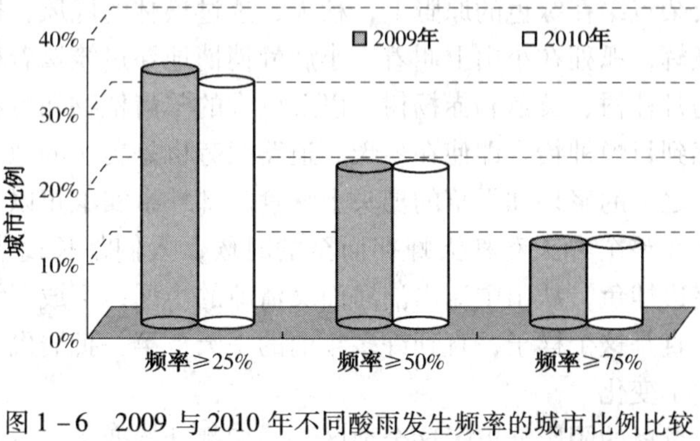

图 1 - 6　2009 与 2010 年不同酸雨发生频率的城市比例比较

2. 降水酸度

与 2009 年相比，发生酸雨(降水 pH 值年均值 <5.6)的城市比例降低 3.1 个百分点，发生较重酸雨(降水 pH 值年均值 <5.0)和重酸雨(降水 pH 值年均值 <4.5)的城市比例基本持平，见表 1 - 8。

表1－8 2010年全国降水pH值年均值统计

年均pH值范围	<4.5	4.5～5.0	5.0～5.6	5.6～7.0	≥7.0
城市数/个	42	65	69	238	80
所占比例/%	8.5	13.1	14.0	48.2	16.2

3. 酸雨分布

全国酸雨分布区域主要集中在长江沿线及以南至青藏高原以东地区。主要包括浙江、江西、湖南、福建的大部分地区，长江三角洲、安徽南部、湖北西部、重庆南部、四川东南部、贵州东北部、广西东北部及广东中部地区。

4. 废气中主要污染物排放量

2010年，二氧化硫排放量为 2185.1×10^4t，烟尘排放量为 829.1×10^4t，工业粉尘排放量为 448.7×10^4t，分别比2009年下降1.3%、2.2%、14.3%，见表1－9。

表1－9 全国废气中主要污染物排放量年度变化

项目 年度	二氧化硫排放量/Mt			烟尘排放量/Mt			工业粉尘排放量/Mt
	合计	工业	生活	合计	工业	生活	
2006	25.888	22.348	3.540	10.888	8.645	2.243	8.084
2007	24.681	21.400	3.281	9.866	7.711	2.155	6.987
2008	23.212	19.913	3.299	9.016	6.707	2.309	5.849
2009	22.144	18.661	3.483	8.472	6.039	2.433	5.236
2010	21.854	18.644	3.207	8.291	6.032	2.259	4.487

1.9 人类面临严重环境问题的思考与行动

1.9.1 1962年《寂静的春天》问世

在《寂静的春天》一书中，作者蕾切尔·卡逊(美国)以“明天的寓言”开头。

从前，在美国中部有一个城镇，这里的一切生物看来与其周围环境生活得很和谐。这个城镇坐落在像棋盘般排列整齐的繁荣的农场中央，其周围是庄稼地，小山下果园成林。春天，繁花像白色的云朵点缀在绿色的原野上；秋天，透过松林的屏风，橡树、枫树和白桦闪射出火焰般的彩色光辉，狐狸在小山上叫着，小鹿静悄悄地穿过笼罩着秋天晨雾的原野。

沿着小路生长的月桂树、荚蒾和赤杨树，以及巨大的羊齿植物和野花，在一年的大部分时间里都使旅行者感到目悦神怡。即使在冬天，道路两旁也是美丽的地方，那儿有无数小鸟飞来，在出露于雪层之上的浆果和干草的穗头上啄食。郊外事实上正以其鸟类的丰富多彩而驰名，当迁徙的候鸟在整个春天和秋天蜂拥而至的时候，人们都长途跋涉地来这里观看它们。还有些人来小溪边捕鱼，从山中流出洁净而又清凉的小溪，汇成了绿荫掩映的、生活着鳟鱼的池塘。野外一直是这个样子，直到许多年前的一天，第一批居民来到这儿建房舍、挖井筑仓，情况才发生了变化。

从那时起，一个奇怪的阴影笼罩了这个地区，一切都开始变了。一些不祥的预兆降临到村落里：神秘莫测的疾病袭击了成群的小鸡；牛羊病倒和死亡，到处是死神的幽灵；农夫们述说着他们家庭的多病，城里的医生也愈来愈为他们病人中出现的新病感到困惑莫解；不仅是成人，甚至连孩子中也出现了一些突然的、不可解释的死亡现象，这些孩子在玩耍时突然倒下了，并在几小时内死去。

一种奇怪的寂静笼罩了这个地方。比如说鸟儿都到哪儿去了呢？许多人谈论着它们，感到迷惑和不安。园后鸟儿寻食的地方冷落了，在一些地方仅能见到的几只鸟儿也气息奄奄，它们颤栗得很厉害，飞不起来。这是一个没有气息的春天。这儿的清晨曾经荡漾着乌鸦、鸫鸟、鸽子、樫鸟、鹪鹩的合唱及其他鸟鸣的音浪；而现在一切声音都没有了，只有一片寂静覆盖着田野、树林和沼地。

……

蕾切尔·卡逊在《寂静的春天》一书中详尽地讲述了以 DDT 为代表的杀虫剂的广泛使用，给我们的环境所造成的巨大的、难以逆转的危害。正是这个最终指向人类自身的潜在而又深远的威胁，让公众突然意识到环境问题十分严重，从而开启了群众性的现代环境保护运动。不仅如此，卡逊还尖锐地指出，环境问题的深层根源在于人类对于自然的傲慢和无知，因此，她呼吁人们要重新端正对自然的态度，重新思考人类社会的发展道路问题。《寂静的春天》1962 年在美国问世时，是一本很有争议的书，是标志着人类首次关注环境问题的著作。这本书同时引发了公众对环境问题的注意，促使环境保护问题提到了各国政府面前，各种环境保护组织纷纷成立，从而促使联合国于 1972 年 6 月 12 日在斯德哥尔摩召开了“人类环境大会”，并由各国签署了“人类环境宣言”，开始了环境保护事业。

作者蕾切尔·卡逊(1907～1964)1932 年获约翰·霍布金斯大学生物学硕士学位，1936～1952 年在美国鱼类与野生生物调查署工作，1963 年入选美国艺术与科学学院院士，1964 年 4 月 14 日因患癌症病逝，1980 年被追授美国总统自由勋章。

《寂静的春天》一书中关于农药危害人类环境的预言，不仅受到与之利害攸关的生产与经济部门的猛烈抨击，而且也强烈地震撼了社会广大民众。你若有心去翻阅 20 世纪 60 年代以前的报刊或图书，你将会发现几乎找不到“环境保护”这个词。这就是说环境保护在那时并不是一个存在于社会意识和科学讨论中的概念。确实，在长期流行于全世界的口号“向大自然宣战”、“征服大自然”中，大自然仅仅是人们征服与控制的对象，而非保护并与之和谐相处的对象。作为一个学者与作家，蕾切尔·卡逊所遭受的诋毁和攻击是空前的，《寂静的春天》一出版，一批有工业后台的专家首先在《纽约客》杂志上发难，攻击蕾切尔·卡逊是歇斯底里病人与极端主义分子。随着广大民众对这本书的日益关注，反对蕾切尔·卡逊的势力也空前集结起来。反对她的力量不仅来自生产农药的化学工业集团，也来自使用农药的农业部门。这些有组织的攻击不仅指向她的书，也指向她的科学生涯和她本人。一个正确思想的力量远远超过许多政治家的言辞。如今蕾切尔·卡逊的思想正在变成亿万人的共同意识，这一新意识的觉醒为人类社会向新阶段迈进做好了准备。

1.9.2　1972 年《增长的极限》与全球性问题

1968 年来自世界各国的几十位科学家、教育家和经济学家等会聚于罗马，成立了一个非正式的国际组织——罗马俱乐部(The Club of Rome)。其工作目标是关注、探讨与研究人类面临的共同问题，使国际社会对人类困境，包括社会、经济、环境的诸多问题有更深入的了解，并提出应该采取的能扭转不利局面的新态度、新政策和新制度。

受俱乐部的委托，以麻省理工学院丹尼斯·米都斯(DennisL. Meadows)为首的研究小组，针对长期流行于西方的高增长理论进行了深刻反思，并于 1972 年提交了俱乐部成立后的第一份研究报告《增长的极限》，深刻阐明了环境的重要性及资源与人口之间的基本联系。

报告认为：由于世界人口增长、粮食生产、工业发展、资源消耗和环境污染这五项基本因素的运行方式是指数增长而非线性增长，全球的增长将会因为粮食短缺和环境破坏于21世纪某个时段内达到极限。继而得出了要避免因超越地球资源极限而导致世界崩溃的最好方法是限制增长，即“零增长”的结论。由于种种因素的局限，其结论和观点存在十分明显的缺陷。但是报告所表现出的对人类前途的“严肃的忧虑”及对发展与环境关系的论述，具有十分重大的积极意义。它所阐述的“合理的持久的均衡发展”为孕育可持续发展的思想提供了土壤。

《增长的极限》自1972年公开发表以后，人类社会已经历了近40年的发展，人类环境也遭到不同程度的破坏。在我们这个人口最多、经济增长速度最快的发展大国，重温这本“旧书”仍然有深远意义。这不仅因为这本书早已是誉满全球的一块丰碑，而且因为这份研究报告所提出的全球性问题，如人口问题、粮食问题、资源问题和环境污染问题(生态平衡问题)等，早已成为世界各国专家学者们热烈讨论和深入研究的重大课题，也早已成为世界各国政府和人民不容忽视、亟待解决的重大问题。对此我们在思想上必须高度重视，在实际行动上必须高度负责，切实解决，否则人类社会就难以避免在严重困境中越陷越深，为摆脱困境所必须付出的代价也将越来越大。

书中的理念和论点，现在听来不过是平凡的真理，但在当时西方发达国家正陶醉于高增长、高消费的“黄金时代”，对这种惊世骇俗的警告并不以为然，甚至根本听不进去。现在经过全球有识之士广泛而又热烈的讨论，系统而又深入的研究，有越来越多的人达成了共识。人们日益深刻地认识到：产业革命以来的经济增长模式所倡导的“人类征服自然”，其后果是使人与自然处于尖锐的矛盾之中，并不断地受到自然的报复，这条传统工业化的道路，已经导致全球性的人口激增、资源短缺、环境污染和生态破坏，使人类社会面临严重困境，实际上引导人类走上了一条不能持续发展的道路。

1.9.3 1972年联合国人类环境大会与《人类环境宣言》

联合国人类环境大会于1972年6月5日至16日在斯德哥尔摩召开，有113个国家的1300多名代表参加。中国出席了此次大会。《联合国人类环境宣言》简称《人类环境宣言》，于1972年6月16日全体会议通过。它是人类历史上第一个保护环境的全球性宣言，它对激励和引导全世界人民奋起保护环境起到了积极的作用，具有重大的历史意义。会议还通过了将每年的6月5日作为“世界环境日”的建议。

宣言的内容是由各国在会议上取得的7项共同观点和26项原则组成。

(1)7项共同观点的主要内容

①人是环境的产物，同时又有改变环境的巨大能力。

②保护和改善环境对人类至关重要，是世界各国人民的迫切愿望，是各国政府应尽的职责。

③人类改变环境的能力如妥善地加以运用，可为人民带来福利；如运用不当，则可对人类和环境造成无法估量的损害。

④发展中国家的环境问题主要是由于发展不足造成的，发达国家的环境问题主要是由于工业化和技术发展而产生的。

⑤应当根据情况采取适当的方针和措施解决由于人口的自然增长给环境带来的问题。

⑥为当代人和子孙后代保护和改善人类环境，已成为人类一个紧迫的目标；这个目标将与争取和平、经济和社会发展的目标共同而协调地实现。

⑦为实现这一目标，需要公民和团体及企业和各级机关承担责任，共同努力。各国政府要对大规模的环境政策和行动负责，对区域性全球性的环境问题，国与国之间要广泛合作，采取行动，以谋求共同的利益。

(2)26 项原则归纳起来有六个方面

①人人都有在良好的环境中享受自由、平等和适当生活条件的基本权利，同时也应承担为当今和后代保护和改善环境的神圣职责。

②保护地球上的自然资源。对资源的开发和利用在规划时要妥善安排，以防将来资源枯竭。各国有按其环境政策开发的权利，同时也负有不对其他国家和地区的环境造成损害的义务。有毒物质排入环境应以不超出环境自净能力为限度。对其他国家或地区造成环境损害的，要予以赔偿。

③各国在从事发展规划时要统筹兼顾，务必使发展经济和保护环境相互协调。

④因人口自然增长过快或人口过分集中而对环境产生不利影响的区域，或因人口密度过低而妨碍发展的区域，有关政府应采取适当的人口政策。

⑤一切国家，特别是发展中国家应提倡环境科学的研究和推广，相互交流经验和最新科学资料。鼓励向发展中国家提供不造成经济负担的环境技术。

⑥各国应确保国际组织在环境保护方面的有效合作。在处理保护和改善环境的国际问题时，国家不分大小，以平等地位相处。本着合作精神，通过多边和双边合作，对产生的不良影响加以有效控制或消除，同时要妥善顾及有关国家的主权和利益。《人类环境宣言》第一次为国际环境保护提供了各国在政治上和道义上必须遵守的规范，总结和概括了制定国际环境法的基本原则和具体措施，并为各国国内环境法的发展指出了方向。

1.9.4　1987 年《我们共同的未来》

《我们共同的未来》是世界环境与发展委员会关于人类未来的报告。1987 年 2 月，在日本东京召开的第八次世界环境与发展委员会上通过，后又经第 42 届联大辩论通过，该报告于 1987 年 4 月正式出版。报告以“持续发展”为基本纲领，以丰富的资料论述了当今世界环境与发展方面存在的问题，提出了处理这些问题的具体的和现实的行动建议。首次采用可持续发展的概念。

该报告对可持续发展给出的经典定义为：可持续发展是指满足当代人需求，又不危及后代人满足其需求的能力的发展。

报告把环境与发展这两个紧密相关的问题作为一个整体加以考虑。人类社会的可持续发展只能以生态环境和自然资源的持久、稳定的支承能力为基础，而环境问题也只有在经济的可持续发展中才能够得到解决。因此，只有正确处理眼前利益与长远利益、局部利益与整体利益的关系，掌握经济发展与环境保护的关系，才能使这一涉及国计民生和社会长远发展的重大问题得到满意解决。报告中还指出，世界各国政府和人民必须从现在起对经济发展和环境保护这两个重大问题负起自己的历史责任，制定正确的政策并付诸实施。错误的政策和漫不经心都会对人类的生存造成威胁。

1.9.5　1992 年联合国环境与发展大会

联合国于 1992 年 6 月 3 日至 14 日在巴西里约热内卢召开了环境与发展大会，这是继

1972 年 6 月瑞典斯德哥尔摩联合国人类环境会议之后，环境与发展领域中规模最大、级别最高的一次国际会议，有 183 个国家代表团、70 个国际组织的代表参加了会议，有 102 位国家元首或政府首脑到会。

会议通过了关于环境与发展的《里约热内卢宣言》和《21 世纪行动议程》，154 个国家签署了《气候变化框架公约》，148 个国家签署了《保护生物多样性公约》。大会还通过了有关森林保护的非法律性文件《关于森林问题的政府声明》。这次大会的宗旨是回顾第一次人类环境大会召开后 20 年来全球环境保护的历程，敦促各国政府和公众采取积极措施，协调合作，防止环境污染和生态恶化，为保护人类生存环境而共同做出努力。

这次大会是在全球环境持续恶化、发展问题更趋严重的情况下召开的。会议围绕环境与发展这一主题，在维护发展中国家主权和发展权，发达国家提供资金和技术等根本问题上进行了艰苦的谈判。最后通过的文件和签署的公约有利于保护全球环境和资源，在要求发达国家承担更多义务的同时也照顾到了发展中国家的特殊情况和利益。这次会议的成果具有积极意义，在人类环境保护与持续发展进程上迈出了重要的一步。

会议重申了 1972 年 6 月 16 日在斯德哥摩尔通过的有关人类环境的联合国会议宣言，并进一步努力加以充实，通过在国家、社会组织中建立一个全新的合作平台，以建立一种平等的全球伙伴关系为目的，致力于全体人类的利益，保护全球环境与发展系统的相互融合，认识到我们共同的家园地球的自然整体性与相互依存性。《里约热内卢宣言》作出了如下宣言：

①人是可持续发展所要考虑的中心议题，人类有资格与自然和谐相处，拥有一个健康与多彩的生活。

②遵照联合国章程及国际法的规定，国家有独立自主的权力，依照自己的环境与发展政策来开发自己的资源，并有责任保证这些活动在其管辖与控制之下不对其他国家或其管辖限制之外地区的环境造成伤害。

③发展的权力必须得宜，以正常地满足目前及未来一代的发展和环境需要。

④为实现可持续发展，环境保护将成为发展过程整体的一部分，不能分开考虑。

⑤各国应当把消灭贫困的必要任务作为可持续发展不可分割的一部分来予以合作，以减少人们的生活标准差异，更好地满足世界上大多数人民的需要。

⑥对于发展中国家的特殊情况及需要，尤其是那些最不发达的国家及环境容易受到侵害的国家，应当给予特别的优先。环境与发展领域的国际化行动应该首先解决这些国家的需要。

⑦各国应以全球伙伴关系的精神，在保存、保护、恢复地球生态系统的健康与完整工作中加以合作。对于导致全球环境恶化的不同因素，各个国家有普遍的但是不同程度的责任。发达国家考虑到其给全球环境所造成的压力及在技术与财务资源的需求，认同他们在国际事务可持续发展中所承担的责任。

⑧为实现可持续发展及提高人民的生活质量，各国家应减少并消除不可持续的生产和消费形式，推广适宜的人口政策。

⑨为可持续发展，国家应通过科学与技术的相互交流以改善科学之间的相互了解，通过技术包括新技术及创新技术的发展、应用、融合，以及转让来的合作以加强自生能力的建立。

⑩在相关层面上让所有相关公众参与，环境问题会得以最好的解决。在国家层面上，公

共权力机关应建立环境信息渠道，保证每一个人获取，包括危害材料的信息、社区活动及参与决定过程的机会。各国家应通过使信息公开化来支持与鼓励公众的认知与参与，应提供有效的司法与行政流程，包括解决与改正的方案。

⑪各国应实行有效的环境立法。环境标准、管理目标及优先策略反映所实行的环境与发展策略内容。一些国家实行的标准对于另外一些国家来讲，尤其是发展中国家可能是不适宜的，或者是生态与社会成本所无法保证的。

⑫各国应合作推行相互支持和开放的国际经济体系以促进所有国家的经济增长和可持续发展，以更好地解决环境恶化的问题。环境目的的商贸政策、措施将不会成为国际贸易中的仲裁手段、不可调整的歧视及潜在的限制。在进口国管辖之外，单方处理环境问题挑战的行动应当予以避免，解决跨国或全球环境问题的环境措施需尽可能建立在国际认同的基础上。

⑬各国应制定有关对污染或其他环境损害受害人责任与赔偿的国家法律制度。国家间需以更有效和果断的姿态合作，以发展更进一步的有关其司法范围内行动或之外所引起的环境损害或不良效益的责任与赔偿的国际法律制度。

⑭国家间应有效合作以消除或防止引起环境严重恶化或被发现对人体有害的任何活动与物质的转移和运输。为保护环境各国应根据其实际能力广泛采取预防措施，当有严重或不可改正的危害威胁时，缺乏全面科学的决断将不会成为推迟实施有效措施以防止环境危害发生的原因。

⑮各国权力机关应努力宣传环境成本的国际化及经济手段的应用，并考虑污染制造者应承担其所造成污染的治理费用，既不影响国际贸易和投资，又可尊重公众的利益。

⑯环境影响评估作为国家的手段对于一定的可能对环境形成危害的活动需加以应用，并由有能力的国家机关行使决定权。

⑰对于可能对其他国家造成突发损害的自然灾害或紧急事件，应立即通知这些国家。对于造成损害的国家，国际社会应做出努力给予帮助。

⑱对于可能跨越边界造成环境损害的活动，应及早并忠实地提供预先和及时的通知及相关信息给这些潜在受到影响的国家。

⑲妇女在环境管理与发展中有着重要的作用。实现可持续发展她们的参与是必需的。

⑳世界年轻人的创造性，理想和勇气应充分地组织起来以形成一个国际的伙伴关系以实现可持续发展，并向所有人保证一个美好的未来。

㉑由于知识与传统的实行，当地人及社区在环境管理与发展中有着重要的作用。为实现可持续发展，各国家对其地位、文化及兴趣应予以承认与支持。

㉒受压迫、统治与占领人民的环境与自然资源应受到保护。

㉓战争是可持续发展的破坏因素，如有武装冲突，各国家应尊重对环境提供保护的国际法，并需要考虑未来的发展与合作。

㉔和平、发展和环境保护是相互依存且不可分割的。

㉕各国应遵守联合国章程，通过合适的手段，和平解决所有的环境纠纷。

㉖各国应以诚实与合作的精神就此宣言条约的履行及未来可持续发展的国际法的进一步发展予以合作。

1.9.6　2002 年联合国可持续发展大会

大会通过的《约翰内斯堡可持续发展宣言》全文如下：

我们，世界人民的代表们，于2002年9月2日至4日在南非约翰内斯堡召开的可持续发展世界首脑会议上相聚一堂，重申我们对可持续发展的承诺。

我们承诺建设一个崇尚人性的、公平和相互关怀的全球社会，这个社会认识到人人都必须享有尊严。

在本次首脑会议开始时，全世界的儿童用简单而明确的声音告诉我们，未来属于他们。这些话激励我们所有人通过行动确保他们继承的世界不再有因贫困、环境恶化和不可持续的发展方式造成的有失人类尊严和体面的现象。

儿童代表了我们共同的未来。我们来自世界各个角落，了解各种不同人生经历的所有人团结起来，深深的使命感促使我们创造一个更加光明、充满希望的崭新世界，这是我们对儿童们的部分答复。

为此，我们承担起一项共同的责任，在地方、国家、区域和全球各级促进和加强经济发展、社会发展和环境保护，这三个既相互依存又相互加强的可持续发展支柱。

在非洲大陆这个人类的摇篮，我们通过《可持续发展世界首脑会议实施计划》和本宣言，宣告我们彼此之间承担的责任，并对更大的人生大家庭以及子孙后代负有责任。

我们认识到人类正处于十字路口，因此我们因共同的决心而团结起来，坚定不移地积极响应需要，以制定一项消除贫困和促进人类发展的切实可行的计划。从斯德哥尔摩到里约热内卢和约翰内斯堡。

30年前在斯德哥尔摩我们认定迫切需要应对环境恶化问题；10年前在里约热内卢召开的联合国环境与发展大会上，我们认识到环境保护、社会与经济发展是按照里约原则推动可持续发展的基石。为了实现可持续发展，我们通过了题为《21世纪议程》的全球性方案及《关于环境与发展的里约热内卢宣言》，对此我们再次确认我们的承诺，里约首脑会议是一个重要的里程碑，它提出了可持续发展的新议程。

在里约首脑会议到约翰内斯堡会议之间，世界各国在联合国主持下召开了若干重要会议，包括国际发展筹资会议及多哈部长级会议。这些会议为人类的未来勾画了更加全面的前景。

在约翰内斯堡首脑会议上，我们在将世界各国人民聚集起来和综合各种不同意见，以积极寻求一条共同道路方面取得了很大成就，这条共同道路就是创造一个尊重和实施可持续发展前景的世界。约翰内斯堡还证实，在使我们地球上的人民达成全球共识和建立伙伴关系方面也取得了重大进展。

我们认识到，消除贫困、改变消费和生产方式，保护和管理经济与社会发展所需的自然资源是可持续发展中心目标，也是可持续发展的根本要求。

横亘于人类社会富人与穷人之间的深深鸿沟及发达世界与发展中世界之间日益增大的差距对全球繁荣、安全和稳定构成了巨大威胁。

全球环境继续恶化。生物多样性继续丧失，鱼类持续耗竭；荒漠化吞噬了越来越多的肥沃土地；气候变化已带来明显的负面影响；自然灾害更加频繁且更具破坏力；发展中国家变得更加脆弱；大气、水体和海洋污染继续剥夺千百万人的生活。

全球化使得应对这些挑战增添了变数。市场快速一体化、资本的流动及世界范围内投资量的巨大增长，为可持续发展事业带来了新的挑战和机遇。但全球化产生的惠益和付出的代价并未均衡分布，发展中国家在应对这些挑战时面临特殊困难。

我们担当着在全球范围铸造不平等鸿沟的风险。如果我们不采取行动从根本上改变穷人的生活，全世界的穷人就可能会对他们的代表和我们坚持承诺的民主制度丧失信心，认为他们的代表人物不过是一些喜欢吹嘘的空谈家而已。

我们丰富的多样性是我们共同的财富，我们决心确保将它们用于构筑伙伴关系，以促成变革和实现可持续发展的共同目标。

我们认识到人类团结的重要性，敦促世界不同文明和民族，不论种族、是否残疾、宗教、语言、文化和传统，加强对话与合作。

我们欢迎约翰内斯堡首脑会议将重点集中于人类尊严的不可分割性。我们决心通过一系列关于目标、时间表和伙伴关系方面的决定，加快步伐进一步满足获得清洁饮用水、卫生设施、适当的住房、能源、保健、粮食安全和保护生物多样性等方面的基本要求。同时我们将共同努力，互相帮助以获得资金、利用开放市场，确保能力建设、利用现代技术促进发展，并且确保技术转让、人力资源开发、教育和培训，以永远消除欠发达现象。

我们再次重申我们的誓言，特别集中精力和优先注意打击严重威胁我们可持续发展的世界范围的各种状况，其中包括：长期饥饿；营养不良；外国占领；武装冲突；非法贩毒问题；有组织犯罪；腐败；自然灾害；非法武器贩运；贩卖人口；恐怖主义；不容忍；煽动种族、族裔、宗教歧视和其他仇恨；排外主义；地方病、传染病和慢性病，尤其是艾滋病、疟疾和结核病。

我们承诺确保将赋予妇女权力、妇女解放和两性平等结合到《21 世纪议程》、《千年发展目标》和《可持续发展世界首脑会议实施计划》所列的各项活动之中。

我们承认这样一个事实，即全球社会具备手段和资源去应对全人类在消除贫困和实现可持续发展方面所面临的各种挑战。我们将一起采取进一步步骤，确保这些现有的资源造福于全人类。

在这方面为促成实现我们的发展目标和指标，我们敦请尚未做到的发达国家采取具体措施，使官方发展援助达到国际商定的水平。

我们欢迎并支持更强大的地区性组织和联盟的出现，例如非洲发展新伙伴倡议（NEPAD），以促进地区合作，改善国际合作，促进可持续发展。

我们将继续特别关注小岛屿发展中国家和最不发达国家的发展需要。

我们重申土著居民在可持续发展中发挥关键作用。

我们认识到可持续发展需要有长远的观点，在各级政策制定、决策和实施过程中都需要广泛参与。作为社会伙伴，我们将继续努力与各主要群体形成稳定的伙伴关系，尊重每一个群体的独立性和重要作用。

我们认为私营部门，包括大小公司在经营其合法活动过程中，有义务为发展公平和可持续的社区和社会作出贡献。

我们也同意为增加能获得收入的就业机会提供协助，同时考虑到国际劳工组织《关于工作中的基本原则和权利的宣言》。

我们还认为私营部门公司需要加强公司责任，这应该在一个透明和稳定监管的环境中进行。

我们承诺加强和改进各级政府的管理，以有效实施《21 世纪议程》、《千年发展目标》以及《首脑会议实施计划》。

为实现我们的可持续发展目标，我们需要更有效、更民主和更负责任的国际和多边机制。

我们重申维护《联合国宪章》的宗旨和原则及国际法，并致力于加强多边主义。我们支持联合国发挥领导作用，它是世界上最具普遍性和代表性的组织，是最能促进可持续发展的机构。

我们进一步承诺定期监测在实现可持续发展目标和目的方面所取得的进展。我们认为这必须是一个包容性的进程，让所有参加了具有历史意义的约翰内斯堡首脑会议的所有主要群体和政府都参与这个进程。

我们承诺通过一个共同的决心联合起来一起行动，以拯救我们的地球，促进人类发展，实现普遍繁荣与和平。

我们承诺执行《可持续发展世界首脑会议实施计划》，促进该计划中那些带有时限的社会、经济与环境目标的实现。

在非洲大陆这个人类的发源地，我们向世界人民和将要继承地球的后辈们庄严宣誓，我们决心一定要实现我们对可持续发展的共同愿望。

1.9.7　2007 年联合国气候变化大会，印度尼西亚巴厘岛

2007 年 12 月 3 日至 14 日联合国气候变化大会在印尼巴厘岛举行，全球 180 多个国家的代表，以及国际政府间机构、非政府机构和媒体的观察员出席了这次会议，讨论《京都议定书》第一承诺期在 2012 年到期后如何进一步降低温室气体的排放，由此产生了《巴厘岛路线图》。《巴厘岛路线图》是人类应对气候变化历史中的一座新里程碑。

阅读材料

环保随手 100 事

001. 使用布袋
002. 尽量乘坐公共汽车
003. 不要过分追求穿着的时尚
004. 不进入自然保护核心区
005. 倡步行，骑单车
006. 不使用非降解塑料餐盒
007. 不燃放烟花爆竹
008. 双面使用纸张
009. 节约粮食
010. 拒绝使用一次性用品
011. 消费肉类要适度
012. 随手关闭水龙头
013. 一水多用
014. 尽量购买本地产品
015. 随手关灯，节约用电
016. 拒绝过分包装
017. 使用节约型水具
018. 拒绝使用珍贵木材制品
019. 拒绝使用一次性筷子
020. 尽量利用太阳能
021. 尽量使用可再生物品
022. 使用节能型灯具
023. 简化房屋装修
024. 修旧利废
025. 不随意取土
026. 多用肥皂，少用洗涤剂
027. 不乱占耕地
028. 不焚烧秸杆
029. 不干扰野生动物的自由生活
030. 不恫吓、投喂公共饲养区的动物
031. 不吃田鸡，保蛙护农
032. 提倡观鸟，反对关鸟
033. 不捡拾野禽蛋
034. 拒食野生动物
035. 少使用发胶
036. 减卡救树
037. 不穿野兽毛皮制作的服装
038. 不在江河湖泊钓鱼
039. 少用罐装食品、饮品
040. 不用圣诞树

041. 不在野外烧荒
042. 不购买野生动物制品
043. 不乱扔烟头
044. 不乱采摘、食用野菜
045. 认识国家重点保护动植物
046. 不鼓励制作、购买动植物标本
047. 不把野生动物当宠物饲养
048. 观察身边的小动物、鸟类并为之提供方便的生存条件
049. 不参与残害动物的活动
050. 不鼓励买动物放生
051. 不围观街头耍猴者
052. 动物有难时热心救一把，动物自由时切莫帮倒忙
053. 不虐待动物
054. 见到诱捕动物的索套、夹子、笼网果断拆除
055. 在室内、院内养花种草
056. 在房前屋后栽树
057. 节省纸张，回收废纸
058. 垃圾分类回收
059. 旧物捐给贫困者
060. 回收废电池
061. 回收废金属
062. 回收废塑料
063. 回收废玻璃
064. 尽量避免产生有毒垃圾
065. 使用无氟冰箱
066. 少用纸尿布
067. 少用农药
068. 少用化肥，尽量使用农家肥
069. 少用室内杀虫剂
070. 不滥烧可能产生有毒气体的物品
071. 自己不吸烟，奉劝别人少吸烟
072. 少吃口香糖
073. 不追求计算机的快速更新换代
074. 集约使用物品
075. 优先购买绿色产品
076. 私车定时查尾气
077. 使用无铅汽油
078. 不向江河湖海倾倒垃圾
079. 选用大瓶、大袋装食品
080. 了解家乡水体分布和污染状况
081. 支持环保募捐
082. 反对奢侈，简朴生活
083. 支持有环保倾向的股票
084. 组织义务劳动，清理街道、海滩
085. 避免旅游污染
086. 参与环保
087. 做环保志愿者
088. 认识草原危机
089. 认识荒漠化
090. 认识、保护森林
091. 认识、保护海洋
092. 爱护古树名木
093. 保护文物古迹
094. 及时举报破坏环境和生态的行为
095. 关注新闻媒体有关环保的报道
096. 控制人口，规劝超生者
097. 利用每一个绿色纪念日宣传环境意识
098. 阅读和传阅环保书籍、报刊
099. 了解绿色食品的标志和含义
100. 认识环保标

第2章 绿色化学的来源

2.1 概述

“绿色化学”由美国化学会(ACS)提出，目前得到世界广泛的响应，其核心是利用化学原理从源头上减少和消除工业生产对环境的污染；反应物的原子全部转化为期望的最终产物。

1. 定义

按照美国《绿色化学》(Green Chemistry)杂志的定义，绿色化学是指：在制造和应用化学产品时应有效利用(最好可再生)原料，消除废物和避免使用有毒的和危险的试剂和溶剂，而今天的绿色化学是指能够保护环境的化学技术，它可通过使用自然能源，避免给环境造成负担、避免排放有害物质。利用太阳能为目的的光触媒和氢能源的制造和储藏技术的开发，并考虑节能、节省资源、减少废弃物排放量。

绿色化学又称“环境无害化学”、“环境友好化学”、“清洁化学”，绿色化学是近十年才产生和发展起来的，是一个“新化学婴儿”。它涉及有机合成、催化、生物化学、分析化学等学科，内容广泛。绿色化学的最大特点是在始端就采用预防污染的科学手段，因而过程和终端均为零排放或零污染。世界上很多国家已把“化学的绿色化”作为新世纪化学进展的主要方向之一。

2. 提出背景

化学在为人类创造财富的同时，给人类也带来了危难。而每一门科学的发展史上都充满着探索与进步，由于科学中的不确定性，化学家在研究过程中不可避免地会合成出未知性质的化合物，只有经过长期应用和研究才能熟知其性质，这时新物质可能已经对环境或人类生活造成了影响。

传统的化学工业给环境带来的污染已十分严重，目前全世界每年产生的有害废物达300～400Mt，给环境造成危害，并威胁着人类的生存。严峻的现实使得各国必须寻找一条不破坏环境，不危害人类生存的可持续发展的道路。化学工业能否生产出对环境无害的化学品？甚至开发出不产生废物的工艺？绿色化学的口号最早产生于化学工业非常发达的美国。1990年美国通过了一个“防止污染行动”的法令。1991年后“绿色化学”由美国化学会(ACS)提出并成为美国环保署(EPA)的中心口号，并立即得到了全世界的积极响应。绿色化学的核心就是要利用化学原理从源头消除污染。

3. 重要性

绿色化学给化学家提出了一项新的挑战，国际上对此很重视。1996年美国设立了“绿色化学挑战奖”，以表彰那些在绿色化学领域中做出杰出成就的企业和科学家。绿色化学将使化学工业改变面貌，为子孙后代造福。

迄今为止，化学工业的绝大多数工艺都是20多年前开发的，当时的加工费用主要包括原材料、能耗和劳动力的费用。目前，加工费用又增加了废物控制、处理和填埋放。环保监测与达标、事故责任赔偿等费用。所以从环保、经济和社会的要求看，化学工业不能再承担使用和产生有毒、有害物质的费用，需要大力研究与开发从源头上减少和消除污染的绿色化学。

1990 年美国颁布了污染防止法案，将污染防止确立为美国的国策，所谓污染防止就是使得废物不再产生，不再有废物处理的问题，绿色化学正是实现污染防止的基础和重要工具。1995 年 4 月美国副总统 Gore 宣布了国家环境技术战略，其目标为至 2020 年地球日时，将废弃物减少 40% ~50%，每套装置消耗原材料减少 20% ~25%。1996 年美国设立了总统绿色化学挑战奖，这些政府行为都极大地促进了绿色化学的蓬勃发展。另外，日本也制定了新阳光计划，在环境技术的研究与开发领域，确定了环境无害制造技术、减少环境污染技术和二氧化碳固定与利用技术等绿色化学的内容。总之，绿色化学的研究已成为国外企业、政府和学术界的重要研究与开发方向。这对我国既是严峻的挑战，也是难得的发展机遇。

4. 主要特点

绿色化学又称环境友好化学，它的主要特点：

①充分利用资源和能源，采用无毒、无害的原料；

②在无毒、无害的条件下进行反应，以减少废物向环境排放；

③提高原子的利用率，力图使所有作为原料的原子都被产品所消纳，实现“零排放”；

④生产出有利于环境保护、社区安全和人体健康的环境友好的产品。

5. 研究情况

(1)核心

利用化学原理从源头上减少和消除工业生产对环境的污染。按照绿色化学的原则、在理想的化工生产方式是反应物的原子全部转化为期望的最终产物。

(2)原则

绿色化学的研究者们总结出了绿色化学的 12 条原则，这些原则可作为实验化学家开发和评估一条合成路线、一个生产过程、一个化合物是不是绿色的指导方针和标准。

①防止污染优于污染形成后处理。

②设计合成方法时应最大限度地使所用的全部材料均转化到最终产品中。

③尽可能使反应中使用和生成的物质对人类和环境无毒或毒性很小。

④设计化学产品时应尽量保持其功效而降低其毒性。

⑤尽量不用辅助剂，需要使用时应采用无毒物质。

⑥能量使用应最小，并应考虑其对环境和经济的影响，合成方法应在常温、常压下操作。

⑦最大限度地使用可更新原料。

⑧尽量避免不必要的衍生步骤

⑨催化试剂优于化学计量试剂。

⑩化学品应设计成使用后容易降解为无害物质的类型。

⑪分析方法应能真正实现在线监测，在有害物质形成前加以控制。

⑫化工生产过程中各种物质的选择与使用，应使化学事故的隐患最小。

(3)途径

①开发绿色实验。如实验室用 H_2O_2 分解制 O_2 代替 $KClO_3$ 分解法，实现了原料和反应过

程的绿色化。

②防止实验过程中尾气、废物等对环境的污染，实验中有危害性气体产生时要加强尾气吸收，对实验产物尽可能再利用等。

③在保证实验效果的前提下，尽量减少实验试剂的用量，使实验小型化、微型化。

④对于危险或反映条件苛刻，污染严重或仪器、试剂价格昂贵的实验，可采用计算机模拟化学实验或观看实验录像等办法。

⑤妥善处置实验产生的废物，防止环境污染。

(4)研究成果

①开发"原子经济"反应。Trost 在 1991 年首先提出了原子经济性(Atom economy)的概念，即原料分子中究竟有百分之几的原子转化成了产物。理想的原子经济反应是原料分子中的原子百分之百地转变成产物，不生成副产物或废物。实现废物的"零排放"(Zeroemission)。对于大宗基本有机原料的生产来说，选择原子经济反应十分重要。

近年来，开发新的原子经济反应已成为绿色化学研究的热点之一。国内外均在开发钛硅分子筛上催化氧化丙烯制环氧丙烷的原子经济新方法。此外，针对钛硅分子筛催化反应体系，开发降低钛硅分子筛合成成本的技术，开发与反应匹配的工艺和反应器仍是今后努力的方向。在已有的原子经济反应如烯烃氢甲酰化反应中，虽然反应已经是理想的，但是原用的油溶性均相铑络合催化剂与产品分离比较复杂，或者原用的钴催化剂运转过程中仍有废催化剂产生，因此对这类原子经济反应的催化剂仍有改进的余地。所以近年来开发水溶性均相络合物催化剂已成为一个重要的研究领域。由于水溶性均相络合物催化剂与油相产品分离比较容易。再加上以水为溶剂，避免了使用挥发性有机溶剂，所以开发水溶性均相络合催化剂也已成为国际上的研究热点。除水溶性铑—膦络合物已成功用于丙烯氢甲酰化生产外，近年来水溶性铑 - 膦、钌 - 膦、钯 - 膦络合物在加氢二聚、选择性加氢、C—C 键偶联等方面也已获得重大进展，C_6以上烯烃氨甲酰化制备高碳醛、醇的两相催化体系的新技术国外正在积极研究。以上可见，对于已在工业上应用的原子经济反应，也还需要从环境保护和技术经济等方面继续研究加以改进。

②采用无毒、无害的原料。为使制得的中间体具有进一步转化所需的官能团和反应性，在现有化工生产中仍使用剧毒的光气和氢氰酸等作为原料。为了人类健康和社区安全，需要用无毒无害的原料代替它们来生产所需的化工产品。

在代替剧毒的光气作原料生产有机化工原料方面，Riley 等报道了工业上已开发成功一种由胺类和二氧化碳生产异氰酸酯的新技术。在特殊的反应体系中采用一氧化碳直接羰化有机胺生产异氰酸酯的工业化技术也由 Manzer 开发成功。Tundo 报道了用二氧化碳代替光气生产碳酸二甲酯的新方法。Komiya 研究开发了在固态熔融的状态下，采用双酚 A 和碳酸二甲酯聚合生产聚碳酸酯的新技术，它取代了常规的光气合成路线，并同时实现了两个绿色化学目标，一是不使用有毒有害的原料；二是由于反应在熔融状态下进行，不使用作为溶剂的可疑的致癌物——甲基氯化物。关于代替剧毒氢氰酸原料，Monsanto 公司从无毒无害的二乙醇胺原料出发，经过催化脱氢，开发了安全生产氨基二乙酸钠的工艺，改变了过去的以氨、甲醛和氢氰酸为原料的二步合成路线，并因此获得了 1996 年美国总统绿色化学挑战奖中的变更合成路线奖。

③采用无毒、无害的催化剂。目前烃类的烷基化反应一般使用氢氟酸、硫酸、三氯化铝

等液体酸催化剂，这些液体催化剂共同缺点是对设备的腐蚀严重、对人身危害和产生废渣、污染环境。为了保护环境，多年来国外正从分子筛、杂多酸、超强酸等新催化材料中大力开发固体酸烷基化催化剂。其中采用新型分子筛催化剂的乙苯液相烃化技术引人注目，这种催化剂选择性很高，乙苯质量收率超过99.6%，而且催化剂寿命长。还有一种生产线型烷基苯的固体酸催化剂替代了氢氟酸催化剂，改善了生产环境。在固体酸烷基化的研究中，还应进一步提高催化剂的选择性，以降低产品中的杂质含量；提高催化剂的稳定性，以延长运转周期；降低原料中的苯烯比，以提高经济效益。异丁烷与丁烯的烷基化是炼油工业中提供高辛烷值组分的一项重要工艺，近年新配方汽油的出现，限制汽油中芳烃和烯烃含量更增添了该工艺的重要性，目前这种工艺使用氢氟酸或硫酸为催化剂。

④采用无毒、无害的溶剂。大量的与化学品制造相关的污染问题不仅来源于原料和产品，而且源自在其制造过程中使用的物质，最常见的是在反应介质、分离和配方中所用的溶剂。当前广泛使用的溶剂是挥发性有机化合物(VOC)，其在使用过程中有的会引起地面臭氧的形成，有的会引起水源污染。因此，需要限制这类溶剂的使用，采用无毒无害的溶剂代替挥发性有机化合物作溶剂已成为绿色化学的重要研究方向。

在无毒无害溶剂的研究中，最活跃的研究项目是开发超临界流体(SCF)，特别是超临界二氧化碳作溶剂。超临界二氧化碳是指温度和压力均在其临界点以上的二氧化碳流体，它通常具有液体的密度，因而有常规液态溶剂的溶解度；在相同条件下，它又具有气体的黏度，因而又具有很高的传质速度。而且由于具有很大的可压缩性，流体的密度、溶剂溶解度和黏度等性能均可由压力和温度的变化来调节。超临界二氧化碳的最大优点是无毒、不可燃、价廉等。

除采用超临界溶剂外，还有研究水或近临界水作为溶剂以及有机溶剂/水相界面反应。采用水作溶剂虽然能避免有机溶剂，但由于其溶解能力有限，限制了它的应用，而且还要注意废水是否会造成污染。在有机溶剂/水相界面反应中，一般采用毒性较小的溶剂(甲苯)代替原有毒性较大的溶剂，如二甲基甲酰胺、二甲基亚砜、醋酸等。采用无溶剂的固相反应也是避免使用挥发性溶剂的一个研究动向，如用微波来促进固—固相有机反应。

⑤利用可再生的资源合成化学品。利用生物量(生物原料(Biomass)代替当前广泛使用的石油，是保护环境的一个长远的发展方向。1996年美国总统绿色化学挑战奖中的学术奖授予TaxaA大学M. Holtzapp教授，就是由于其开发了一系列技术，把废生物质转化成动物饲料、工业化学品和燃料。

物质主要由淀粉及纤维素等组成，前者易于转化为葡萄糖，而后者则由于结晶及与木质素共生等原因，通过纤维素酶等转化为葡萄糖，难度较大。Frost报道以葡萄糖为原料，通过酶反应可制得已二酸、邻苯二酚和对苯二酚等，尤其是不需要从传统的苯来合成生产尼龙原料的已二酸取得了显著进展。由于苯是已知的治癌物质，以经济和技术上可行的方式，从合成大量的有机原料中去除苯是具有竞争力的绿色化学目标。

另外，Gfoss首创了利用生物或农业废物如多糖类制造新型聚合物的工作。由于其同时解决了多个环保问题，因此引起人们的特别兴趣。其优越性在于聚合物原料单体实现了无害化，生物催化转化方法优于常规的聚合方法。Gross的聚合物还具有生物降解功能。

⑥环境友好产品。在环境友好产品方面，从1996年美国总统绿色化学挑战奖看，设计更安全化学品奖授予RohmHaas公司，由于其开发成功一种环境友好的海洋生物防垢剂。小

企业奖授予 Donlar 公司，因其开发了两个高效工艺以生产热聚天冬氨酸，它是一种代替丙烯酸的可生物降解产品。

在环境友好机动车燃料方面，随着环境保护要求的日益严格，1990 年美国《清洁空气法（修正案）》规定，逐步推广使用新配方汽油，减小由汽车尾气中的一氧化碳以及烃类引发的臭氧和光化学烟雾等对空气的污染。新配方汽油要求限制汽油的蒸气压、苯含量，还将逐步限制芳烃和烯烃含量。还要求在汽油中加入含氧化合物，如甲基叔丁基醚、甲基叔戊基醚，这种新配方汽油的质量要求已推动了汽油的有关炼油技术的发展。

柴油是另一类重要的石油炼制产品，对环境友好柴油，美国要求硫含量不大于 0.05%，芳烃含量不大于 20%，同时十六烷值不低于 40；瑞典对一些柴油要求更严。为达到上述目的，一是要有性能优异的深度加氢脱硫催化剂；二是要开发低压的深度脱硫/芳烃饱和工艺，国外在这方面的研究已有进展。

此外，保护大气臭氧层的氟氯烃代用品已在开始使用，防止“白色污染”的生物降解塑料也在使用。

（5）清洁生产

绿色化学是设计没有或只有尽可能小的对环境产生负面影响的，并在技术上、经济上可行的化学品和化学过程的科学。事实上没有一种化学物质是完全良性的，因此，化学品及其生产过程或多或少会对人类产生负面影响，绿色化学的目的是用化学方法在化学过程中预防污染。由于绿色化学的重要性，1995 年美国设立了“总统绿色化学挑战奖”，以表彰在绿色化学化工领域的研究和开发中有重大突破和成就的个人和单位。

绿色化学的发展还可能将传统的化学研究和化工生产从“粗放型”转变为“集约型”，充分地利用每个原料的原子，做到物尽其用。

要发展绿色化学意味着要从过去的污染环境的化工生产转变为安全的、清洁的生产。清洁生产的重点在于：

①设计比现有产品的毒性更低或更安全的化学品，以防止意外事故的发生；

②设计新的更安全的、对环境良性的合成路线，例如尽量利用分子机器型催化剂、仿生合成等，使用无害和可再生的原材料；

③设计新的反应条件，减少废弃物的产生和排放，以降低对人类健康和环境产生的危害。

在现今社会中，一提起“化学”，很多人都要紧皱双眉，因为他们都认为“化学”是引起环境污染的源泉。其实这完全是因为对“化学”这门科学缺乏全面认识而造成的一种误解，只要你留心地观察和仔细地思考一下，在我们的衣食住行以及战胜疾病等方面，样样都离不开化学家的帮助，可以毫不夸张地说人类的生活离不开化学的发展。

诚然化学品和化工生产造成了环境污染，但是解铃还需系铃人，相信化学家能够利用提倡绿色化学和绿色生产以及防止污染、治理污染的方法来消除环境污染，成为环境的朋友。

我国在绿色化学方面的活动也逐渐活跃。1995 年我国科学院化学部确定了《绿色化学与技术》的院士咨询课题；1996 年召开了“工业生产中绿色化学与技术”研讨会，并出版了《绿色化学与技术研讨会学术报告汇编》；1997 年国家自然科学基金委员会与中国石油化工集团公司联合立项资助了九五“重大基础研究项目”环境友好石油化工催化化学与化学反应工程；中国科技大学绿色科技与开发中心在该校举行了专题讨论会，并出版了《当前绿色科技中的一些重大问题》论文集；香山科学会议以“可持续发展问题对科学的挑战——绿色化学”为主题召开了第72次学术讨论会；1998年，在合肥举办了第一届国际绿色化学高级研讨会；《化学进展》杂志出版了“绿色化学与技术”专辑；四川联合大学也成立了绿色化学与技术研究中心。上述活动已推动了我国绿色化学的发展。

2.2　绿色化学的兴起历史

1984年美国环保局(EPA)提出“废物最小化”，基本思想是通过减少产生废物和回收利用废物以达到废物最少，这是绿色化学的最初思想。但废物最小化有一定的局限性，因为它主要是一个与有害废物有关的术语，包括废物的回收利用，而未能将注意力集中在生产过程上。

1989年美国环保局又提出了“污染预防”的概念，污染预防是指最大限度地减少生产场地产生的废物，它包括减少使用有害物质和更有效地利用资源，并以此来保护自然资源。至此，绿色化学的思想初步形成。

1990年美联邦政府通过了“防止污染行动”的法令，将污染的防止确立为国策，该法案条文中第一次出现了“绿色化学”一词，其定义为采用最少的资源和能源消耗，并产生最小排放的工艺过程。

1992年美国环保局又发布了“污染预防战略”，这些活动推动了绿色化学在美国的迅速兴起和发展，并引起全世界的极大关注。

1995年美国政府设立了“总统绿色化学挑战奖”，1999年英国皇家化学会创办了第一份国际性《绿色化学》杂志，日本也制定了以环境无害制造技术等绿色化学为内容的“新阳光计划”，绿色化学很快成为国际化学科学的前沿。

然而化学在为人类创造财富的同时，给人类也带来了危难。由于科学中的不确定性，化学家在研究过程中不可避免地会合成出未知性质的化合物，只有通过长期应用和研究才能熟知其性质，这时新物质可能已经对环境或人类生活造成了影响。

据了解目前全世界每年产生的有害废物达300～400Mt。化学工业能否生产出对环境无害的化学品，甚至开发出不产生废物的工艺，有识之士提出了绿色化学的概念，也就是说绿色化学的提出是人类用环境的巨大代价换来的。

绿色化学的特点：是充分利用资源和能源，采用无毒、无害的原料；在无毒、无害的条件下进行反应，以减少废物向环境排放；提高原子的利用率，力图使所有作为原料的原子都被产品所消纳，实现“零排放”；生产出有利于环境保护、社区安全和人体健康的环境友好的产品。绿色化学的核心：就是利用化学原理从源头消除工业生产对环境的污染。绿色化学的理念：不再使用有毒、有害的物质，不再产生废物，不再处理废物。

2.3　绿色化学研究进展

绿色化学又称绿色技术、环境无害化学、环境友好化学、清洁化学，绿色化学即是用化学及其他技术和方法减少或消除那些对人类健康、生态环境有害的原料、催化剂、溶剂、试剂、产物、副产物等的使用和产生的化学。绿色化学是更高层次的化学，它的主要特点是

“原子经济性”，即在获得物质的转化过程中充分利用每个原料原子，实现“零排放”，因此既可以充分利用资源，又不产生污染传统化学向绿色化学的转变可以看作是化学从“粗放型”向“集约型”的转变。绿色化学可以变废为宝，使经济效益大幅度提高。

目前绿色化学的研究重点：

①设计或重新设计对人类健康和环境更安全的化合物，这是绿色化学的关键部分；

②探求新的、更安全的、对环境更友好的化学合成路线和生产工艺，这可从研究、变换基本原料和起始化合物以及引入新试剂入手；

③改善化学反应条件，降低对人类健康和环境的危害，减少废弃物的产生和排放。

绿色化学研究追求的目标是：淘汰有毒原材料，探求新的合成路线，采用无污染的反应途径和工艺，能最大限度地减少“三废”，并实行“原材料遴选→产品生成→产品使用→循环再利用”全过程控制。绿色化学技术的发展和应用不但能提高生产效率和优化产品，而且能提高资源和能源的利用率，减轻污染负荷，从而大幅度提高生产的社会和经济效益。因此，绿色化学与技术的推广应用使环境—经济性(而不再仅是经济性)成为技术创新的主要推动力。近十多年来，绿色化学在生物质的利用、原子经济性工艺设计等诸多领域取得了一系列研究成果。

绿色化学已成为当今化学发展的主要方向。在绿色化学研究中，应充分利用可再生资源—生物质，其中以生物质为原料、酶为催化剂，生产有机化合物，因其条件温和、设备简单、选择性好、无污染，已成为绿色化学研究的重点之一，有良好的开发前景。利用原子经济反应进行绿色设计，采用无毒、无害的原料和环境友好或可循环使用的新材料等研究，以及对能源工业中汽油的催化降解烯烃和造纸工业中的催化氧化降解法研究，均取得了可喜的进展，并对环境保护将产生有益的、深远的影响。

2.4 我们身边的绿色化学

我们身边的绿色化学主要从以下几个方面讨论：一是化学秀，二是化学的魔杖，三是绿色化学的由来、概念和特点，四是从衣食住行谈谈身边的绿色化学。

化学是魔杖，Magic。化学从远古时候就有了，开始有火的使用，我们中国有阴阳五行学说，后来又古代原子论，中国的炼丹术，到欧洲的炼金术，这都是零零散散的化学运用。到18世纪开始成为系统的科学，化学从古代开始，18世纪逐步成为一个细分的科学。

化学学科跟别的学科不一样，是一门以实验为基础的自然科学。化学是研究物质的组成、结构、性质及变化规律的科学。我们的衣服是物质，这些东西都是物质，化学研究他们的变化规律。整个世界是由物质组成的，化学是人类用于认识和改造物质世界的手段。化学是一门历史悠久而富有活力的学科，与社会发展密切相关，当今化学已经深入到生活的各个方面，与人类的衣食住行，以及能源、信息、材料、国防、环境保护、医药卫生等有密切的联系，所以化学是社会文明重要的标志之一。

由于科学研究中的不确定性和人类认知的局限性，化学为人类作出了巨大贡献的同时，也给人类健康和人类赖以生存的环境带来了负面的影响。化学存在的问题不能躲避，我们要面对，化学存在的问题不能由别人来解决，化学存在的问题一定要由化学工作者来解决，比如水的污染、大气的污染、白色污染。

CARSON 写了一本非常著名的书《SILENT SPRING》，唤醒人类认识化学给社会带来的污染。化学工业为人类文明作出了巨大的贡献，人们吃的、坐的、穿的没有一样不跟化学有关，但是化学的问题我们要自我救赎。我们讲究绿色化学，最早提出概念的是 1991 年，美国著名化学家 Trost 在《science》上提出了“原子经济性”（原子利用率）。1991 年美国化学会提出绿色化学的概念，得到了全世界的广泛响应。在 1995 年美国总统克林顿颁发了首届“总统绿色化学挑战奖”。1999 年世界第一本名为“绿色化学”的杂志在英国创刊，也就是说在 20 世纪末绿色化学提到了议事日程上来。

绿色化学也叫环境友好化学，它的特点是：第一，充分利用资源和能源，采用无毒、无害的原料，最好是可再生的原料；在无毒、无害的条件下反应，以减少废物向环境排放的数量；提高原子的利用率，力图使所有作为原料的原子都被产品所吸纳，实现零排放；生产出有利于环境保护、社区安全和人体健康的绿色产品。

围绕“原子经济性”要有安全的生产，有高效的能源利用，要得到环境友好的产品，要用无毒无害的催化剂。$A + B = C$，如果同时得出 D，但 D 是不要的，由于人类随便把 D 乱扔，就造成了污染。绿色化学是从源头就根治污染，从反应物就是无害的，溶剂是无害的，产生环境友好的产品。下面通过衣、食、住、行方面的例子简单介绍一下身边的绿色化学。

1. 我们身边“衣”中的化学

GORE - TEX 面料是迄今为止品质最高的防水、防风、透气面料，在这个薄薄的面上有 90 亿个小孔，一滴水比这些微细孔大 2 万倍，这个孔又比人体的汗气分子大 700 倍。这个微孔层层叠起来，所以风很难吹进去。这个材料具有特殊的稳定性。制备这种高性能的材料需要使用到 PFOA，除此以外要有织物整理剂，可以防水、防油、防污等功能，广泛用于高档织物面料的制备。

PFOS 和 PFOA，由于认知的问题十几年前我们不知道它们有什么作用，只知道具有高表活性、高热稳定性、高化学稳定性、憎水性和憎油性。随着科学的发展，人类认知的进步，发现这两个材料原来有危害。第一是太稳定，持久性非常长，半衰期达到 40 年；第二是有毒害，对肝脏、神经、心血管产生影响；第三是生物积累性，很难被生物降解，鱼类对 PFOS 的浓缩倍数为 500 ~ 12000 倍。2008 年欧盟全面禁止 PFOA 的生产，我们国家也参与了这个活动。现在世界都在研究 PFOS 和 PFOA 的替代产品，美国、日本、欧洲都在研究，最近我们中国科学院上海有机化学组准备共同开发 PFOS、PFOA 的替代品。

2. 我们身边“食”中的化学

农药工业在我国粮食安全问题中发挥着重要的作用，如果没有农药，我国的粮食产量会减少 30% 以上，数亿人将挨饿。农药业面临着问题，也是认知的局限性，高毒、高残留农药给人类健康和环境带来了负面影响。目前为止欧盟禁用的农药有效成分超过 450 个。

大家知道滴滴涕（DDT）吗？是瑞士化学家在 1939 年生产的，1942 年在市场供应。能够杀死蚊、蝇、虱，曾经挽救了 5000 多万人的生命。1948 年发明者获得了诺贝尔奖。但是 20 年以后经过调查研究发现 DDT 对人类健康有影响，所以 1963 年美国科学家建议短期内禁止使用。

随之而来的很多东西被禁用，我们要使用绿色农药，高效，要对人类健康安全无害，要对环境生态友好，要有高选择性，要搞清楚为什么要起作用，要有绿色的工艺流程。比如，生物农药不等于绿色农药，生物农药同样存在安全性问题，生物农药和化学农药的安全性标准是相同的，都要符合这些标准。

农药研究非常困难，周期长(8~10年)，有高风险，高投入，要考虑到化学、环保、生物、信息、毒性等，还要考虑到药效等。

3. 我们身边“住”中的化学

我们住在这个地球上，现在人类赖以生存的地球出问题了，臭氧层的保护和温室效应。1928年Midgley发明了氟利昂加注在空调里，为人类生活发挥了巨大的作用。但是1974年科学家们又发现，氟利昂能够破坏臭氧层，这个发现获得了诺贝尔奖。氟利昂在对流层里，在紫外线的照射下产生氯因子，跟氧气反应，造成氧气大量的减少，所以1985年开始提出禁止使用氟利昂。

现在都说“无氟空调”，其实还是有氟的，是氟利昂F134a，1990年开始做氟利昂F134a。但是没想到短短的十几年过去，F134a的问题出来了，虽然对臭氧层没有影响，但是产生了温室效应。如果大量使用，停留在空气中会造成气侯的变化，所以它的寿命也进入了倒计时，哥本哈根会议的召开就是讨论气侯变暖的问题。

4. 我们身边“行”中的化学

行就是开车。大家对开车又爱又恨，因为开车过程中排出了废气，对我们人体健康造成了影响。有些新能源汽车是所谓的燃料电池技术，燃料电池是把燃料的化学能直接转化成电能的发电装置，排放很低、使用范围广、灵活。我们目前真正关注的是质子薄燃料电池，这个叫氯电装置，通电以后一边产生氯气，一边产生氢气。燃料电池是把这个装置倒过来，把氧气通进来，氯气通进来，排出水，变成电能，它惟一的产物是水，所以叫零排放的电动车。

2.5 各国政府对绿色化学的政策与奖励

2.5.1 美国“总统绿色化学挑战奖”

20世纪80年代以前，传统的石油和化学工业曾对美国生态环境和人们身体健康造成过严重的危害。

1990年美国颁布了《污染防治条例》，将污染防治确立为国策。所谓污染防治就是使废物不再产生，不再有废物处理的问题。该条例中将资源消耗的减少视为危害治理的最高要求，之后不久即出现了“绿色化学”一词。

1991年美国环保署开始将绿色化学纳入其工作的重心。

1995年3月16日，美国总统克林顿宣布设立“总统绿色化学挑战奖”，并于1996年7月在华盛顿国家科学院颁发了第一届奖项。

美国“总统绿色化学挑战奖”共设立了变更合成路线奖、变更溶剂/反应条奖、设计更安全化学品奖、小企业奖及学术奖五个奖项。

2.5.2 日本的“新阳光计划”

现在的日本是一个风景秀丽、环境优美的太平洋岛国，而发生于20世纪中叶的水俣病、痛骨病等事件却闻名于全球，引起当时日本政府的高度重视。于是，在20世纪70年代后期，启动了一批研究环境保护技术开发项目计划。

该计划提出了“简单化学”的概念，即采用最大程度节约能源、资源和减少排放的简化生产工艺过程来实现未来的化学工业，为了地球环境而变革现有技术。

2.5.3　德国的“为环境而研究”政策

德国是一个非常重视环境保护的国家，其环境优美，令慕名前往的游人流连忘返。但曾几何时，战后的联邦德国为迅速发展经济而一度忽视环境的保护与治理，许多企业将其视为“额外负担”，一些化工厂将污水排入莱茵河，使河水有毒物质的含量接近或超过正常值的 200 倍，导致大量鱼虾死亡。有毒气体直接排放，不仅使空气受到严重污染，森林也大面积受到损害。

从 20 世纪 80 年代中期开始，政府实施了一系列环境保护措施。在绿色化学方面，1997 年底联邦政府正式通过了一个名为“为环境而研究”的计划，主要包括三个主题：区域性和全球性环境工程、实施可持续发展的经济及进行环境教育。其中，将实施可持续发展经济的部分任务交给了化学工业。

2.5.4　中国走经济与社会持续协调发展道路的决定

中国虽然幅员辽阔，资源丰富，但由于人口众多，人均资源和能源拥有量位于世界后列。

改革开放后中国经济以每年约 10% 的速度持续增长，但经济格局则仍以粗放型经营为主，不但造成能源和资源消耗巨大，而且带来了严重的环境污染等社会问题。

进入 21 世纪以后，世界各国都在为未来经济与社会的可持续发展制定发展战略之际，中国也制定了“科教兴国”和“可持续发展”战略，编制了《中国 21 世纪议程》的政府白皮书，郑重申明了走经济与社会协调发展道路的决心。

在 1995 年中国科学院化学学部就组织了《绿色化学与技术—推进化工生产可持续发展的途径》院士咨询活动，对国内外绿色化学的现状与发展趋势进行大量调研，并结合我国国情，提出发展绿色化学与技术、消灭和减少环境污染源的七条建议，将绿色化学与技术研究列入“九五”基础研究规划。

1997 年由国家自然科学基金委员会资助的“九五”重大基础研究项目“环境友好石油化工催化化学与化学反应工程”正式启动，项目涉及我国石油化工的一些重要过程，主要开展采用无毒无害原料、催化剂和“原子经济”反应等新技术的探索研究。

同年，为实施科教兴国战略，实现 21 世纪中叶我国经济、科技和社会发展的宏伟目标，确保科技自身发展能力不断增强，我国制定了《国家重点基础研究发展规划》，也将绿色化学的基础研究项目作为支持的重要方向之一。

2.6　绿色化学——中国化工可持续发展的必由之路

伴随着一个世纪以来的工业文明，化学科学取得了辉煌的进步，创造了巨大的业绩。当前一些重大的工业生产过程基本上都基于化学过程，从钢铁冶炼、水泥陶瓷、酸碱肥料、塑料橡胶、合成纤维一直到农药、医药、日用化妆品等。然而与此同时，化学物质的大量生产和广泛使用，使得全球性的生态环境问题日趋严重，在经历了千方百计的末端治理而效果并不理想的情况下，世界各国重新审视已经走过的环境保护历程。研究发现，虽然对一些全球性的污染如酸雨、汽车尾气、温室效应、燃煤烟尘、致癌物的控制、治理方面人类取得了不少进展，但包括臭氧层破坏、重金属和农药、塑料等污染物在环境介质间转移等诸多环境问题仍无法解决。以美国为首的西方发达国家经过对过去20多年环保经验的总结，于90年代初提出了一种治理化学污染的新思维、新方法、新战略——绿色化学。

为了推动化学污染防治和工业生态学的研究，鼓励支持重大的、创造性的科学技术突破，从根本上减少乃至杜绝化学污染源，美国于1996年设立了“总统绿色化学挑战奖”，并首次将该奖项授于4家化学公司和一位化学工程教授，鼓励他们利用化学原理，从根本上减少化学污染物所取得的成就。绿色化学是针对传统化学对环境造成污染而提出的新概念，是利用化学原理从根本上减少或消除传统工业对环境的污染。它的主要特点是“原子经济性”，即在获取新物质的转换过程中充分利用原料中的每个原子，实现化学反应中废物的“零排放”。因此既可以充分利用资源，又不污染环境，它完全不同于现有的末端污染治理，是解决环境与生态问题的根本出路，也是人类实现可持续发展的明智选择。绿色化学并不单纯追求环境的保护，也追求经济的最优化，由于可以充分利用原料的所有物质，从而更有可能创造出高附加值产品。

目前，西方国家都投入巨资和庞大的科技力量进行绿色化学的研究与应用开发，并且在某些领域取得了重大进展。如重新设计对人类健康和环境更安全的工业产品方面，韩国使用转基因方法，以大量繁殖的细菌分离出高分子材料用于创造可自然分解的塑料；美国杜邦公司开发研制了光降解塑料和生物降解塑料，它们可以解决困扰全球的白色污染问题；英美联合制造的极端微生物有望取代毒性很强的氯而用于纸张漂白；在化工产品无毒原料选用、无废物生产工艺的研制方面，亦取得了可喜的进展，Komiya研究开发了用双酚A和碳酸二甲酯聚合生产聚碳酸酯的新技术，取代了常规的光气合成路线，不再使用有毒原料光气和作为溶剂的可疑致癌物甲基氮化物；美国DOW化学公司用CO_2代替破坏臭氧层的氯氟烃作为苯乙烯泡沫塑料发泡剂；美国伊斯曼化学公司以煤为原料生产乙二醇等化学品，废渣用作建筑材料，副产的CO_2经净化用作饮料，全部原料“吃干榨净”，实现废水、废渣、废气的“零排放”；在环保方面，固相酶处理氰化物已达实用化水平。目前，绿色化学技术制取生态农药、抗菌剂、有机酸、各种酶制剂等已得到工业化应用，产生了很好的经济效益和环境效益。随着绿色科技的突破，用绿色化学技术制取甲醇、丙酮、丁醇、纤维衍生物，以及用纤维素代粮食资源已成为发展的必然趋势。21世纪绿色化学在很多方面将完全取代传统化学工业，并创造出传统化工不能制取的新型化学品，发展前景非常乐观。

发展绿色化学是我国化学工业持续发展的必由之路，我国在可持续发展战略的指引下，环境保护受到各级政府部门的高度重视。原化工部在调查各企业废物综合利用情况的基础上，制定并颁发了《化学工业资源综合利用细则》，明确了依靠科技进步，加强“三废”治理，使化学工业资源节约与废物综合利用不断发展。但是由于人口剧增，工业化进程的加快，大量排放的生活污染物和工业污染物使我国人民面临着日益严重的环境资源危机。据统计我国目前总能源利用率约30%左右，矿产资源利用率为40%~50%，社会最终产品仅占投入量的20%~30%，单位国民生产总值能耗是发达国家的3~4倍，主要工业产品能源原材料消耗比国外先进水平高30%~90%。我国人均水资源占有量不到世界平均占有量的25%，每年缺水$500\times10^8m^3$，但工业单位产品用水量却高出发达国家的5~10倍。如此巨大的资源、能源消耗，不仅造成了极大的浪费，加大了产品成本，同时也成为环境污染的主要来源。工业废水每天排放量近108kg，全国27条主要河流其中15条受到严重污染；SO_2年排放量超

过 213×10^{10}kg，全国 40% 国土受到酸雨的危害；由于盲目过量和不合理的施用化肥、农药，导致土壤贫瘠化加剧，许多地表水域呈“富营养状态”；废弃塑料已带来严重的“白色污染”。

目前全世界污染最严重的 20 个大城市中，我国就占了半数。最近进行的一系列检测表明，我国城市儿童已有一半左右的血铅含量超过了国际公认的铅中毒标准。血铅含量升高将会导致智能降低和注意力的缺失。我们的子孙后代已受到平均智能降低的严重威胁。

发展我国绿色化学的对策。绿色化学能够从根本上改善人类生存环境，并可促进经济效益大幅度提高，由它所带来的产业革命刚刚在全球兴起，并将持续到 21 世纪，它对我国这样新兴的发展中国家无疑是一个难得的机遇。我们应抓住这一绿色革命的契机，大力发展绿色化学，以对付日益严峻的生态危机对我们的挑战。政府部门首先要大力支持“绿色化学”，绿色化学在西方国家已经成为一种政府行为，我国各级政府部门要充分估计这一产业革命对未来人类社会的影响，及时调整产业结构，以长远眼光正确认识和对待投入和产出问题，逐步放弃对某些产生严重污染的传统化学工业的支持，扶持对传统化学工业的“绿色化”改造，支持绿色科技领域的探索与研究，鼓励开发清洁工艺技术，减少污染源头，生产环境友好产品。结合国情，选择重点领域开发绿色化学技术绿色化学站在可持续发展的高度，通过发展新理论和新方法，实现更清洁和更精巧的化学成果。我国科技工作者要以国家、民族需要和人类进步的需要为出发点，面向经济建设和可持续发展战略，及时调整研究领域和方向。

就我国国情而言，目前宜选择以下领域进行开发：

①绿色生化工程技术的研究综合利用现代生物技术和化学化工技术，发展绿色生化工程，如生物煤炭脱硫、微生物造纸和新生物质能源等。专家们预测，若利用生物技术和绿色化工技术将我国每年 115×10^{9}kg 的农作物秸秆转化为化学品，可制取 2×10^{8}kg 乙醇，810×10^{10}kg 糠醛和 3×10^{8}kg 木质素，创造数百亿元的价值。因此，将生物物质用作化学原料和能源是发展我国绿色化学的战略目标。

②洁净煤技术的开发。中国是世界上最大煤炭生产国和消费国，也是世界上仅有的几个以煤为主要能源的国家之一，传统的煤炭利用方法引发的烟尘与化学污染已成为我国环境污染的主要类型。洁净煤技术旨在最大限度地利用能源，同时实现排放污染物最少为目的。它是一个多层次、多学科的技术集成，包括许多先进的常规技术、高新技术和尖端技术，是国际高技术竞争的一个重要领域。我国煤炭利用率平均仅 30% 左右，比世界平均水平低 10%，比发达国家低 25% ~28%。因此，大力发展洁净煤技术开发，是改善我国环境污染现状，实现“绿色工业”战略的必由之路。

③生态环境材料的研制。目前大量使用的高分子聚合材料，其生物降解性、环境降解性以及自毁性差，长期使用和废弃，在环境中大量积累，形成了遍及全球的“白色污染”。我国每年各种塑料废弃物总量约 610×10^{10}kg，全国每年生产的快餐盒 115 亿个，约合 108kg 树脂，回收量却不足 10%。中国还是农用地膜的使用大国，年用量近 106kg，相当于美国、西欧、日本农用地膜的使用量之和，而回收状况并不尽人意，面临着比西方发达国家更为艰巨的“白色污染”治理任务。目前我国可降解塑料的研究还停留在淀粉填充降解塑料及相应的光—生物降解塑料上，今后应根据全球绿色化学的最新进展，研究无污染的光—生物降解塑料催化剂，缓解直至最终解决日趋严峻的“白色污染”问题。

④生态协调肥料的开发。我国是一个农业大国，化肥的消费量居世界第一位，但化肥利用率较低，约有 50% 的化肥进入环境，造成了巨大的资源浪费与环境污染。为了适应生态

农业的发展，化工企业应大力研制开发生态肥料，以提高肥效，改良土壤，减少农业污染，实现农业的可持续发展。

⑤高效低毒农药的研制。我国过去和目前生产的农药多为高毒化学品种，生产和使用过程中污染土壤、空气，影响生态平衡，造成了生态环境的恶化。绿色化学应研究合成低毒、无公害、选择性强、生物活性高、成本低廉的农药，促进“农业绿色”产业化。

⑥精细化学品的清洁与经济生产。精细化学品绝大多数作为辅助原料或材料出现在生产和生活两大部类资料之中，有的参于其生产过程，有的参于其应用过程，在国民经济中占有很重要的地位。探索既具有选择性，又具有原子经济性的精细化学品的绿色合成反应，具有很高的经济效益和社会效益。总之，在传统化学面临资源匮乏、能源耗竭、污染环境、生态失衡的严峻形势下，依靠科技进步，发展源头预防为主、节约能源的绿色化学是人类可持续发展的必由之路，也是中国化学工业的必然选择。

2.7 生态人居环境建设与绿色化学

人类在20世纪下半叶面临全球环境生态危机，从而也开始了关系自身生存的生态觉醒，产生了可持续发展的生存战略，反思现存工业文明的种种令人触目惊心的运作模式和后果，科学家们发现一种新的社会责任严肃地落在了自己的肩上，不仅只是为创建物质财富，发展高科技、极大提高人们生活水平，从而不断地发现客观世界的物理、化学和生物的现象和原理，寻求发明和创造产品的工艺，还必需面对所有这些带给人类生存环境的后果，重新评价传统的科学成果的生态学含义，从而展开了研究工作的新的维度，如何迎接这种划时代的变化，《后现代科学——科学魅力的再现》一书，反映了一些欧美学者看来精辟实质上却向宗教让出科学席位的“新潮”观点。那是在20世纪80~90年代初期，环境生态问题的恶化令人们震惊和恐慌，认为人类的智慧和伦理必须放弃唯物论，乞灵、皈依或至少是兼容宗教的信仰来改造科学。由中央编译出版社出版的这本文集，一方面说明我国高层学界对当代国际生态学思潮的重视。另一方面90年代前半期我国“气功”和种种人体特异功能的宣传甚嚣尘上，似乎依靠这些上苍降临的超人，可以取代向物质的世界的艰苦科学探索。但是，只过几年的时间，这些伪科学的时代泡沫就彻底破灭了。尽管在一些愚昧的人群中，诸如法轮功之类的邪教还有市场，就像假药一样难以禁绝，并且作为一种可利用的政治势力赚得可耻的国际寄生条件，但其根本的虚妄和欺骗本质注定了可悲的结局。

诚然，当代生态科学的发展不仅在“硬”科学上掀起一场革命，在人类的价值观念上也引起深刻的变化。人对自然从征服到共生的态度转变，提出生态伦理观，都是20世纪末人类为实现可持续发展完成的精神准备。本文前面提到的文集中的论文出自国际上一些著名的学者之手，所提出的一些观点仍是很有启发意义的，代表了当代西方学术界在人类面临的严重生态危机而作出的科学哲学的真诚探索，但其中一些结论用辩证唯物主义的试金石检验，用客观实践检验，却证明是错误的。

在生态学涉及的广泛的人类生活领域中，人居环境的生态化建设是一个重要的、切身于每个城乡居民的领域。现代城市特别在发展中国家(包括我国)，由于无法抗拒地采用了西方的城市发展模式，过多的人口和经济技术水平的局限，形成了“反生态化”的局面。如果说今天各国学者关于生态城市的概念阐述已经相当详尽，那么建设生态人居环境的科学技术、社会组织和观念，还有待切实地发展。具体说来要使现有的科学技术、社会组织和思想观念真正变成“绿色”的，不仅是少数社会精英的开拓性工作，还要普及应用到广大的生产和消费领域，转变生活的习惯和观念。而这种转变，仍然离不开从物理、化学到生物变化的机理研究，特别是微观世界的物质结构，性质与结构间变化关系和规律的研究。这里不能依靠什么超物质的手段来创造奇迹。绿色化学就是人类进入生态觉醒的世纪必不可少的生存知识和保持与自然界和谐共存的一件重要武器。

绿色化学是 19 世纪工业革命时代的现代化学的继承者和挑战者，它以对环境的零污染为目标，所以又称为环境无害化学、环境友好化学、清洁化学，在其基础上发展的技术称为环境友好技术或洁净技术。如果说传统的化学是创造人类财富最伟大的科学，那众多化学化工过程产物——化学物质进入环境对人类生活造成负面影响，犹如病毒那样，成为残害人类的可畏的帮凶。化学变化涉及到从现代生产到生活的每一个领域，化学产品的急剧增加，虽使人们生活更加丰富美妙，更加光彩夺目，但获得产品的化学反应加剧了环境恶化。全世界化学品产量从 20 世纪 50 年代 700×10^4t 到 80 年代 2500×10^4t，现已登记化学品种达 800 多万种，且每年以递增上千种速度发展。可以说，一些人享受到化学所贡献的好处，另一些人则可能成为污染物的受害者。同时一些人在一定时空条件下享受到化学所贡献的好处，而在另一时空条件下则可能成为受害者。当然，我们不能一般地笼统地否认化学和化学工业，它可是人类文明的基石。中国古代的冶金术、酿造技术和基于炼丹术的火药的发明，是在人类未知物质微观结构的条件下的化学技术成果。从欧洲 16 世纪以后近现代化学的创立，人类对物质微观结构认识不断深化，对分子、原子、元素与化合物、无机化合物与包括染料、农药、药物等在内的种类繁多的有机化合物及其各种与国民经济相关领域的反应过程的掌握，到化学工业的创立，逐步形成了一个人类知识庞大体系中的重要部分，在某种意义上讲，现代化学工业是铸建人类物质文明的脊梁，若把国民经济的发展当作一辆飞驰的汽车，化学工业与电子工业就是那两边不可或缺的车轮。同时，它也可成为残酷的战争手段和严重的环境污染的祸根。

绿色化学是 20 世纪 90 年代提出并由当代科学家沿着可持续发展理论新方向思索、开拓而取得的化学新兴领域，是对传统化学理念尤其是对环境化学内容的重要补充和突破。

绿色化学的目标是开发可以消除或减少有害物质的使用与产生的环境无害化学技术，是从源头上防止污染的科学方法，也是使化工生产可持续发展的途径，其具体的原理主要有：污染的防止优先于污染的后期处理；最大限度地利用资源；最大限度地使用或产生无毒或低毒物质；尽量不使用辅助剂或使用无毒的辅助剂；尽量减少能耗并考虑经济与环境的影响；最大限度地使用可再生原料；尽量避免不必要的衍生步骤；尽量用催化剂代替化学计量试剂；努力生产易降解化学品等。具体的科学成果有“原子经济反应”和“分子间结构重排反应”、加成、取代、降解反应等，构成“绿色化学”新科技系统。

到今天各国在开拓绿色化学方面已经初步形成体系，并取得成效。在上述原理引导下，绿色原料、绿色试剂、绿色溶剂、绿色产品、绿色催化的长足进展，为人类的未来展示了光明的前景。表明危机是可以由科学揭示的新的反应过程来克服的。从化学大学科来看，绿色化学研究成果和动向是多方面的，包括生态人居环境建设有关的绿色化学。

首先，实现生态人居环境的理想目标，包括在总体上进行生态城市的建设，或从其局部的如生态居住区的建设。通常我们以城市绿地系统的完善程度和有关绿地的指标作为生态城市的主要标准。这些指标的实质是绿地在城市环境的物理、化学、生物方面起到保护与改善的作用，其中的环境化学机理虽已有不少论述，但仍值得深入研究，以充分提示植物、绿地与人居环境的关系，指导城市绿化建设。关于城市绿地建设，绿色化学将帮助优化和量化其规划和设计的决策，包括维持城市环境生态系统的生存条件质量和各类绿地环境的化学平衡。这可称为狭义的“绿色”化学——关于绿地的化学。

其次，绿色化学保证供应城乡人居环境建设以绿色产品，包括无毒无害或少毒害的建筑材料与制品、交通工具等，从而建立起安全卫生的居住和工作环境。

第三，绿色化学将彻底解决城市污水、废气和固体垃圾污染问题，易降解塑料的生产和塑料转化为燃油的工艺的成功，为城市固废处理大大减轻了压力。

第四，绿色化学知识与技术有必要在广大城乡居民中普及，使人们懂得在生活和生产中消除或减少源头污染的意义并掌握有关知识，自觉戒除污染环境的行为习惯，不断加入扩大绿色化学研究和应用的行列，如放弃使用挥发有害气体的室内装饰和其他加剧环境污染的行为。在这个意义上，绿色化学知识从正反两个方面保护和改善我们的人居环境。

以上是直接与人居环境的建设和运行有关的绿色化学。实际上人类化工生产和其他生产与生活活动，以及大量人类社会的超常活动(如战争)，都给人居环境进而对人类生存的生物圈造成重大损害。因此，归根结底生态人居环境的健康，要求整个人类活动，包括化学产品生产过程及领域的“绿色化”。

第3章　绿色化学化工技术

从经济发展、社会进步和环境保护的角度来看，化学工业这一环境污染大户已经承担不起使用或产生有毒有害物质的费用了。而作为环境友好的绿色化学“是一种具有给予能力的或可操作的科学，利用它可使经济和环境协调地进行”，因此，严格遵循绿色化学原理，进行化工产品设计、开发和加工，尽量减少和消除使用或产生对人类健康和环境有害的物质，则是化学工业的根本出路。然而这一切离开了在绿色化学基础上发展起来的绿色化学化工技术是绝对办不到的。化学工业和绿色化学化工技术相伴而行，相得益彰。

国家环保总局根据我国国情曾制定的《中国跨世纪绿色工程规划》结合我国环境污染重点行业，如化工、石油天然气、冶金、有色金属、医药等，确定了我国当前绿色技术主要领域是：能源技术、材料技术、催化技术、分离技术以及生物技术等。

3.1　能源技术

3.1.1　能源及其分类

能源是指可以直接或通过转换而为人类的生产和生活提供能量或动力的物质资源。根据能源的来源不同，人们把从自然界中直接获得的能源称为一次能源；将一次能源进行加工、转化成新型态的能源称为二次能源。在一次能源中有可以再生并能得到不断补充和循环使用的可再生能源；还有那些需要经过亿万年方可形成，或短期内无法恢复的不可再生能源。根据能源使用情况，把那些开发技术比较成熟，生产成本较低，已经大规模生产和广泛使用的能源称为常规能源；对目前尚未广泛利用，而正在积极研究，以期更经济有效开发利用的能源，称为新能源。图 3 – 1 表示从不同角度对能源进行的分类。

- 能源
  - 一次能源
    - 常规能源
      - 可再生能源：水力、植物燃料
      - 不可再生能源：煤炭、石油、天然气、核燃料
    - 新能源
      - 可再生能源：太阳能、风能、地热能、海洋能、生物质能
      - 不可再生能源：核能
  - 二次能源
    - 常规能源：焦炭、煤气、蒸汽、电力、甲醇、乙醇、汽油、柴油、重油等
    - 新能源：沼气、氢能

图 3 – 1　能源分类示意图

从图 3 – 1 可知，新能源主要是指太阳能、风能、地热能、核能、海洋能和氢能等几大类。

(1) 太阳能

太阳能是最有代表性的新能源。它是一种清洁的可再生能源，取之不尽，用之不竭。太阳每天都在源源不断向地球辐射能量，据资料报道，太阳 3 天中投射到地球上的能量相当于全世界的煤、石油和天然气的确证储量，或者是全世界每天能耗的 9000 倍。迄今为止地球上所有的能源形式的绝大部分都来自太阳能，除了直接的太阳辐射能外，煤炭、石油、天然气等矿物燃料其实都是远古以来经过转换储存下来的太阳能。水能、风能、海洋能、生物质能等也都是间接地来自太阳能。然而，由于太阳能存在密度低、不连续、不稳定等缺点，其

利用系统比较复杂。若要大规模地利用，其关键在于如何解决太阳能的聚集储存，以及提高太阳能向其他能量形式的转换效率等问题，因此太阳能开发利用的投资成本很高，其经济分析和评价便成为太阳能利用的重要内容。

(2)风能

风是地球上的一种自然现象，它直接来自太阳能。风能是太阳能的一种转换形式，是一种重要的自然能源。当太阳照到地球表面上时，地球表面各处因受热不均产生温差，从而引起大气的对流流动形成了风。据估计太阳传给地球的辐射能中大约只有2%转化为风能。尽管如此其总量却是十分可观的。全球的风能约为2.74×10^9MW，其中可利用的风能为2×10^7MW，比地球上可开发利用的水能总量还要大10倍。

(3)地热能

地热能是指在地球内部蕴藏着的巨大的能量。它主要来自于地球内部放射性元素衰变产生的热量，主要有水热型、地压型、干热岩型和岩浆型四个大类。水热型资源即蕴藏在地层浅表的热水或水蒸气，其温度从90~300℃不等；地压型资源是封闭在地表以下2~3km的深部沉积岩中含有的高盐分高压热水；干热岩型资源是指位于地表层下几千米深处的温度为150~650℃的没有水或水蒸气的热岩石；岩浆型资源埋藏最深，是指温度高达650~1200℃的熔融状或半熔融状岩石浆。据估计在地球上的所有能源中，地热能位于第二，仅次于太阳能。通常地热能以温泉、火山爆发、地热等形式散逸出来，仅每年的散逸量就达到目前世界能源总消耗量的2倍。

(4)核能

核能又称原子能或原子核能，它是原子核的结构发生变化时释放出来的能量。目前人们普遍认为，核能是惟一可用于获得大量电能且又不产生CO_2、SO_2和NO_x的一种安全、经济、清洁的能源，是目前技术成熟并可以大规模替代化石燃料的能源。今天，核能已占到全世界总能耗的6%。

核能分为核裂变能和核聚变能两种。核裂变能是一些重原子核通过发生"链式裂变反应"释放出的能量，这是目前已进入工业规模应用的核能。然而，核裂变反应的燃料铀和钚等天然放射性重元素在地球上的储量毕竟很少，也有耗尽的危险，所以人们又积极探索利用核聚变能的方法。核聚变又叫"热核反应"，其原料主要是氢的同位素氘和氚。据计算1kg核聚变燃料放出的能量约与10000t标准煤完全燃烧所放出的能量相等，而且反应产物是无放射性污染的氦。全世界海水中所含的氘通过核聚变释放的聚变能，可供人类在很高的消费水平下使用50亿年，因此，科学家早就预言，聚变能是人类取之不尽的能源，发展核聚变堆可以彻底解决能源问题。

(5)海洋能

海洋能是海水运动过程中产生的可再生能，其大部分来源于太阳辐射能，较小部分来源于天体与地球相对运动中的万有引力。就理论储量而言，蕴藏于海水中的海洋能是目前全世界每年耗能量的几百甚至几千倍。

海洋能主要包括海洋温差能、潮汐能、波浪能、洋流能和盐度差能等。

①海洋温差能。海水温差能的蕴藏量很大，约占海洋能资源总量的一半。它是因深层海水与表面海水吸收太阳能的不同，形成温度差而产生的能量。尤其在赤道附近的海域，这种温差可达到20℃左右，故可用于温差发电。

利用海水温差发电需要涉及耐压、绝热、防腐材料、热能利用效率等许多问题，故目前世界各国仍在积极探索之中。

②潮汐能。因月球引力的变化引起潮汐现象，潮汐导致海水平面每天发生周期性地涨落，因海水涨落及潮水流动所产生的能量，称为潮汐能。在一些海湾和河口，潮差可达几米或十几米。修筑堤坝形成水库，就能利用潮水的落差进行水力发电。

潮汐发电与普通水力发电原理类似，但又有差别，主要是海水蓄积的落差不大，但流量较大，且是间歇性的，因此，潮汐发电的水轮机的结构必须适合低压头、大流量的特点。

③波浪能。波浪是由于风和水的重力作用使海水形成起伏运动而具有的一定动能和势能。海洋表面开阔，水量巨大，具有形成较大波浪能的条件，因此，选择浪高波涌的地方收集波浪能，就可以进行发电。

波浪能利用的关键是波浪能转换装置。通常波浪能要经过三级转换：第一级为受波体，它将大海的波浪能吸收进来；第二级为中间转换装置，它优化第一级转换，产生出足够稳定的能量；第三级为发电装置，与其他发电装置类似。

④洋流能。海水不是固定的，它受地球自转和潮水涨落以及海水温度变化等多种因素的影响，总是在流动着的。川流不息的洋流，携带着巨大的能量，就像江河的水流一样，有的流速甚至超过江河，故可以用来发电。

目前，洋流发电技术仍处于研究试验阶段，但是欧、美、日等发达国家和地区已居于世界领先水平。

⑤盐度差能。海水中含盐浓度大于江河水，在江河口入海处，或者是大量降雨地域，淡水与海洋咸水这两种不同浓度的溶液混合在一起时，若隔以半透膜，则浓度低的溶液就会向浓度高的方向渗透，产生渗透压力，其能量与压力差和渗透流量成正比，借助这种化学势差可以进行发电。据估算，全世界的盐度差能约有 300×10^8kW，开发前景相当可观。

上述五种海洋能中，温差能、盐度差能和洋流能属于较稳定的能源；潮汐能和潮流能是属于不稳定的但变化有规律的能源。人们可以根据潮汐、潮流的变化规律，编制潮汐与潮流预报，同时预测未来的潮汐大小与潮流强弱，那么，潮汐电站和潮流电站就可以根据预报表来安排发电。波浪能属于既不稳定又无规律的能源。积极开发海洋能是获得环保的清洁能源和解决能源短缺的一条有利途径。

(6)氢能

氢能有三大优点：①效率高，除核燃料外，氢燃烧所释放的热值是所有化石燃料、化工燃料和生物燃料中最高的，为 1.42×10^5kJ/kg，是汽油发热值的3倍；②无污染，燃烧后的产物是水，对环境没有污染；③来源广，地球表面71%都为水所覆盖，水就可以分解制氢，氢燃烧后又生成水，因此，这种燃烧和再生的往复循环，使氢能成为一种取之不尽、用之不竭的最理想的新能源。

氢能是二次能源，其推广应用的关键是氢气制取和储存运输技术的突破。目前世界77%的氢是以石油、天然气为原料制取，18%来自煤，4%来自电解水，1%来自其他原料。储氢方式主要有高压氢气、低压液氢，近二十多年来发展起来的新技术是金属储室材料。例如，镧镍合金能形成 $LaNi_5H_6$氢化物，每立方米可含88kg氢，理想的金属储氢材料将有很大的实用价值。

制氢和储氢成本都相当高，而且存在一些技术问题，故目前氢能主要用于火箭和航天飞机上。

3.1.2 各种能源技术

所谓能源技术就是研究各种能源的开发、生产、转换、分配、储存、综合利用和节约的手段及方法的技术体系。它有如下特点：一是复杂性，即涉及的面广，周期较长；二是转换性，指各种能源之间可以相互转换；三是广泛性，即能源是人们生活与生产的日常消费内容。

有前途的能源技术包括再生能源技术，如太阳能发电、光电池、替代燃料和生物质能利用方法；核裂变及可以保护环境的改进方法，如新型燃烧方式—流化床燃烧；此外，还有节能和储能技术。然而，综合技术、经济和管理等方面的原因，即使把这些再生能源技术(除核裂变之外)与有效的储存相结合，任何一种能源技术都不可能在短期内取代常规能源。

从部分能源、能流密度的角度考虑，可以看出主要新能源技术的开发、利用情况(见表3-1)。

表3-1 部分能源能流密度数据

能源类别	风能(3m/s)	水能(3m/s)	波浪能(波高2m)	潮汐能(潮差10m)	太阳能	
					晴天平均	昼夜平均
能流密度/(kW/m²)	0.02	20	30	100	1.0	0.16

由此可见，太阳能、风能、海洋能等虽然都是永久性的能源，但它们的能流密度不大，从能源技术角度分析，对它们的利用还是比较困难的。

我国虽然拥有比较丰富而多样的能源资源，但能源结构主要以煤炭为主。从煤炭科学研究总院北京煤化工研究分院显示的资料(见图3-2)可以看出这一点，因此环保压力很大。

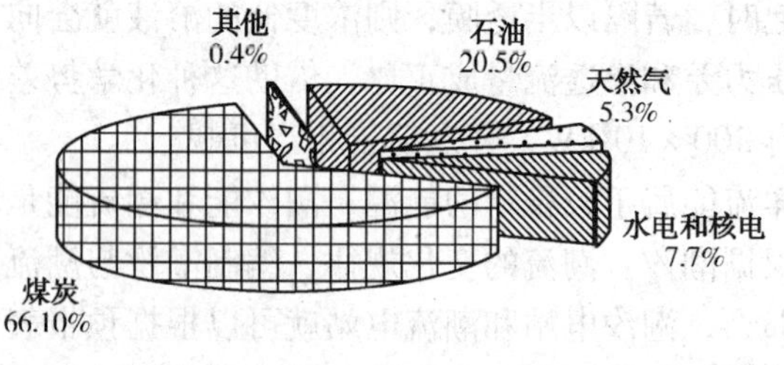

图3-2 中国一次能源消费结构简况(2001年)

此外，由于我国广大的农村地区居民生活用能80%仍然依靠农作物秸杆、柴等生物质能。这种传统落后的直接用生物质能做燃料的方式，既污染环境，又极不经济，所以正确处理开发与节约的关系，尤其是提高燃烧效率，开展洁净煤研究，既可减少温室气体的排放，又可以节约能源，且具有相当高的经济效益。

1. 洁净煤技术

洁净煤技术(Clean Coal Technology，CCT)是针对使用煤炭对环境造成污染所提出的技术对策。它是指在利用煤炭发挥一次能源最大作用的同时，污染环境的气、固、液态排放量最少；也可定义为煤炭从开发到利用全过程中，旨在减少污染排放与提高利用效率的加工、燃烧、转化及污染控制等高新技术的总称。它是以"3E"为目标(经济 Economics、环境 Enviroment，效率 Efficieney)的先进、清洁的"绿色煤电"，是能源、工业中国际高新技术竞争的一个主要领域。

(1)我国的洁净煤技术

在国务院1997年批准的《中国洁净煤技术"九五"计划和2010年发展规划》中已指明，包括如下四个领域、十四项技术：

①煤炭加工(源处理)领域：选煤、型煤、水煤浆；

②煤炭高效燃烧与先进发电技术(过程处理)领域：循环流化床(Circulating Fluidized -

Bed Combustion，CFBC）、增压流化（Pressurized Fluidized - Bed Combustion，PFBC）、整体煤气化联合循环（Integrated Gasification Combined Cycle，IGCC）；

③煤炭转化领域：气化、液化和燃料电池；

④污染排放控制与废弃物处理领域：烟气净化、电厂粉煤灰综合利用、煤层气的开发利用、煤矸石和煤泥水的综合利用。

在我国煤炭提供了70%的工业燃料和动力、60%的化工原料、80%的民用商品能源。由于煤炭耗量大，而烟气净化装置又不完善且低效，使得环境污染成为我国经济发展的一大障碍。煤炭是中国能源的主体，在今后相当长的时期内其主导型的地位不会发生根本性的变化，煤炭开发和加工利用对环境的压力越来越大，发展洁净煤技术是中国能源发展的必然选择。

我国能源系统效率很低，以1992年为例：能源系统的总效率＝32%（开采效率）×70%（加工、储运、转化效率）×41%（终端利用效率）＝9.194%，远远不到发达国家的50%，因此必须依靠科学技术大力提高能源利用效率。

（2）对煤炭进行预处理的几种方法

①选煤。选煤可以大大减少煤中灰分和硫分。目前我国已经研制出可以分选粒径小于0.5mm粉煤的重介质旋流器、水介质旋流器、离心摇床和多层平面摇床，适用于高硫难选煤中黄铁矿硫的脱除。一般情况下，100Mt原煤经过洗选，可以减少排放1.5～2MtSO_2，而成本仅为湿法脱硫的10%。用筛分、摇床法、跳汰法或浮选法等逐步实现煤炭分类加工，且重点应放在筛去矸石、洗选除去黄铁矿；开发超净煤技术研究，即用制取9～14μm超细煤粒的方法，得到灰分小于2%、水分小于12%～10%的超净煤；目前，正在进行摩擦电选干法脱硫、降灰新技术的研究，即首先将细煤（如小于70μm）通过摩擦器，由于粒子之间和粒子与摩擦器器壁之间相互碰撞摩擦，使有机质和无机质带异性电荷，再通过高压静电场时二者便会分离，从而达到脱硫、除灰的效果。经摩擦电选处理，可使灰分降到8%以下，除去黄铁矿55%～85%。

②型煤。型煤被称为“固体清洁燃料”，可以有效地提高煤炭使用效率，迅速减少煤烟污染，明显提高煤炭经济效益。它是由一种或数种煤与一定比例的黏结剂、脱硫剂等经过配制、混合、加工成一定形状、一定强度的煤制品，具有固硫、节能和环保作用。型煤的分类如图3－3所示。

- 型煤
  - 工业型煤
    - 工业锅炉用型煤
    - 蒸汽机车用型煤
    - 煤气发生炉用型煤
    - 工业窑炉用型煤
    - 型焦用型煤
    - 炼焦配用型煤
  - 民用型煤
    - 蜂窝煤
      - 上点火蜂窝煤
      - 普通蜂窝煤
      - 航空蜂窝煤
      - 烧烤蜂窝煤
    - 煤球
      - 炊事、取暖煤球
      - 火锅煤球
      - 手炉、被炉取暖煤球
      - 烧烤煤球

图3－3　型煤的分类

目前我国普遍采用的是黏结型的冷压成型工艺，这种工艺流程因黏结剂而变化，即型煤质量取决于黏结剂的种类和成型工艺参数，因此，国内无烟煤成型技术基本上是随着黏结剂的研制开发而逐步发展的。型煤黏结剂种类大致有如下三种类型：

a. 无机型：如石灰、水泥、黏土、陶土、水玻璃等；

b. 有机型：如煤焦油、沥青、腐植酸、纸浆废液、淀粉等；

c. 复合型：如纸浆废液—黏土、腐植酸—黏土、煤焦油—黏土等。

在选用黏结剂时应当从以下几个方面考虑：一是来源广泛，价格低廉，不产生二次污染；二是制备工艺简单，操作方便；三是副作用成分如灰分、不可燃物等要少；四是黏结力强，制成的型煤冷热强度高，热稳定性好；五是具有较好的防水性能。

以我国50万台工业锅炉计，年耗煤400Mt，若其中25%改烧型煤，则可以减少排放1MtSO_2。

③水煤浆。水煤浆是由一定粒度分布的细煤粉:水(约为7:3)添加0.5%~1%的保证流动性的分散剂和0.02%~0.10%的稳定剂而形成的均匀浆状混合物。我国根据不同煤质特点，自行开发了木质素、萘系、高分子及腐植酸类添加剂，并形成了一定的生产能力，可以替代进口产品。

水煤浆可以像重油一样储存、输送和燃烧。为满足以煤代油的目的，制作水煤浆通常选用灰分少于10%、硫分小于0.5%的高挥发性(25%~30%)优质煤。我国水煤浆厂采用的制浆工艺基本包含了世界各个国家的制浆工艺，如洗精煤(低灰原煤)高浓度磨矿工艺、洗精煤中浓度磨矿工艺、浮选精煤高浓度磨矿工艺、浮选精煤和水洗精煤高浓度联合制浆工艺等。可以除去50%的灰和40%以上的黄铁矿，如果掺混部分石灰石，则可以在燃烧过程中脱除50%~80%的硫。

目前，在我国水煤浆技术已基本成熟，具备产业化和推广应用的基本条件，并出现较好的发展势头，应用前景广阔，正向生产的大型化、规模化发展。

(3)煤炭的气化、液化

煤炭的气化和液化是多煤、少油国家采用化学加工把“肮脏”燃料转化成“清洁”燃料的方法，煤炭转化技术包括气化技术和液化技术。

①煤炭气化。煤炭气化技术是煤炭化工合成、煤炭直接—间接液化、IGCC技术、燃料电池等高新洁净煤利用技术的先导性技术和核心技术。中国科学技术信息研究所在《我国洁净煤技术的最新发展动态》中曾谈到煤炭气化技术分地面和地下两种：

a. 地面煤气化技术：煤炭气化是在适宜的条件下将煤炭转化为气体燃料的技术，目的在于生产民用、工业用燃料气和合成气，并使煤中的硫、灰分等在气化过程中或之后得到脱除，以使污染物排放得到有效控制。按照技术特点可以粗略地将地面煤气化技术划分为固定床、流化床和气流床三种主要形式。国内较为成熟的是常压固定床气化技术，采用的炉型多为混合煤气发生炉、水煤气发生炉等。其优点是操作简单，投资少，但技术落后，生产能力和效率较低，污染重，亟待技术改造。近年来，通过引进和消化吸收国外的技术，已有一些企业采用新的气化炉技术。

b. 地下煤气化技术：1995年中国矿业大学提出的“长通道、大断面、两阶段煤炭地下气化”是一种循环供给空气(或纯氧、富氧空气)和水蒸气的地下气化工艺。新工艺实现了井下无人、无设备、长壁式气化工作面采煤，节省了大量的资金、设备和人员投入，经济效益显著。采用地下煤气化技术可获得含氢量大于50%的煤气，在地面被稍做处理，即可作为合成甲醇等化工产品的原料气，或用以提取纯氢。该工艺技术曾在多处进行半工业性试验和工业性试验，以及建设示范工程，点火以来已实现稳定生产多年，目前仍在运行中。

②煤炭液化。煤炭液化技术分为煤的直接液化技术和间接液技术。直接液化是将煤直接通过高压加氢溶解和催化氢化，直接将煤转化为分子质量较小的燃料油和化工原料。通过氢化可以增加煤中含氢量，除去灰分和减少煤中硫、氧、氮等；间接液化亦称气化合成法，是指先将煤气化得到合成气($CO + H_2$)，再在一定条件(温度、压力)下经催化合成得到合成石油和其他化学产品的加工过程。该法是德国 Fischer 和 Tropsch 在1932年创造的，故又称F－T法(费—托法)。

许多研究工作表明：氢、氧含量高，碳含量低的煤，转化为低分子产物的速度快，特别是原料的氢碳原子比越高，其转化率越高，液体油收率也增加。在煤液化过程中，煤的元素组成不断发生变化，氢碳原子比不断降低，总之，腐泥煤比腐植煤容易加氢液化。

两种液化方式相比，间接液化更具发展前途。其生产技术更加成熟，生产的油品质量高，技术路线通用性强，联产、转产灵活。

关于洁净煤技术，各国情况不同，洁净煤技术中所推广和开发的内容重点亦有差别。美国一位工程咨询专家认为，煤炭气化技术特别是"整体煤气化联合循环"(IGCC)技术今后肯定会在美国得到广泛应用。IGCC技术是把煤炭转化为燃气并经过去污设备过滤后再使用，从而提高燃气的能效并减少 NO_x、SO_2等空气污染物的排放量。

目前，IGCC技术与其他洁净煤技术相比至少有四个方面的优势：一是技术成熟；二是最清洁，产生污染最少；三是具有成本竞争力；四是它是最容易获得的控制煤炭污染排放的技术。与其他煤转电技术相比，IGCC技术还可以减少40%的用水。

在《中国洁净煤技术"九五"计划和2010年发展纲要》中明确了中国洁净煤技术的特点和发展的首选项目——选煤和型煤。化工行业发展洁净煤技术的主要方面则是采用粉煤流化床气化技术，对中小型化肥厂效率低、设备落后的固定床间歇煤制气工艺进行技术改造。当然，有些项目虽然大的目标一致，但研究重点不同。例如，煤的气化传统的方法是用来合成油或制取燃料气，而该项技术的最新发展则是用来制取纯度很高的氢气，用作极具发展前景的燃料电池的燃料和作为能源载体，可以广泛用作汽车上的金属氢化物的原料。

在现代化的清洁能源中，许多国家之所以如此青睐煤炭，一是在于煤炭资源的极其丰富和成本低廉；二是随着科学技术的发展，人类自身完全有能力消除煤炭利用中的有害影响。

2. 太阳能发电技术

太阳能是取之不竭、用之不尽、没有污染的"能源之母"。每秒钟从太阳照射到地球上的能量约折合为5Mt标煤。

我国太阳能资源丰富，约2/3地区年平均日照时数在2000h以上，每年太阳能辐射总量约在$(3.3 \sim 8.4) \times 10^6 kJ/m^2$。若能将这部分能量加以利用，无疑会对少能地区带来极大的效益。最直接、最重要的太阳能利用方式之一就是将太阳的辐射能光子通过半导体物质转变为电能，通常叫做"光生伏打效应"。太阳电池就是利用这种效应制成的。这种通过光电效应或光化学效应直接把光能转化成电能的装置亦称光伏电池。它是21世纪最有希望达到工业规模应用的新型发电技术。有了它就可以直接把取之不尽的太阳能转换成强大的绿色电能。目前，以超薄的硅片制成的光伏电池转换效率已经达到约15%～27%，但是还必须进行高效转化，才能降低成本，扩大实际利用。

随着《京都议定书》及各种限制污染排放决议的生效，国际上对光伏电池的需求将会不断增加。目前，美国、日本、意大利等国都在积极推行“屋顶计划”，即在家家户户的屋顶装上光伏电池，并实现并网发电，许多办公大楼和居民已在享用无任何污染的太阳电力。据专家预测，到2030年“光伏发电”占世界发电总量的50%。

太阳能发电技术的关键是光伏电池制造技术及光伏发电系统的研究与开发技术，其关键技术：①提高光伏电池效率，降低光伏系统成本；②大规模光伏电站与储能系统及风力发电相结合，构成未来照明和民用的重要分布式电源；③与建筑材料集成为光伏组件。

作为一种绿色能源，光伏电池具有安全可靠、无污染、无需消耗燃料、可再生等特点，因此，将广泛应用于工业、农业、军事、交通、通信等各个领域。

3. 燃料电池

燃料电池是一种将储存在燃料和氧化剂中的化学能直接转化为电能的装置。若源源不断地从外部向燃料电池供纠料和氧化剂，它可以连续发电。确切地说燃料电池是利用水的电解的逆反应的“发电机”。燃料电池发电效率高，功率可达60%以上，如果高温燃料电池配合联合循环，效率可达85%，而且效率受燃料电池规模和负荷大小影响不大。燃料电池发出电力能快速跟踪负荷变化，速度可达每秒变化全负荷的50%，调峰能力强。

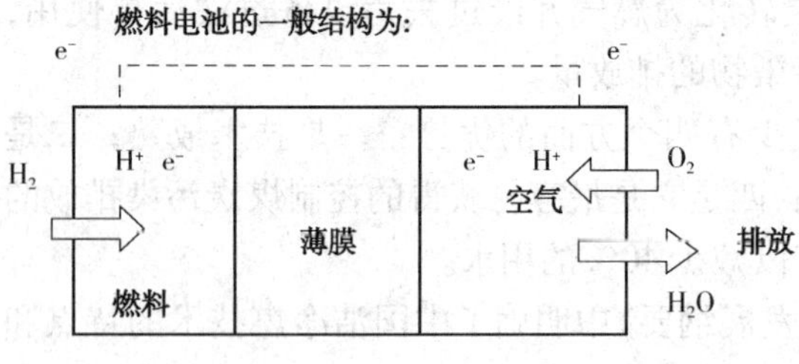

图3-4 燃料电池的工作原理

燃料电池与常规电池不同之处在于，常规电池的活性物质储存在电池内部，因此限制了电池容量。而燃料电池的正、负极本身不包含活性物质，只是个催化转换元件，因此，燃料电池是名副其实的把化学能转化为电能的能量转换机器。电池工作时，燃料和氧化剂由外部供给，通过电化学反应生成水，并释放出电能。原则上只要反应物不断输入，反应产物不断排除，燃料电池就能连续不断工作，提供电能。燃料电池的一般结构见图3-4所示。

在燃料电池中，正极常称为氧化剂电极、空气电极或氧电极，负极常称为燃料电极或氢电极。燃料有：气态燃料如 H_2、CO、CO_2 和碳氢化合物；液态燃料如液氢、CH_3OH、高价碳氢化合物液态金属；固态燃料如C等。按电化学强弱，燃料的活性排列次序为：肼 > 氢 > 醇 > 一氧化碳 > 烃 > 煤。燃料的化学结构越简单，建造燃料电池时可能出现的问题越少，氧化剂为纯氧、空气和卤素，电解质是离子导电而非电子导电的材料。液态电解质分为碱性和酸性电解液，固态电解质有质子交换膜和氧化锆隔膜等。在液体电解质中应用微孔膜为0.2~0.5mm厚。固体电解质为无孔膜，薄膜厚度约为20μm。

燃料电池的反应为氧化还原反应，电极的作用一方面是传递电子，形成电流，另一方面是在电极表面发生多相催化反应。反应不涉及电极材料本身，这一点与一般化学电池中电极材料参与化学反应很不相同，电极表面起催化剂表面的作用。

在氢氧燃料电池中，氢和氧在各自的电极反应。氧电极进行氧化反应，放出电子，氢电极进行还原反应吸收电子，总反应：

$$O_2 + 2H_2 \longrightarrow 2H_2O$$

反应结果是氢和氧发生电化学燃烧，生成水并产生电能。由热力学变量可得到以下理论电动势和理论热效率公式：

$$E_o = -(\Delta G/2F) = 1.23(V)$$

$$\eta = \Delta G/\Delta H = 83.0\%$$

式中，ΔG 和 ΔH 分别为自由能变化和热焓变化；F 是法第常数。

燃料电池发电技术被认为是21世纪最有希望的高效清洁的新型发电技术，其优点：

①效率高。理论效率可达83%，实际效率已达35%～60%；

②环境友好。以纯氢为燃料时燃料电池的化学反应物仅为水；以富氢气体为燃料时，其CO_2的排放量比热机过程减少40%以上，有利于缓解温室效应；低噪音发电是理想的清洁能源；

③可靠性高。碱性燃料电池和磷酸燃料电池的运行均证明燃料电池的运行程度可靠，可作为各种应急电源和不间断电源使用。

根据电解质的不同，可将燃料电池做一分类，见表3-2。

表3-2　燃料电池分类

电池类型	工作温度/℃	燃料	氧化剂	特　点	技术状态及应用
碱性燃料电池（AFC）	室温～200	纯氢	纯氧	能量转化效率高；高比功率；高比能量，但不适合在地面上应用	高度发展，早年已在航天中成功应用，可作为特殊地面应用
质子交换膜燃料电池（PEMFC）	室温～200	纯氢净化重整气	氧气 空气	可室温快速启动；无电解液流失；水易排除；寿命长；比功率与比能量高	高度发展，适用于分散电站、电动车、潜艇推车、各种可移动电源、家庭动力源、需降低成本，尽早实现产业化
磷酸燃料电池（PAFC）	100～200	重整气	空气	建分散电站运行可靠度高，但启动时间长，成本高，余热利用价值低	高度发展，适用于特殊需求、区域性分散电站
直接甲醇燃料电池（DMFC）	室温～300	CH_3OH	空气		正在开发。适宜为手机、笔记本电脑供电
熔融碳酸盐燃料电池（MCFC）	600～700	净化煤气重整气天然气	空气	具有建立分散电站的优势，余热利用价值高	适宜建区域性分散电站，需延长寿命，才能有竞争力，实现商业化
固体氧化物燃料电池（SOFC）	800～1000	净化煤气天然气	空气	全固结构，没有使用液体电解质造成的腐蚀及电解液流失问题，可望实现长寿命运行，高温工作是其技术难点	适宜建造大、中型电站、分散电站，电池结构选择开发廉价制备技术

如果按照燃料电池开发的早晚顺序分类，则把PAFC称为第一代燃料电池，MCFC称为第二代燃料电池，SOFC称为第三代燃料电池。

另外，只有燃料电池本体还不能工作，必须有一套相应的辅助系统，包括反应剂供给系统、排热系统、排水系统、电性能控系统及安全装置等。

人们预测，燃料电池将成为继火电、水电、核电之后的第四代发电方式，它必将引发

21世纪新能源与环保的绿色革命。

4. 生物质能利用技术

生物质能是由植物的光合作用固定于地球上的太阳能。它是仅次于煤炭、石油和天然气而居于世界能源消费总量第四位的能源，在整个能源系统中占有重要地位。作为一种可再生能源，生物质能具有资源丰富、含碳量低的特点；加之在其生长过程中吸收大气中的 CO_2 而成为元素的汇。因此，采用新技术开发利用生物质能不仅有助于减轻温室效应和生态良性循环，而且还可以替代部分石油、煤炭等化石燃料生产电力，从而减少人们对矿物能源的依赖，保护能源资源，减轻能源消费给环境造成的污染。有关专家估计，生物质能将成为未来持续能源开发的重要部分，到2015年全球总能耗将有40%来自生物质能。

目前，生物质能技术的研究与开发已成为世界重大热门课题之一，受到世界各国政府与科学工作者的关注。许多国家都制定了相应开发研究计划，如日本的阳光计划、印度的绿色能源工程、美国的能源农场和巴西的酒精能源计划等，其中生物质能源的开发利用占有相当的比重。

5. 储能新技术

储能技术是改变传统的发电、用电模式的一种动态平衡生产方式，是实现电能高效利用的重要途径。它可实现电能与一次能源的合理高效利用，以及电网安全经济运行。除了与大型原子能电站及大电网配套的抽水蓄能和压缩空气储能系统外，随着新能源——大量分布式的电源(燃料电池、太阳能电池)的应用，以及提高电网可靠性和调峰的需要，分散的蓄能系统的重要性正日益增加。目前，最有希望的储能技术是电池蓄能系统(BESS)。全世界已有近20个电池蓄能系统正在系统中运行，这对提高电能质量和调峰备用有着巨大的作用。

由于近年来电动汽车的大规模研究和使用，这种分散的蓄能系统除了BESS之外，还有飞轮蓄能系统(FWESS)和超导蓄能系统(SMESS)。

SMESS是一种污染为零的系统，若由SMESS代替占总容量1%的燃油调峰机组，可减少 CO_2 排放量1.6%，如代替1%的燃煤机组，则可减少 CO_2 排放量2.4%。现在，影响SMESS广泛应用的技术关键是开发高温超导材料和降低系统的成本。自荷兰科学家于1911年发现超导现象以来，已经相继开发出了一些较高转变温度的超导材料：它们的温度从-269℃到-233℃(特殊铜氧化物)、-195℃(钇-钡-铜-氧材料)，到-163℃(铋、锶、钙、铜合金)。高温超导电性的发现，对SMESS应用前景有重大影响。预计到2015年超导材料将被广泛应用于电力传输和储存领域。

3.2 材料技术

材料在人类发展的历史长河中起着举足轻重的作用，人类社会的每一次进步，几乎都与材料有关。它是国民经济和社会发展的基础和先导，并与能源、信息一道被公认为现代高科技的三大基础支柱。从社会历史发展的角度来看，材料是社会文明进步的标志。人类社会就是根据使用材料的不同，而划分为了石器时代、青铜时代和铁器时代的；同样近代社会也是根据所用材料的不同而分为半导体材料时代、能源材料时代、高分子材料时代、精陶瓷时代、塑料时代、生物材料时代和复合材料时代等。在刚刚进入21世纪的2000年1月，时任美国总统克林顿签署并发表了一份历史上罕见的“美国国家纳米技术倡议”的文件，把纳米技术称为领导下一次工业革命的技术。可想而知在不远的将来，人们又可能很快进入纳米时代。由此可见每一种新材料的发现，每一项新材料技术的应用，都会给社会生产和人类的生活带来巨大的改变，把人类社会文明推向前进。

3.2.1　新型材料的特点

新型材料通常是指对现代科学技术进步和国民经济发展，以及提高综合国力有重大推动作用的最新发展或正在发展的材料。这些材料和传统材料相比，具有更大的强度和硬度，更高的强度/密度比，更加优良的光学、电学、热学或化学特性。新型材料的使用有望使生产能耗下降，能以更低的成本获得更高的效益。

随着科学的发展、社会的不断进步，材料的内容也在发生重大变化，一些新型材料和相应的技术将会不断替代或部分替代传统材料，正因如此新型材料应当具有如下特点：

(1)更加适应环境的需要

材料的使用给人类带来了物质财富，并推动着人类文明进步，然而在生产新材料的过程中既要消耗大量的资源和能源，又会引起环境污染等负面作用，在一定程度上又阻止了人类文明的进步。因此，如何生产污染程度小、能够回收利用、易于溶化分解，并节约能源的新材料，已经成为材料研究开发中必须予以重视的问题。为了减少环境污染，降低工业产品的成本，减少材料开发与生产费用，生产能耗低、对环境无污染的新材料，便成为今后新材料发展的方向。

(2)研究将走向微观化

近代科技史实表明，每一次重大科学的发现、技术的创新，都使人们对客观世界的认识产生飞跃；每一次新技术革命浪潮的兴起，都使人们改造自然的能力和推动社会发展的力量提高到一个崭新的水平。科学技术作为人类认识客观世界、改造客观世界的工具，深刻地反映着人类认识和改造客观世界的规律。人类对客观世界的认识和改造是由浅入深，由未知到已知，由客观到微观循序渐进发展的，同样材料技术的研究与发展也不例外。这一方面是因为它必须遵循科学技术的辩证发展关系，另一方面要使科技产品由“庞大”变至“细小”，则必须对物质的结构进行更深入、更微观的研究，认识并掌握物质的微细功能，然后对物质进行微观组合，创造出更轻、更薄、性能更高的材料来。为此，对材料的研究开发，需要从强度、硬度、耐热性、透光性、耐腐蚀性等方面进行宏观观测，再进入到对物质的原子、电子等微观性质的研究和了解，这样才能研制出性能更好的新材料。

(3)研制将趋于高功能化、超高性能化、复合化与智能化

材料是工业产品的骨骼，是新技术产品的载体和表现，是新技术形成生产力的重要手段，同时也是提高产品竞争力的关键。随着高新技术的高功能化、超高性能化、复合化和智能化的发展，为其服务的材料也必须纳入这“四化”的轨道。只有如此新技术才能具有渗透性强和应用性广的优点，才能在市场竞争中处于有利地位，获得高额利润，因此，微电子技术、激光技术、光纤通信技术、生物技术、航天及能源等新技术的“四化”发展，将决定并制约着新材料今后也必须朝着高功能化、超高性能化、复合化与智能化的方向发展。

(4)具有替代能力

同种材料的新旧替代已是司空见惯的事情。然而一类材料替代另一类材料，则是今后材料的重要发展方向，如陶瓷、高分子材料及复合材料替代金属材料等。

(5)具有特殊性能

例如，采用陶瓷生产发动机主要部件，有可能将燃料消耗下降若干个百分点。此外，有些金属虽然熔点很高，但因其抗氧化性能差，从而限制了它在高温条件下的应用，惟有陶瓷材料可以替代昂贵的稀有金属成为高温下的最强者。因此，新材料应当是能够满足尖端技术和设备制造的需要，能够在接近极限条件下使用的超高温、超高压、极低压、耐腐蚀、耐摩擦的材料。

3.2.2 金属材料

金属材料的发展有着悠久的历史，人类在公元前5000年就懂得使用铜与铜合金，在公元前1200年发展到使用铁与铁合金。从中世纪到工业革命时期，金属生产向着规模化的方向发展，建造了一些效率更高的大型炼铁炉群。合金钢和其他金属材料飞速发展的时代，则从19世纪末一直延续到20世纪中叶。这一时期，低合金高强度钢、超高强度钢、合金工具钢、高速钢、不锈钢、耐热钢、耐磨钢、电工用钢等相继研究成功，加上铝合金、铜合金、钛合金、钨合金、铝合金、镍合金，以及各种稀有合金投放市场，全世界合金的品种达到了数万种之多，使得生产量和消费量大幅增长，在社会的经济发展中起到主导作用。可以说，没有金属材料便没有蒸汽机、柴油机、发电机、电动机；没有金属材料便没有火车、汽车、拖拉机、远洋轮和飞机；没有金属材料便没有坦克、大炮、火箭、导弹和卫星！一句话，在漫长的历史中，人类的物质文明主要取决于人类对金属的了解及使用，没有金属材料也就没有现代的物质文明。

通常，金属材料可分为两类：钢铁和有色金属(或非铁金属)。目前世界的钢铁总年产量约800Mt，而有色金属年产量约50Mt，钢铁产量占金属材料总量约为94%，因此，钢铁仍然是金属材料中的主力军，但是非铁金属由于它们的特殊性，在工业中仍有不可替代的重要作用。

1. 高性能金属与合金

高性能金属(含合金)属于有色金属，它们与传统结构金属如钢相比，具有更高的强度、比刚度、耐热性以及其他力学性能和更好的化学性能。几十年来铝合金和高温合金一直是民用和军用飞机、航天器及其他航空航天系统使用的主要高性能金属。钛合金作为轻金属的佼佼者，近年来也开始发挥其重要作用。这些普通高性能金属与合金具有特殊的性能，从而决定了它们的特殊用途。例如，铝合金比钢轻，因此长期以来一直是飞机机体结构的主要材料。高温合金(镍、钴或铁基)能够耐较高的温度，因此，广泛地用来制造飞机发动机耐热部件。钛合金在F-100和TF-39飞机发动机上的用量已达到了33%。此外，还有用在航空航天领域里的比强度高、减震能力强的镁合金，可用于飞行器头部和原子能反应堆反射层的铍合金等。

2. 形状记忆合金

形状记忆合金是一种新的功能金属材料，用这种合金做成的金属丝，即使将它揉成一团，只要达到某个温度，它便能在瞬间恢复到原来的形状。形状记忆合金为什么能具有如此“记忆”特性目前的解释是：这类合金的形状记忆特性是来源于一种热弹性马氏体相变。一般的马氏体相变作为钢的淬火强化方法古人便已掌握，就是把钢加热到某个温度以上并保温一段时间，然后迅速冷却，例如直接插入冷水中(即淬火)，这时钢转变为一种称为马氏体的结构，并且硬化。这种马氏体相变有一个特别的性质，在一定的温度下，一旦形成马氏体，随着时间延长便不再长大。如果要增加马氏体的量，则必须进一步降低温度，产生新的马氏体。此后，在某些合金中发现了不同于上述情况的另一种所谓热弹性马氏体相变，热弹性马氏体一旦产生，则可以随着温度降低继续长大。相反当温度回升时，长大的马氏体又可以缩小，直至恢复到原来的状态，即马氏体随着温度的变化是可逆地长大或缩小的。由于马氏体的体积一般比原始状态要膨胀一些，而且马氏体相变伴随着晶体中规则的切变，因此，热弹性马氏体相变随之伴有形状的变化。1963 年研究成功的形状记忆合金是 Ni－Ti 合金，称为镍钛脑(Nitanon)。其优点是可靠性强、功能好，但价格高。铜基形状记忆合金如 Cu－Zn－Al 和 Cu－Al－Ni，它们的价格只有 Ni－Ti 合金的10%，但可靠性较差。形状记忆合金不仅具有理论上的重大意义，更重要的是工业中的应用价值，故被广泛地用于卫星、航空、生物工程、医药、能源和自动化等方面。

3. 储氢合金

氢是一种十分理想的能源，1kg 氢气燃烧可放出 14×10^4J 的热量，比 1kg 石油放出的热量高出 2 倍。氢燃烧的产物是水，不会产生任何污染，而水又可以产生氢。可以设想在用电低潮的夜晚，把剩余的电用于电解水而制取氢，然后把氢储存起来，在用电高峰时再用氢作为能源去开动机器、汽车，因此，可以说氢是地球上取之不尽的清洁能源。为了更好地储存和运输氢气，人们经过大量研究获得了一种高效率的储氢金属材料。从理论上讲把氢原子装进容器，加压后再降温，氢原子便靠得更近，最终可以得到固态的氢。从一般的常识来说固态的氢应该是密度最高的氢，然而储氢合金中氢的密度却比标准状态的氢气高出 1400 倍以上，超过了液氢甚至固态氢。之所以如此是因为储氢合金具有独特的晶体结构，使氢原子容易进入其晶体中的间隙位置，并形成金属氢化物，从而把氢储存起来。因为金属都是密堆积的结构，结构中存在许多四面体和八面体空隙，可以容纳半径较小的氢原子。在储氢合金中一个金属原子能与 2 个、3 个甚至更多的氢原子结合生成金属氢化物。然而并不是每一种储氢合金都能作为储氢材料。具有实用价值的储氢材料要求储氢量大，金属氢化物既容易形成，又能在在一定条件下使氢气又能够很容易地从储氢合金中释放出来，因此，金属的氢化物本身就成为了一种氢能源材料。

目前，正在研究开发的储氢合金主要有三大系列：镁系储氢合金，如 MgH_2、Mg_2Ni 等；稀土系储氢合金如 $LaNi_5$，为了降低成本用混合稀土 Mm 代替 La，推出了 MmNiMn，MmNiAl 等储氢合金；钛系储氢合金，如 TiH_2、$TiMn_{1.5}$。储氢合金可以用于燃氢发动机、氢动力汽车。由于吸氢和放氢的过程分别为放热和吸热的过程，因此，也可以将储氢材料用于空调机、制冷器、热泵等处。此外，储氢合金还可用于镍氢电池、重氢的浓缩等方面。

3.2.3 陶瓷材料

陶器的原料是黏土，黏土的成分 70% 左右是二氧化硅，还有少量的氧化钙、三氧化二铁、氧化锰和三氧化二铝等。根据考古分析，距今大约 1 万年前就有陶器出现。陶器是黏土加水和成泥，再捏成各种器皿形状，经高温烧制后得到的，其成分为复杂的硅酸盐及其他化合物。

瓷器是我国古代最重要的发明之一，凝聚着我国劳动人民的智慧。因其精美绝伦曾征服了西方，以至于许多拉丁语系国家将“中国(China)”一词作为瓷器的同义语。

烧制瓷器的瓷土与陶土相比，作为助熔剂的物质，如三氧化二铁、氧化钙和氧化镁等明显减少，二氧化硅含量也降到 70% 以下，而三氧化二铝的含量显著增加，瓷器表面覆盖的玻璃体物质是釉。它是用矿物(如方解石、长石、滑石、石英、高岭土等)和颜料按一定比例配制而成，并采用多种方法施于瓷器胚体表面。在高温作用下釉料被熔化再均匀地覆盖在瓷器表面，冷却后则质地变硬、光滑，不易玷污，高度绝缘，而且色彩可任意调配，经烧制后艳丽动人。

陶器和瓷器合称“陶瓷”。陶器的特点是耐高温、耐腐蚀、耐磨损、不导电等。因其原料丰富，制造工艺比较简单，成本较低，不仅可以制成精美的工艺品，而且还可以制成各种日用品和工业用品，因此得到广泛应用。

1. 功能陶瓷

功能陶瓷是指可以通过电、磁、声、光、热、弹性等直接效应和耦合效应或化学和生物效应来实现某种特殊功能的先进陶瓷材料。目前，功能陶瓷在世界范围内都受到了的普遍重视，广泛地应用于诸如空间技术、能源开发、电子技术、环境科学、生物医学、光电子技术、传感技术等许多领域。

根据陶瓷材料所具有的功能，可以将功能陶瓷分为电子陶瓷、光电陶瓷、磁性陶瓷以及生物陶瓷等几大类。功能陶瓷的重要功能及用途见表3－3。

表3－3 功能陶瓷的重要功能及用途

分类		特性	用途
光、电、磁学功能	电子陶瓷	绝缘性	微波器件，集成电路衬底，散热性绝缘衬底
		铁电性、介电性	图像记亿元件，高容量电容器
		压电性	点火元件、滤波器、压电变压器、超声波元件、弹性表面披元件
		热释电性	红外检测元件
		电子放射性	阴极射线管电子枪热阴极，电子显微镜，电子束焊机，超大规模集成电路电子束绘图仪
		半导性传感性	电阻发热体、温度传感器、热敏电阻、压力传感器、自控系统电阻发热件
		离子导电性	氧量传感器
	光电陶瓷	荧光性	荧光体、影色电视显像管材料、激光二极管磁
		偏振光性	电光偏振光元件
		光电转换	光电变换元件
	光学陶瓷	透光性	耐高温耐蚀透光性、窑炉观察窗、原子能反应堆窗口、半导性、透可见光性、新型光源发光管
		光反射性	耐高温金属、太阳热能聚焦器
		反射红外性	反射红外线特性节能用窗玻璃
		导光性	通信用光纤、胃摄像机
	磁性陶瓷	软磁性、硬磁性	电脑存储元件、磁芯、磁带、磁盘、立体声拾音器、磁头、现金支付信用卡、隐形飞机材料
生物化学功能	生物陶瓷	生物骨材替代	人工骨、人造牙齿、人造关节
		载体性	固定酶载体、催化剂载体、生物化学反应控制装置
	化学陶瓷	耐蚀性	理化仪器、化工陶瓷、原子能有关材料、化学装置内衬
		催化性	水煤气反应催化剂、耐热催化剂、化学用催化剂

2. 结构陶瓷

结构陶瓷也称为工程陶瓷，其特点是在高温、强腐蚀、冲刷和摩擦条件下能够保持很高的刚度、强度、硬度、化学稳定性和耐用度。结构陶瓷材料主要包括氧化物类(如 Al_2O_3)、氮化物类(如 Si_3N_4)和碳化物类(如 SiC)。目前，在空间技术、热机、耐磨部件、热交换器和刀具等方面已有不少成功实例。如洲际导弹的端头帽、回收人造卫星的前缘、火箭发动机尾喷管、航天飞机外蒙皮等，热机中的电热塞、预热镶块、涡轮增压器转子、摇臂阀门等。

陶瓷的许多性能虽然优于金属，但也有其致命的弱点，即陶瓷的脆性。陶瓷可因为存在裂纹、孔隙、夹渣等细微缺陷而碎裂，导致发生不可预测的灾难性的脆性断裂，这是阻碍陶瓷材料应用于承载结构的最严重因素。为解决陶瓷脆性以提高陶瓷材料使用的可靠性，一方面从成分和结构控制上加以改进；另一方面通过研究陶瓷复合材料进行突破。通过结构陶瓷复合化，将其韧性提高到接近铸铁或高强度铝合金的水平，加之设计结构上的改进，届时先进结构陶瓷的工业应用将会有一个新的飞跃。

3. 陶瓷复合材料

作为结构材料使用的陶瓷由于其脆性与可重复加工性不理想，加之仅是单组分材料又很难满足多种性能的要求，因此，在使用上便受到限制。近些年材料科学工作者经过大量研究，已经得到了几种改善陶瓷材料脆性和可靠性的方法。一方面从组织结构上采用超细粉末控制烧结工艺和晶界晶化等手段，获得结构均匀、微晶、高强度材料；另一方面引入第二相物质，如陶瓷颗粒、陶瓷纤维和陶瓷晶须来增强陶瓷基体，以改善陶瓷的脆性断裂。通过粒子强化、相变增韧、纤维(晶须)补强、表面改性等技术途径，最后得到陶瓷基复合材料。

研究表明通过添加第二相粒子可以强化增韧基体相，如在碳化硅陶瓷中加入第二相粒子后，其弯曲强度和断裂韧性分别提高 1.4 倍和 1.8 倍。然而粒子增韧的效果有限，相变微裂纹增韧不能解决高温应用问题，因此，材料工作者纷纷转向研究晶须和纤维补强增韧的陶瓷复合材料。随着具有高比强、高弹模以及良好高温抗氧化的碳化硅晶须和纤维的开发成功，高性能陶瓷纤维、晶须增强的陶瓷复合材料已经获得了令人振奋的研究成果。

3.2.4 高分子材料

高分子材料包括塑料、橡胶、纤维、薄膜、胶黏剂和涂料等。其中被称为现代高分子三大合成材料的塑料、合成纤维和合成橡胶已经成为国民经济建设与人们日常生活所必不可少的重要材料。

通常根据来源可将高分子材料划分为天然、半合成(改性天然高分子材料)和合成高分子材料。天然高分子是生命起源和进化的基础，人类社会一开始就利用天然高分子材料作为生活资料和生产资料，并掌握了其加工技术。如利用蚕丝、棉、毛织成织物，用木材、棉、麻造纸等。19 世纪 30 年代末期，进入天然高分化学改性阶段，出现半合成高分子材料。1907 年出现合成高分子酚醛树脂，标志着人类应用合成高分子材料的开始。现在，高分子材料已与金属材料、无机非金属材料相同，成为科学技术、经济建设中的重要材料。

高分子材料的结构决定其性能，通过对结构的控制和改性，可获得不同特性的高分子材料。高分子材料独特的结构和易改性、易加工特点，使其具有其他材料不可比拟、不可取代的优异性能，从而广泛用于科学技术、国防建设和国民经济各个领域，并已成为现代社会生活中衣食住行用各个方面不可缺少的材料。

按照特性可将高分子材料分类为橡胶、纤维、塑料、高分子胶黏剂、高分子涂料和高分子基复合材料。

①橡胶有天然橡胶和合成橡胶两种，是一类线型柔性高分子聚合物。其分子链柔性好，

在外力作用下可以产生较大形变，去掉外力之后又能迅速恢复原状。合成橡胶的产量和消耗量已远大于天然橡胶。

②高分子纤维分为天然纤维和化学纤维。前者指蚕丝、棉、麻、毛等；后者是以天然高分子或合成高分子为原料，经过纺丝和后处理制得。纤维一般为结晶聚合物，到 20 世纪末合成纤维与天然纤维的产量之比已经超过 4∶6。

③塑料是以合成树脂或化学改性的天然高分子为主要成分，再加入填料、增塑剂和其他添加剂制得的。按照合成树脂的特性可分为热固性塑料和热塑性塑料；按照用途又可分为通用塑料和工程塑料。从 20 世纪 70 年代起美国等工业发达国家的塑料总产量在体积上已超过钢铁等金属材料。

④高分子胶黏剂也分为天然和合成两种，它们是以合成天然高分子化合物为主体制成的胶黏材料。

⑤高分子涂料是以聚合物为主要成膜物质，加入溶剂和各种添加剂制得。根据成膜物质不同分为油脂涂料、天然树脂涂料和合成树脂涂料。

⑥高分子基复合材料是以高分子化合物为基体，添加各种增强材料制得的一种复合材料。它综合了原有材料的性能特点，并可根据需要进行材料设计。

尽管高分子材料因普遍具有许多金属和无机材料所无法取代的优点而获得迅速的发展，但是，目前业已大规模生产的还是只能在寻常条件下使用的高分子物质，即所谓的通用高分子材料。它们存在着机械强度和刚性差、耐热性低等缺点。而现代工程技术的发展，则向高分子材料提出了更高的要求，航天技术、电子技术和生物工程技术的需要，则为功能高分子材料的研制提供了原动力。当前具有特殊功能的高分子已成为许多高新技术赖以发展的重要材料。这些高分子包括：具有光、电等物理性能的功能高分子(如高分子压电体和驻极体、感光树脂、光致导电高分子、高分子电解质、导电高分子等)；具有分离功能的高分子(如离子交换树脂、离子交换膜和中空纤维膜等)；高分子试剂及催化剂(如氧化剂、还原剂、卤化剂、酰化剂、缩合剂以及催化水解、酯化、加氢的催化剂等)；高分子药物(如高分子维生素、高分子抗癌药、抗凝血高分子等)；仿生高分子(如模拟酶)等。这些高分子材料可以满足光、电、磁、化学、生物及医学等方面的功能要求。已知的功能高分子的品种和分类如图 3-5 所示。

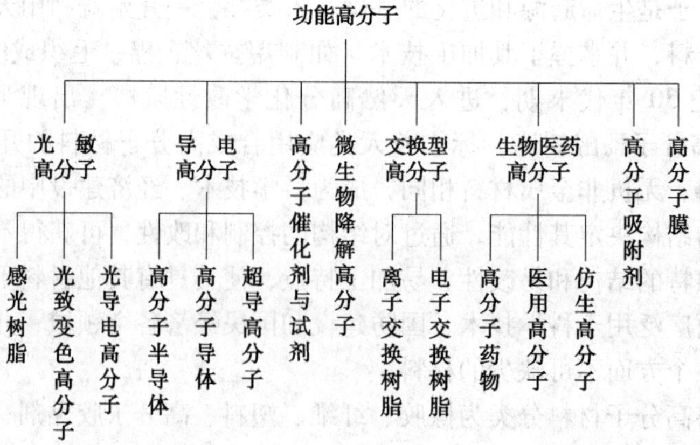

图 3-5　功能高分子的品种和分类

3.2.5　纳米材料

1. 纳米材料的含义

1984 年德国萨尔兰大学的 Gleiter 以及美国阿贡试验室的 Siegel 相继成功地制得了纯物质的纳米细粉。Gleiter 在高真空的条件下将粒径为 6nm 的 Fe 粒子原位加压成形，烧结得到纳米微晶块体，从而开创了纳米材料学之先河。1990 年 7 月在美国巴尔的摩召开了第一届国际纳米科学技术学术会议(Nano－ST)，标志着纳米材料学作为一个相对独立学科的诞生。从此纳米材料成为继互联网、基因等被人们关注的热点名词之后的又一亮点，很快引起了世界各国材料界和物理界的极大兴趣和广泛重视，形成了世界性的“纳米热”。纳米材料的出现无疑是现代科学的重大突破。它在材料科学、凝聚态物理学、机械制造、信息科学、电子技术、生物遗传、高分子化学以及国防和空间技术等众多领域都有着广阔的应用前景，因此，对纳米材料的研究受到了世界范围的高度重视。纳米材料的研究与发展无疑将极大地改变人们的思维方式和传统观念，深刻影响国民经济的未来发展。

纳米仅仅是一个尺度概念，就像毫米、微米一样，1 纳米是 1 米的十亿分之一(即 $1nm = 10^{-9}m$)，并没有物理内涵。人们发现，当材料的尺寸小到纳米尺度以后(1～100nm)，材料的某些性能就会发生突变，即出现传统材料所不具备的特殊性能，因此，这种既具不同于原来组成的原子、分子，也不同于宏观的物质的特殊性能构成的材料，即为纳米材料。

纳米材料的学术定义是：在三维尺寸中至少有一维处于纳米量级的材料。用通俗的话讲：纳米材料是用尺寸只有几个纳米的极微小的颗粒组成的材料。由于它尺寸特别小，于是就产生了两种效应，即小尺寸引起的表面效应和量子效应，即它的表面积比较大，处于表面上的原子数目的百分比显著增加，当材料颗粒直径只有 1 纳米时，原子将全部暴露在表面，因此原子极易迁移，使其物理性能发生极大变化。一是它对光的反射能力变得非常低，低到 $<1\%$；二是机械、力学性能成倍增加；三是其熔点会大大降低；四是有特殊的磁性。

2. 纳米材料的分类

纳米材料大部分是用人工制备的，属于人工材料，其分类方法很多，见表 3－4。

表 3－4　纳米材料的分类

分类方式	类别
按化学组成分类	纳米金属、纳米晶体、纳米陶瓷、纳米玻璃、纳米高分子、纳米复合材料等
按材料物性分类	纳米半导体、纳米磁性材料、纳米非线性材料、纳米铁电体、纳米超导材料、纳米热电材料等
按用途分类	纳米电子材料、纳米生物医用材料、纳米敏感材料、纳米光电子材料、纳米储能材料等

3. 纳米材料的主要性能

(1)基本物理效应

由于纳米材料集中体现了小尺度、复杂结构、高集成度和强相互作用以及高比表面积等现代科学技术发展的特点，于是便展现出许多特有的性质，在催化、滤光、光吸收、医药、磁介质及新材料等方面有广阔的应用前景，同时也将推动基础研究的发展。其效应如下：

①表面效应。材料科学早已指出，处于固体表面上的原子状态与处于内部的原子有明显的不同。纳米微粒尺寸小，表面能高，位于表面的原子占相当大的比例，随着粒径的减小，

表面原子数迅速增加，原子配位不足和高的表面能，使这些表面原子具有高的活性，极不稳定，很容易与其他原子结合。例如金属纳米粒子在空气中会燃烧；无机的纳米粒子暴露在空气中会吸附气体，并与气体进行反应。

②小尺寸效应。当超细微粒的尺寸与光波波长、德布罗意波长以及超导态的相干长度或透射深度等物理特征尺寸相当或更小时，晶体周期性的边界条件将被破坏，使原来大块材料所具备的某些电学、声学、磁学、光学及热学性能发生改变，或者说某些物理性能随尺寸减小而发生突变，这种效应称为小尺寸效应。例如：光吸收显著增加并产生吸收峰的等离子共振频移，磁有序态向无序态转变等。

③量子尺寸效应。当粒子尺寸降到纳米尺度时，金属纳米能级附近的电子能级由准连续变为离散能级，以及纳米半导体存在不连续的最高被占据分子轨道和最低未被占据的分子轨道能级而使能隙变宽。这将导致纳米微粒磁、光、声、热、电以及超导电性等一系列物理性能发生重大变化，甚至发生本质上的变化，这种变化称为量子尺寸效应。

④宏观量子隧道效应。这是指纳米颗粒具有贯穿势垒的能力。

(2)扩散及烧结性能

由于在纳米结构材料中有大量的界面，这些界面为原子提供了短程扩散途径，因此，纳米结构材料具较高的扩散率。这种性能使一些通常在较高温度才能形成的稳定或介稳相在较低温度下就可以存在。另外，也可使纳米结构材料的烧结温度大大降低(所谓烧结温度是指把粉末先加压成形，然后在低于熔点的温度下使这些粉末互相结合且密度接近于材料的理论密度的温度)。

(3)超塑性

超塑性是指在断裂前产生很大的伸长量，其机制目前还未定论，但从实验现象中可以得出晶界和扩散率在这一过程中起着重要作用。如陶瓷材料在高温(1000℃以上)时具有超塑性，可以通过使晶粒的尺寸降到纳米级来实现其室温超塑性。

(4)力学性能

与传统材料相比，纳米结构材料的力学性能有显著的变化，一些材料的强度和硬度成倍地提高。例如，纳米碳管的强度是钢的百倍，而其质量仅是钢的1/6，它不仅具有良好的导电性能，而且还是目前最好的导热材料。

(5)光学性能

纳米微粒由于其尺寸小到几个纳米或十几个纳米而表现出奇异的小尺寸效应和界面效应，因此，其光学性能也与常规的块体及粗颗粒材料不同。例如，纳米金属粉末对电磁波有特殊的吸收作用，可作为军用高性能毫米波隐形材料、红外线隐形材料和结构式隐形材料，以及手机辐射屏蔽材料。

(6)电学性能

介电和压电特性是材料的基本物性之一，纳米半导体的介电行为(介电常数、节电损耗)及压电特性同常规的半导体材料有很大的不同。如纳米半导体材料的介电常数随测量频率减少呈明显上升趋势，另外其界面存在大量的悬键，导致其界面电荷分布发生变化，形成局域点偶极矩。

3.3　分离技术

3.3.1　超声技术

自20世纪20年代Richards和Lovmis报道了超声波的化学作用以来，经过科学工作者的不断研究探索，超声波几乎已经应用到化学中的每一个领域。借超声波的作用可以提高化学反应速率，缩短反应时间，提高反应的选择性，增加产物的收率，并且能激发在没有超声波存在时不能发生的化学反应。

通常人们将超声波分为高频超声和功率超声两类。前者频率范围在1～10MHz，主要用于探测和医学领域，在有机合成化合物的结构分析中也发挥着重要作用；后者频率范围在15～60kHz，主要用于过程的强化。

(1)空化作用

超声波在液体介质中的巨大能量除了能使介质质点获得很大的加速度外，还能产生一种重要效应——空化作用，伴随液体介质中的这一物理现象会产生许多物理和化学效应。

①空化气泡的形成。当超声波作用于液体介质中时，介质中的某一区域会形成局部的、暂时的负压区，并由此而产生空化气泡，又称空穴或空腔。

超声波在能量载体——介质中传播时存在着一个正负压强交变周期。在正压相位(声波压缩相区)超声波对介质分子产生挤压，从而使得介质密度增大；而在负压相位(声波稀疏相区)，介质密度减小。当用足够大振幅的超声波作用于液体介质时，在负压区内介质分子之间的平均距离会超过使液体介质保持不变的临界分子距离，液体介质发生断裂，形成气核，并膨胀长大，且被周围液体蒸气或液体介质中所溶的气体所充满，成为空化气泡。在紧接着的声波压缩过程中，这些空化气泡被压缩，并很快塌陷、破裂，形成大量微泡。它们又可作为新的气核形成新的空化气泡。这种空化气泡在液体介质中产生、塌陷或消失的现象，就称为空化作用。空化气泡塌陷时间与声波频率有关，声波频率为20kHz时小于10^{-5}s，声波频率为500kHz时仅需4×10^{-7}s。

根据空化气泡热力学的稳定性，可将空化气泡分为亚稳气泡和稳定气泡。一般情况下，当声强大于$10W/cm^2$时，接近真空或含有蒸气的空化气泡属于亚稳气泡；当声强在$1\sim3W/cm^2$时，空化气泡中主要含有气体或含有气体和蒸气，它们属于稳定气泡。

②空化气泡运动。在超声场的作用下空化气泡会发生振动，如果超声波的频率大于空化气泡的振动频率，则空化气泡将进行更为复杂的振动。只有当超声波频率小于空化气泡的振动频率时，空化气泡才会塌陷。表3－5反映了空化气泡的半径(R_0)与空化气泡的谐振频率(f_0)的关系。

表3－5　空化气泡的半径与空化气泡的谐振频率

f_0/kHz	1	10	100	1000
R_0/($\times10^{-3}$m)	3.3	0.33	0.033	0.0033

当超声波的声压呈正弦变化时：

$$P=P_A\sin2\pi ft=P_A\sin\omega t$$

式中，P_A为总压力；$\omega=2\pi f$为角频率；t为时间。

经推算得到空化气泡的运动方程为：

$$R\frac{d^2R}{dt^2}+\frac{3}{2}\left(\frac{dR}{dt}\right)^2+\frac{1}{\rho}\left[p_h+p_A\sin\omega t-p_v+\frac{2\sigma}{R}-\left(\frac{R_0}{R}\right)^3\left(p_h-p_v+\frac{2\sigma}{R}\right)\right]=0$$

式中，R_0、R 分别为空化气泡的原始半径和任意时刻半径；p_h、p_v 分别表示大气压力(或静压)和液体介质的蒸气压。

解此方程即可得到在不同初始条件下的空化气泡膨胀和塌陷的时间。

③空化气泡的性质。在均匀的超声场内液体介质中空化气泡的塌陷过程仍保持球形。若空化气泡是靠近固体界面，在受到强声波作用时，固体表面上的空化气泡便发生不对称塌陷，由此产生一股直接射向固体表面的射流束，以高达每秒几百米的速度冲击固体表面，使固体表面发生剥蚀和损伤(凹蚀)。这种冲击波在不足 4×10^{-8}s 的存在时间内，其压强可以大到 3×10^5kPa。由此可以强化传质，使固体表面保持高活性，大大提高固—液反应或催化反应速率；并对不相溶的液—液界面发生强烈的乳化分散作用，因此具有广泛的工业应用。

此外，在空化气泡塌陷时还能产生高温、高压，这主要是因为其塌陷速度非常迅速。例如，常压条件下水中直径为 1×10^{-4}m 的空化气泡塌陷时间约为 5×10^{-9}s，比超声波的周期小得多。如此迅速的塌陷过程使空化气泡的热量来不及传递到周围液体介质中去，在这一形成"热点"的区域内，瞬间可达到异常高的温度(约 10^3K)，同时塌陷气泡周围的液体将气泡内所含物质压缩到约 10^4kPa，因此，这一高温、高压局部区域可以看做是可以发生各种化学反应的"微反应器"，可见空化作用是超声化学反应的基础。

(2)气体混合物的超声分离

不论在实验室还是在化工生产中，采用一般的方法是很难把气体混合物完全分离开的。设想将不同的速度传递给混合物气体各分子，则不同质量的分子就会具有不同的迁移距离，因此，在气体混合物中引入超声波，以便将不同的运动速度传递给具有不同质量分子的混合气体。当分子质量不同的两种气体混合时，其间发生自然扩散，因混合气体分子各自分子质量不同，产生压强梯度。而声波前进过程中本身也具有压强梯度，并且会在每个周波内变动。在半波点处具有侧转方向的特性，若把这种声波输进气体混合物，分子受激而朝着声波传播的方向运动。移动距离远的是质量较小的气体分子，而质量较大的气体移动距离很小或基本不移动。在后半期压强梯度反转，则较轻气体分子会返回声源，如此反复进行，较轻气体会在波前不断增加，从而使二者分离开来。

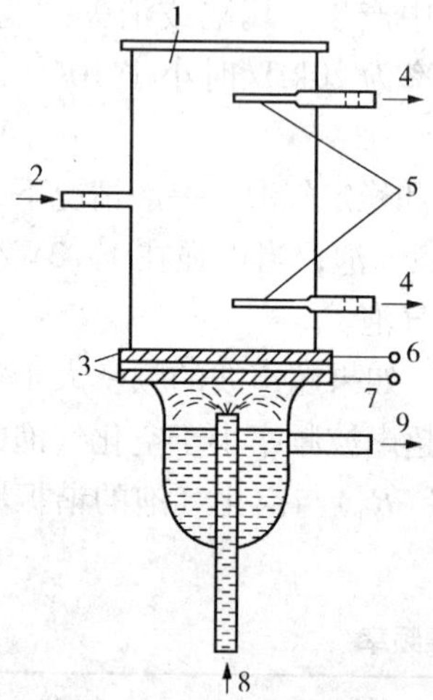

图 3－6　超声波作用下，气体混合物分离装置

1—气体塔；2，4—气体进、出口；3—电极；5—毛细管；6—高频电源；7—石英片；8，9—冷却液进、出口

例如，在如图 3－6 所示的实验装置中，将含 NH_3 和 CO_2 的混合物经气体进口 2，加入到装在石英振子 7 上的塔 1 中部，在超声波作用下，含 CO_2 较多的较重部分集中在石英板上，而含 NH_3 较多的较轻部分则主要集中在塔的上部，于是两种气体被迅速分离开来。

(3)超声结晶分离技术

将超声用于溶液结晶是一种新的结晶分离技术。实验表明，以超声波影响结晶行为，可以大大提高效率。

超声影响主要来自两个方面。①对过饱和溶液晶体生长的影响。丘泰珠等研究了在频率为6.5kHz、强度为0.6～4W/cm^{2}的超声场中蔗糖溶液的结晶过程。结果表明，在外加声场作用下成核过程可以在低饱和度下实现，糖液成核数与超声场强度呈线性关系。高大维等发明的超声波刺激起晶法，在蔗糖、葡萄糖及味精溶液结晶过程中均获得良好结果。与传统方法相比，该法制得晶种快、晶种数目稳定、晶粒均匀整齐。实验结果表明，结晶生长过程平稳，晶形良好。②在晶体凝固过程中对晶粒结构的影响。超声波的空化作用可对初始成核时晶体尺寸的分布进行调节，由于超声空化时产生的非线性振动，以及气泡塌陷时产生的压力使体系内各点的能量发生变化，增大了体系内部的能量起伏，因此，在较低过饱和度下便可成核；此外超声空化产生的冲击波可引起体系的宏观湍动和固体颗粒的高速冲撞，使边界层减薄，增大传质速率；在靠近液—固界面处的超声空化引起气泡塌陷所产生的射流束，或使固体表面产生凹蚀，或使微小固体颗粒高速碰撞，同时产生相当多的二次核，使结晶更为容易、快捷。

超声是一种简单、价廉的技术，使用安全、可靠。超声波用于结晶过程可以改变产品的粒径分布缩短结晶时间，因此，在结晶过程中特别是对产品粒度及其分布有较高要求的场合，如药物和生物原料的分离制备中会起到重要作用。

3.3.2 微波萃取技术

1. 微波及其萃取原理

微波的频率在$(3\times10^2)\sim(3\times10^5)$MHz，是介于红外线和无线电波之间的电磁波，波长在1～1000mm。民用加热用微波频率一般采用2.45×10^3MHz，波长为122mm。微波的主要特点是它的似光性，即微波与频率较低的无线电波相比，更能像光线一样地传播和集中；穿透性体现在与红外线相比，微波照射介质时更容易深入物质内部；而非电离性表示微波的量子能量与物质相互作用时，只改变物质分子的运动状态，不改变其内部结构。

多年来人们一直在探索速度快、消耗少、效率高且重复性好的提取方法，从传统的溶剂振荡萃取、索氏提取，超声提取到最近发展起来的快速溶剂萃取和超临界萃取，这些技术由于成本和效率等问题，在应用中都存在一定的局限性，直到1986年Gedye等人将微波技术应用于有机化合物萃取。他们利用普通家用微波炉将样品放置其中，通过选择功率档、作用时间和溶剂的类型仅用短短几分钟的萃取，就获得了传统加热需要几个小时甚至十几个小时才能得到的目标物质。微波萃取技术表现出了巨大应用潜力和良好发展前景，激发了人们极大的兴趣。

微波萃取的机理可从两方面考虑，一方面微波辐射过程是高频电磁波穿透萃取介质，到达被萃取物料的内部，微波能迅速转化为热能使细胞内部温度快速上升，当细胞内部压力超过细胞壁承受能力，细胞破裂，细胞内有效成分自由流出，在较低的温度条件下萃取介质捕获并溶解之。通过进一步过滤和分离，便获得萃取物料；另一方面在微波辐射作用下，被萃取物料成分加速向萃取溶剂界面扩散，从而使萃取速率提高数倍，同时还降低了萃取温度，最大限度保证萃取的质量。

此外还有人认为，由于微波的频率与分子转动的频率相关联，所以微波能是一种由离子迁移和偶极子转动引起分子运动的非离子化辐射能。当它作用于分子上时，促进了分子的转动，此时，如果分子具有一定的极性，便在微波电磁场作用下产生瞬时极化，并以每秒

2.45 亿次的速度做极性变换运动，从而产生键的振动、撕裂和粒子之间的相互摩擦、碰撞，促进分子活性部分更好地接触和反应。同时迅速生成大量的热能，促使细胞破裂，使细胞液溢出并扩散到溶剂之中，达到萃取的目的。

微波萃取基本工艺流程如图 3 - 7 所示。

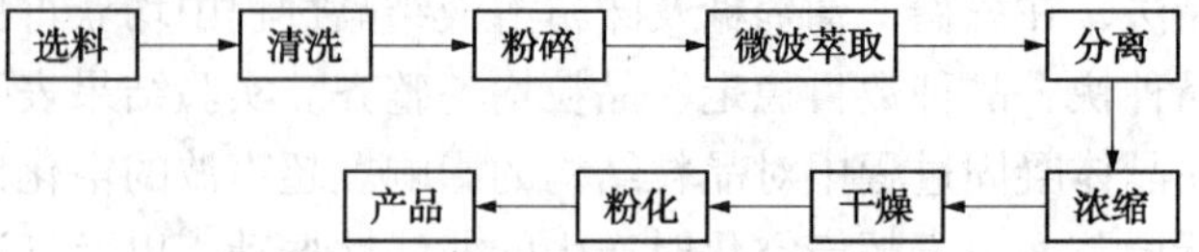

图 3 - 7　微波萃取工艺流程示意图

2. 微波萃取优点

传统热萃取是以热传导、热辐射等方式由外向里进行，而微波萃取是微波瞬间穿透物料里外同时加热进行萃取。与传统热萃取相比，微波萃取的主要优点：

①质量高，可有效地保护食品、药品以及其他化工物料中的功能成分。

②纯度高，萃取率高。

③选择性好，由于微波萃取过程中可以对萃取物质中不同组分进行选择性加热，因此，能使目标物质直接从基体中分离。

④速度快、省时，可节省 50% ~90% 以上的时间。

⑤溶剂用量少(可较常规方法少 50% ~90%)。

⑥试剂用量少、节能、无污染。

⑦仪器设备简单、低廉、适应面广。

⑧处理批量大，萃取效率高，省时。

20 世纪 90 年代，由加拿大环境保护部和美国 CEM 公司经过多年的研究，开发了新一代的微波萃取系统(MARSX)，该系统采用了能量最小化技术，有效防止了萃取物的分解，提高了萃取回收率和重现性，美国加州环保局对 MARSX 认证后，批准 MARSX 作为惟一标准萃取仪器。美国环保局(USEPA)通过对 17 种稠环芳香碳氢化合物、14 种苯酚类化合物、8 种碱性或中性化合物以及 20 种有机农药的研究认证了微波萃取法不会破坏任何被测分析物的分子结构。由于微波萃取技术的成功应用，因此 USEPA 已将微波萃取技术认定为标准方法 EPA3546，应用于环境样品中挥发性有机物和半挥发性有机物的萃取，也被美国材料试验协会(American Society for Testing Material，ASTM)采用为标准萃取方法。

通过十几年来的努力和发展，现在微波萃取技术已广泛应用到中草药、调味品、天然色素、化工、食品、保健食品、香料、化妆品、果胶、高黏度壳聚糖和土壤分析等领域。

目前，我国已经将微波萃取用于多项中草药的浸取生产线之中，如葛根、茶叶、银杏等。微波萃取已列为我国 21 世纪食品加工和中药制药现代化推广技术之一。

3.4　生物技术

3.4.1　生物技术及其发展

生物技术可以被看做是“利用生物有机体(从微生物到高等动植物)或其组成部分(包括器官、组织、细胞或细胞器等)发展新产品或新工艺的一种体系”，也可以认为是“操纵生物

(微生物、动物、植物)的细胞、组织或酶，进行生物合成、生物转化或生物降解，大规模地生产预期产品或达到特殊目的的一门技术”。生物技术与生命科学有着非常密切的关系。

现代生物技术的形成和发展与酿造工业、制药工业以及化学工业中的一系列改革和装备更新息息相关。作为高新技术领域之一，生物技术的最大特点是它能够充分利用各种自然资源，节省能源，减少污染，易于实现清洁生产，而且可以实现一般化工技术难以制备的产品。现代生物技术为人类解决当今世界所面临的健康、食物、能源、资源及环境等许多重大问题方面提供了强有力的手段。通过生物技术一旦获得某种有价值的物质，便可以永久保存和利用，这一点充分体现了生物技术的优势。再者，现代生物技术产业投入产出比效率显著，周期短，见效快，并且可以连续长期利用。它所创造的物质基本上无环境污染，是绿色化学发展的重要方向。

正如有关学者所认为的，生物技术经过20世纪80年代的积累，奠定了坚实的基础，再加上20世纪90年代以来连续不断地研究和开发，21世纪必将获得真正的突破性发展。

3.4.2　现代生物技术的研究及应用

现代生物技术是指以DNA重组技术为核心的生物技术，包括基因工程、酶工程、蛋白质工程、细胞工程以及现代微生物发酵等。

1. 基因工程

(1)基因工程研究内容

随着分子生物学理论的发展，20世纪70年代诞生了一门崭新的、具有划时代意义和战略价值的高技术—基因工程技术，又称DNA(Desoxyribo Nucleic Acid，脱氧核糖核酸)重组技术。它的诞生与发展为基因工程的创立奠定了坚实的理论基础，使人们对基因本质的认识提高到了一个空前的高度。

所谓基因工程是指用人为的方法将外源基因通过体外重组后导入受体细胞(亦称宿主细胞)内，使这个基因能在受体细胞内复制、转录、翻译表达的操作过程。

基因工程包括基因的分离、重组、转移，以及在受体内的保持、转录、翻译表达等全过程，因此，基因工程又被称为DNA重组技术。这是一种在分子水平上对基因进行操作的复杂技术，基因工程的实施至少需要四个必要条件，即工具酶、基因、载体、受体细胞。

从本质上讲基因工程强调了外源DNA分子的重新组合，即被引入到一种新的宿主生物中进行繁殖，涉及遗传物质在生物体之间的转移。这种DNA分子的新组合是按照工程学的方法进行设计和操作的，这种设计和操作赋予了基因工程跨越天然物种屏障的能力，克服了固有的生物物种间的限制，允许并扩大了定向性创造新物种的可能性，这是基因工程的最大特点。

基因工程包含如下的几个基本操作：

①获得所需要目的基因的主要方法：

a. 用机械方法，如用超声波剪断DNA分子，使之成为便于操作的小分子；

b. 用限制性内切酶切断DNA分子；

c. 在反转录酶作用下，获得与RNA(ribonucleic acid，核糖核酸)序列互补的DNA单链，再在聚合酶的作用下，复制成双链DNA分子；

d. 用化学方法合成指定结构的基因。

②重组，即将目的基因和能自我复制并具有选择性记号的载体在体外连在一起，形成重

组 DNA 分子。常用的载体有细菌质粒、噬菌体(原核细胞)、SV_{40}病毒(真核细胞)等。

③重组 DNA 分子导入受体细胞，即将重组 DNA 分子转移到适当的受体细胞，并与之一起增殖。受体细胞可以是微生物，也可以是动植物细胞。

④从大量的细胞繁殖群体中，筛选获得重组 DNA 分子的受体细胞克隆，并且从筛选出的受体细胞克隆中提取已经得到扩增的目的基因，供进一步分析研究使用。

⑤将目的基因克隆到表达载体上，导入宿主细胞，使之在新的遗传背景下实现功能表达，产生出人们所需要的蛋白质。

(2)基因工程的应用

DNA 重组技术经常用于将目标基因引入能在培养液中生长的细胞，被移植的基因在新宿主细胞分裂时得到复制。按照这种方式可以大量生产所需蛋白质，可从培养液中提取它，加以纯化，大批量制备。目前，利用 DNA 重组技术主要生产活性多肽药物和疫苗等，用以防治肿瘤、心脑血管疾病，以及遗传性、免疫性和内分泌等疑难疾病。例如，人胰岛素、人生长激素和干扰素等产品的生产。

基因工程在人类保健方面影响已经非常明显；同时这些技术在农业方面的应用也十分突出，如可以将抗病、耐旱、耐盐碱能力强的特性借 DNA 重组技术转移到植物中去；采用 DNA 重组技术开发微生物杀虫剂，以取代某些化学杀虫剂；采用该技术可以开发如防污涂料、高能阴极和高强度轻质复合材料；通过基因工程对某些特种细菌中酶系统的改造、更新，进而构建人们理想中的工程菌，以提高环境中某些特殊的有毒、有害有机污染物的去除效率等。

2. 酶工程

酶工程是利用酶的催化作用进行物质转化(合成有用物、分解有害物)的技术，是将酶学理论与化工技术相结合而形成的新技术。酶工程的内容包括：酶源的开发(酶是酶工程的核心，是关键)、酶的提取和纯化、酶分子的修饰、酶的固定化、酶反应器、酶的应用等。它既包括了天然酶的开发与应用，也包括了现代化学与现代生物技术相结合的研究方向：

①开发生产各类酶制剂，即酶的分离、纯化、大批量生产及新酶的开发。

②将酶或含有酶的细胞组织进行固定化的技术，以及利用固定化酶(或细胞)进行生产、催化反应等应用技术。

③酶分子的修饰技术；酶分子的人工设计、合成研究，以及酶生产中基因工程技术的应用。

④根据化工生产、临床诊断、环境检测等实际需要与计算机技术结合，研究开发新型酶反应器、生物传感器以及生物芯片等现代生物技术器件。

酶工程的主要目的和意义在于使酶学和工程学相互渗透、结合，为人们提供必需的产品或以特定的功能为人们服务。

目前，中国科学院对酶工程的研究，主要集中在酶制剂工业体系的建立和固定化酶催化剂的研究方面：

①酶工程在医药领域的研究与应用。目前，合成头孢菌素的母核 7 - ACA，大多是采用化学法裂解头孢菌素 C 来生产的，该法环境污染严重，生产条件苛刻。各国都在积极探索新的工艺路线。现在我国已自主研究了两步法酶法生产 7 - ACA，转化率高达 90%。其生产过程如下：

$$头孢菌素C \xrightarrow{D-AAD} GL-7-ACA \xrightarrow{GL-7-ACA\ arylase} 7-ACA$$

式中，D－AAD为D－氨基酸氧化酶；GL－7－ACA arylase为戊二酰基－7－氨基头孢烷基酰化酶。

此外，我国还自主开发了核酸工业用的第一个固定化酶－5′－磷酸二酯酶。

②酶工程在食品行业的应用。为进行动植物脂肪的水解，大量使用脂肪酶。

③化工生产用酶。为改善和革除耗能大、污染严重的氯醇法生产环氧丙烷工艺，成都生物研究所从自然界中分离出甲烷单胞菌属的甲烷氧化细菌，并利用它来产生甲烷单加氧酶，以此催化丙烯氧化合成环氧丙烷，工艺条件温和，生产过程清洁，pH为中性，反应温度为33～35℃。

④在传感器中的应用。采用包埋法把葡萄糖氧化酶固定在氧电极上，形成葡萄糖氧化酶膜，进而构成酶电极。此外，用于快速检测糖尿病人尿样的传感器也是一种较重要的酶电极。

3. 蛋白质工程

20世纪80年代，借助于结构生物学的快速发展，人们进一步认识了蛋白质的精确立体结构和复杂的生物学功能，因此，改造不宜进行工业生产的天然蛋白质的设想有可能变为现实。1983年Ulmer在Science杂志上发表了题为“Protein Engineering”的专论，成为蛋白质工程诞生的标志。

蛋白质工程是指通过蛋白质化学、蛋白质动力学和蛋白质晶体学的研究获取有关蛋白质分子结构及其生物功能之间关系的物理、化学方面的信息，并在此基础上对编码该蛋白质的基因进行有目的的设计和改造，再通过基因工程等手段进行表达、分离和纯化，最终得到性能比天然蛋白质更优良、更符合人们所需要的新型蛋白质。采用这种方法能比传统的方法更为有效地合成工业化学品。也就是说，为提高蛋白质在各种环境中的稳定性而进行修饰，就可以生产新的食品、优良的洗涤剂、处理废物的生化制品以及“合理设计的”药品等。

以DNA重组技术为基础的蛋白质工程如图3－8所示。

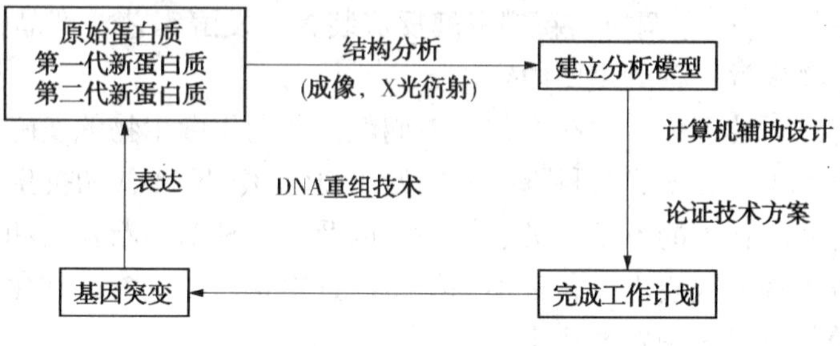

图3－8　蛋白质工程示意图

4. 细胞工程

细胞工程是指在细胞水平上研究、开发和利用各类细胞的工程。它包括了细胞融合，以及由此而衍生出来的单克隆抗体技术，动植物细胞的大规模培养技术和植物组织快速繁殖技术等。

细胞融合技术是人为地将两种不同的生物细胞用生物、化学或物理的方法使之融合，从而能够产生同时表达两种亲本有益性状的杂种细胞的技术。

单克隆抗体技术可使产生抗体的抗病白细胞与能连续分裂生成杂交细胞培养体的细胞瘤

结合，产生单克隆抗体，并可生产出大量的均匀抗体。由于用该法产生的抗体是由单个杂交细胞克隆出来的，故称“单克隆”抗体。这些抗体是高度特异的，它只攻击特定类型的致病因子细胞。

单克隆抗体的开发已经导致许多新的诊断制剂大量生产，以用于检查各种疾病，包括人体免疫缺陷病毒感染和囊状纤维变性、乙型肝炎、各种癌症及其他失调症。目前，单克隆抗体除了用于疾病诊断外，在疾病的治疗上也有许多重要用途。

为满足人类为各种目的对植物资源的需求，而在自然资源又极其匮乏的情况下，利用植物细胞和组织的大规模培养方法便应运而生。

表3-6反映了细胞工程的主要技术及其应用。

表3-6 细胞工程的主要技术及其应用

主要技术手段	主要应用领域
组织与细胞培养技术	作物改良，遗传病防治等
细胞大量培养技术	生产生物制品
细胞融合技术	创造新植物，培育高产菌株
染色体工程技术	创造作物新类型
细胞器移植技术	创造作物新品种
体外受精和胚胎移植技术	动植物改良，人类优生
DNA重组技术 外源基因导入技术 物理、化学技术	动植物改良，基因治疗

5. 微生物发酵工程

微生物发酵工程是把微生物学、生物化学和化学工程学的基本原理有机地结合起来，利用微生物的生长和代谢活动来生产各种有用物质的工程技术。它包括传统的嫌气发酵(酿酒、发酵制调味品等)和通风发酵(抗生素、氨基酸、有机酸酶制剂、单细胞蛋白、维生素、激素、疫苗等)。菌种、代谢调控、新型发酵反应装置、发酵工艺、产品回收、精制工艺及设备等构成了微生物发醉工程的主要内容。

发酵工程具有悠久的历史，远在古代，人们就已经利用微生物的发酵作用生产酱油、醋和酿酒。然而，发酵工程真正成为科学技术则始于20世纪40年代初抗生素大规模深层发酵工业的建立。随着发酵技术的不断改进、提高，以及新菌种的不断发现和培养，现在人们可以通过微生物发酵工程大规模生产各种不同类型的抗生素药物、食品和化工产品。例如，目前绝大多数氨基酸都可以采用发酵法生产。

通过发酵生产的产品，一般都保留了天然物质的成分，具有生态相容性，对人体无毒、无害，属于绿色产品；发酵过程对环境的污染不大，符合清洁生产要求，因此，微生物发酵工程是具有广阔应用前景的化工生产绿色技术。

随着基因工程技术的发展，人们可以按照预先的设计，在生物体外进行基因重组，再克隆到微生物细胞中，构建基因工程菌，并对之加以利用，大量生产原来微生物所不能产生的物质。

发酵工程的内容随着科学技术的进步而不断扩展和充实。现代发酵工程既包括了菌体生产和代谢产物的发酵生产，同时还包括了微生物机能的利用。

第4章　循环化学

4.1　垃圾

4.1.1　垃圾分类

垃圾是指城市固体废弃物，即家庭、商业、制造业、学校等所排放的废弃物。

如今我国生活垃圾一般可分为四大类：可回收垃圾、厨余垃圾、有害垃圾和其他垃圾。目前常用的垃圾处理方法主要有综合利用、卫生填埋、焚烧和堆肥。

①可回收垃圾主要包括废纸、塑料、玻璃、金属和布料五大类。

废纸：主要包括报纸、期刊、图书、各种包装纸、办公用纸、广告纸、纸盒等，但是要注意纸巾和厕所纸由于水溶性太强不可回收。

塑料：主要包括各种塑料袋、塑料包装物、一次性塑料餐盒和餐具、牙刷、杯子、矿泉水瓶等。

玻璃：主要包括各种玻璃瓶、碎玻璃片、镜子、灯泡、暖瓶等。

金属物：主要包括易拉罐、罐头盒、牙膏皮等。

布料：主要包括废弃衣服、桌布、洗脸巾、书包、鞋等。

②厨余垃圾包括剩菜剩饭、骨头、菜根菜叶等食品类废物，经生物技术就地处理堆肥，每吨可生产 0.3 吨有机肥料。

③有害垃圾包括废电池、废日光灯管、废水银温度计、过期药品等，这些垃圾需要特殊安全处理。

④其他垃圾包括除上述几类垃圾之外的砖瓦陶瓷、渣土、卫生间废纸等难以回收的废弃物，采取卫生填埋可有效减少对地下水、地表水、土壤及空气的污染。

4.1.2　国内外垃圾循环及现状

据统计目前我国生活垃圾的年产生量约为 3.7×10^8t，城市生活垃圾产生量约 1.7×10^8t，清运量 1.4×10^8t，处理率为 60.3%；农村生活垃圾产生量约 1.9×10^8t，清运量与处理量甚微。城市生活垃圾的处理方式主要有卫生填埋、高温堆肥和焚烧。截至 2003 年底，全国共有城市生活垃圾处理设施 676 个，其中垃圾填埋场 559 个，占 82.7%；堆肥场 70 个，占 10.3%；各类垃圾焚烧厂 47 个，占 7.0%。农村生活垃圾的处理主要是单纯的填埋、临时堆放焚烧、随意倾倒，单纯填埋一般是利用现有的沙坑或低洼地直接倾倒垃圾，占农村生活垃圾全部处理量的 90% 以上。

4.2　节约能源的方法及措施

4.2.1　使用范围

以下各项是用最浪费的方法产生最少废物的方法：

①使用1次，然后在一个垃圾掩埋场中填埋(如广告传单包装)。

②使用1次，然后降解(如生物可降解的包装)。

③使用1次，然后用回收的能源将其焚烧(如广告传单包装)。

④使用1次，然后制造一个使用后能被燃烧或填埋的不同物体(如将高密度聚乙烯牛奶壶制成装机油的容器)。

⑤使用1次，然后制造一个可持续多年使用的不同物体(如使用聚对苯二甲酸乙二酯果汁瓶制造衣服或睡袋的纤维)。

⑥使用1次后熔化，再注塑成型以重复使用(如循环利用的铝罐或单一用途的玻璃瓶)。

⑦使用1次后熔化，再注塑成型成另一种可长期使用的物品(如钢能制造增强型混凝土)。

⑧使用1次，水解聚合物以回收原料；这些原料又可转化成最初物品的复本(如聚对苯二甲酸乙二酯果汁瓶可以制造新的果汁瓶)。

⑨使用10～60次，然后再制成相同的物体(如可填充的玻璃或聚对苯二甲酸乙二酯果汁瓶)。

⑩使用10～60次，然后制造一个可持续多年使用的不同物体(如聚碳酸酯牛奶瓶再循环利用以制造汽车的一个部件)。

⑪重复使用，需要时可将其磨快，替换磨损的小部件(如锯子，安全剃刀)。

⑫无限期的使用(如瓷杯或喝水玻璃杯)。

4.2.2 用尽量少的材料制造尽量多的产品

原材料的使用坚持节约，减少浪费，同时尽可能重复使用或循环利用。对一个制造商来说，减少原料意味着用比较少的材料制造等量的物品。例如，使用切割成锯齿状的底部作为聚乙烯杯子的瓶底，这种锯齿状的底部曾经用在聚对苯二甲酸乙二酯果汁瓶上。如果使用比较结实的塑性树脂，那么瓶子就可以做得比较薄。1978年一个2L的聚对苯二甲酸乙二酯果汁瓶重100g，费用为0.48美元。如今，这种瓶子只重50g，而费用为0.10～0.12美元。20世纪70年代早期的高密度聚乙烯牛奶壶重95g。而1989年这种奶壶仅重60g。另外一个减少材料的方法是长时间的使用，随着材料的改善和制造方法的进步，现在汽车轮胎的行驶英里数为20年前的2倍。

4.2.3 一次性用品和消费者

减少原料对消费者来说意味着在丢弃最少量产品的基础上购买物品，其中最重要的方法就是以可重复使用的物品代替一次性用品(表4-1)。

表4-1 用可重复使用物品代替一次性用品

现今的做法	过去的做法
餐巾纸	布餐巾
面纸	手帕
用塑料袋装垃圾	用垃圾桶
丢弃断柄的铁铲并购买新的	换个手柄继续使用
使用一次性的饮料包装	使用押金为2美分的玻璃瓶
使用一次性的聚乙烯奶瓶	用可反复使用的玻璃瓶装奶

续表

现今的做法	过去的做法
购买瓶装酒	用自己的瓶子去买酒
购买一盒装有2打的螺丝钉	在当地五金商店购买1颗螺丝钉
丢弃有毛病的烤面包机	修理后继续使用
购买一包装有2个的捕鼠器	购买一个捕鼠器可使用多年
用瓶装水	用水壶装水
一次性的聚苯乙烯茶杯	瓷杯或玻璃杯
一次性尿布	用过的布尿布清洗后再用
一次性相机	可长期使用的照相机，只需更换胶卷
一次性剃刀	可长期使用的安全剃刀，只需更换刀片
食前加热冷冻食品的铝锅	可反复使用的普通锅
用薄膜或铝箔包装食品	用蜡纸
购物塑料袋	购物用纸袋或篮子
割草机或除草剂	手工剪草
周末休闲车	帐篷
一次性针头	高压灭菌消毒的针头
电动削铅笔器	手工削铅笔
复印机	誊写或晒图
一人一车	乘公交车
一次性圆珠笔	自来水笔
收集树叶的鼓风机	耙

造成物品被丢弃的原因有很多，如人们的喜新厌旧、时尚的不断变化、变胖或变瘦、孩子的逐渐成长、物品储存的不合理或损坏。在不影响人体健康或长寿的基础上改变这种随意丢弃的倾向可以减少废物量，减少能源消耗，降低自然资源的耗费

为什么一些东西在用完后要丢弃？在美国每年有20亿把用完就被丢弃的剃刀，但只要将用过的刀片更换，这些安全剃刀就可以重复使用。如果每天留胡须就可以节省10min的剃须时间，也能将剃刀和刮胡霜的使用减到最少。柯达广告声称一次性使用照相机有86%的回收率，但一般照相机都使用很久以致于其循环过程变成了一个不值一提的小事，只需要给它更换新的胶卷就可以了。木制铅笔的使用导致了红色西洋杉(*Juniperus virginiana*)的过度砍伐，我们完全可以使用循环利用的纸张来制造铅笔的外壳，一支自动铅笔只需更换笔芯就能完全使用。一支钢笔只需更换墨水，一张橡胶邮票或一支钢笔就可以减少地址标签的使用，一块潮湿的海绵能除去封闭信封的胶条。如果信封里面的信不是太隐私的话，那么可以考虑不使用胶条封口。

Alliance Medical公司清理用过的外科工具，对其消毒后用优惠价卖给医院。而在70年代前，医院自己会对外科工具进行消毒。一些商店卖二手的建筑材料，如门、餐具柜和地毯。特拉华州Wilmington的一座教堂建造了一个二手建材(如厨房水槽)的仓库，这些二手建材都是由当地的公司、制造商和家庭捐赠的。这种二手建材仓库为低收入家庭提供了帮

助，改善了他们的家庭环境。

浪费是当地风俗习惯的一部分。我们无需为一个不能走路的孩子买鞋。美国的许多商店在圣诞节前的一个月中做了他们年度生意的一半。许多礼物都是不适当和不必要的。一些人认为圣诞节是宗教性的大日子，应当大肆挥霍，许多人赠送结婚礼物时也会这样想。我们可以年复一年地使用圣诞树而不需砍伐树木，这样的重复使用比将一棵树制成浆再用于造纸的循环利用更环保。特拉华州的一个废物处理公司为处理使用过的树而分发了1000个免费的塑料袋，但这样就会增加塑料的废物量。为了争取客户和提高利润，许多商店在门面破旧之前就会对门面进行重新装修。

是否可以考虑不购买自己需要的每件东西而与邻居分享工具，现在这种共享资源的趋势已经出现一些苗头。在丹麦有200个共享资源的村庄，10%的全新住房是建造在一起的，这比平常的市郊住房少使用一半的土地。一些共享资源社区的居民分享的工具包括订书机、裁缝机、生叶耙子、木匠类工具、厕所工具、挑运工具或帐篷。

4.2.4 容器和包装

容器和包装占城市固体废弃物的34%，有许多方法都可以在不降低公共卫生标准的基础上减少容器和包装的使用量。很多公司都在想法用可多次使用的容器来运送其产品。例如，Nalco公司自实施以来使用多个不锈钢容器运送产品，减少金属桶和化学废物。使用可回收、再灌装的杀虫剂容器可以减少环境污染，节省时间和金钱。在美国制造商用波纹厚纸板盒运输超过90%的产品，用可多次使用的运输用容器向自选市场运送食物能减少波纹厚纸板盒的使用量。这就需要发明容易开关，并能随意折叠、可多次使用的运输用容器。包装盒或至少是板条箱尺寸的标准化可能使这些包装盒或箱子为许多不同的公司所使用，而对于那些有特殊要求的公司来说，生产箱子的价格就会很高。一家德国制造商正在研究制造可折叠的聚丙烯板条箱来运送它的产品，这些板条箱可以用塑料或其他的材料做成。

4.2.5 使用更少的纸张

纸张每年的消耗量很大，这些纸张会消耗掉大量的树木和循环利用的废纸。为了减少办公室废物，曾经提出了很多办法，如使用两面纸张、短留言用小纸、使用E－mail、传递备忘录而不复印、减少纸张题头和边缘的空白或减少复印纸张的次数，同时更应采取一些激励措施来减少复印和打印的数量；使用E－mail来记录银行证明和其他保证信息可以减少邮件的数量，但是E－mail方式的使用需要更好的技术来支撑。此外，将包装纸转化为快餐店里的托盘可以减少纸张的使用、餐馆应该安装更多的洗碗机、餐馆对外带食物包装的提价也可以促使更多的消费者就地用餐，这就可以减少路边的垃圾。

由于报纸是家庭纸张的最大来源，所以废报纸的处理就应该更加受到重视。人们可以在晚上通过电话来传递报纸上的信息，而读者则可以在早上通过接听留言来查看这些信息，读者也可以将自己喜欢的部分打印出来；但当人们采用这种方法以减少纸张使用时出现了困难，原因之一是这些传递的信息不能带到办公室里在午餐时阅读，如果只要有一个命令可以打印头条新闻、运动项目的分数、股票价格和读者感兴趣的其他部分，也许这种方法就可顺利进行；原因之二是该方法推出时人们还没有熟悉互联网。目前，一些科学杂志和流行杂志已经可以在网上订阅，这就可以减少放置杂志的空间和循环使用纸张的次数，我们可以在图书馆里阅读或上网浏览感兴趣的书籍。

新闻纸是破碎树木后漂白的产物，与使用化学方法去除木质素的书写纸相比，新闻纸使用的是热机械法的纸浆，现在急需要开发一种可提高纸张干强度的添加剂，以制造更薄、更柔韧却更便宜的纸张。此外，小头标、小字体和少量空白边缘可以减少每天新闻纸的用量。但是字小会造成阅读困难，报社或读者都希望能使用高清晰打印机来印刷报纸，以节省纸张和费用。当然通过减少报纸上广告的数量可以节约许多空间来登载新闻，这种减少报纸上广告数量的做法可以通过政策强行规定或提高广告的价格来实现。但问题是报纸的造价必须靠广告来降低，在这种情况下，广告商会寻求其他的媒体途径进行宣传，读者也会因为报纸价格的提高而不买报纸。一些人可能只会选择国际和国内新闻专栏以及体育专栏，其他人可能只对国内和当地新闻感兴趣，不会选择体育、商业、房地产和汽车方面的专栏，这样就可以使纸的价格以及用量减少一半，但是这种分专栏出报纸的措施需要更为复杂的报纸出售机。

4.2.6 生命-周期分析

生命-周期分析理论在当今变得越来越流行。生命-周期分析主要考察一件产品从开始制造到丧失其使用价值过程中的能量和原料的使用量，以及其产生的浪费和污染。但是，采用不同的方法进行研究将会得出不同的结论。大多数人考虑的是使用化石能源产生能量的使用，而不是可再生能源产生能量的使用。只有极少数人考虑到了全球变暖和自然资源损耗这部分的代价。生命-周期分析并非是完全客观的，所以了解这些研究所得出的结论以及支持这些研究的机构是很重要的。例如，对于是使用纸还是聚苯乙烯来制造杯子的争论，会使人们倾向于使用发泡聚苯乙烯来制造杯子(瓷杯或玻璃杯不在考虑之列)，可重复使用的材料会赢得青睐，因为无需花费太多钱去清洗这些材料，也无需消耗能量和原料去再制造这些材料。对于应该选择纸还是塑料来制造食品杂货袋也存在着争议，但最终却以消费者自带网兜或篮子去商店购物而告终。纸袋可重复使用并可由可再生能源制得，重复使用纸袋是节约方法，但这些显然不足以构成消费者使用纸袋的动机，因为只有极少数的消费者使用纸袋(消费者也可以把聚乙烯塑料薄膜带回家重复使用，这些薄膜是用来运送和储藏水果及蔬菜的)。有些超市在聚乙烯塑料袋上写着“节约木材”，只要使用这种塑料袋，你就能为节约那些每年被砍伐来制成纸袋的树木和森林出一份力。这些做法其实是在鼓励人们使用不可再生资源，而这些超市也并未意识到这种塑料薄膜的重复利用是不可能的。使用加热法、回形针或纸胶带以及塑料胶带封口的薄塑料袋能取代一次性包装的聚苯乙烯袋子。盘子和装蛋的盒子也曾经由纸制成，这种纸是一种可再生资源，是通过纸浆定型制得的。曾经有一家公司因使用由100%旧报纸浇铸纸浆取代泡沫聚苯乙烯来包装其烤箱而大赚了一笔。

4.2.7 生态标签

生态标签旨在引导消费者的消费理念。一张用压敏黏合剂粘在邮件塑料膜上的标签，上面写着“塑料封面(聚乙烯)对环境是无害的、可再生、无毒，而且制造塑料封面所需要的能量并不比再生纸消耗的能量多，使用塑料封面有利于降低成本和利润”。一些广告商开始使用带有压敏黏性封条的白色低密度聚乙烯信封，这些信封上有压敏黏性封条和用压敏黏合剂粘着的标签，以及可再生标志和“袋子可重复使用”等信息。这些信息表明黏合剂和标签中的纸不会影响袋子的再生，但是这种说法是值得商榷的，因为黏合剂和标签中的纸是否会影响袋子再生与其采用的加工方法有关。如果使用纸，那么这些纸可能会使新的塑料制品上出现淡的斑点，因为纸与聚乙烯的粘合效果不太好，在塑料重新注塑的温度下会分解。所以这种纸的再利用仅限于有色材料，而不能用于制造光亮的塑料制品。美国化学会曾经将两种杂志用低密度聚乙烯装订在一起，上面标示着“100%可再生”的标志。当杂志周围用薄膜热封好时，纸质的标签就会被压敏黏合剂粘到薄膜上面。当这种杂志送到读者的家里时，在热封口的信封中还有一张单独的纸，上面写着："可再生塑料，请重复利用。"另一种杂志使用可生物降解的塑料袋作包装，地址写在背面带有沾水就黏的胶水的标签上。杂志中夹带纸上的信息有："豆墨打印，纸张可循环利用。"还可以采用更简单的方法来处理邮件杂志。《Science》杂志在封面上使用水性胶水粘贴的商标；1997 年 5 月《Horticulture》杂志的发行，标志着使用最少原料和最易于循环利用的原材料体系的开创。杂志的地址用激光打印机打印在封面下面的长方形空白处，人们可以使用无毒墨水激光打印机在橘子、香蕉和其他食物上做标记，而不再使用塑料标签了。激光打印机也可以在瓶子上做记号以取代原来的塑料商标，以后的发展将会使这种无毒墨水变得色彩丰富，可再灌装的瓶子也能采用这种打印商标的方法，这样瓶子循环使用后就不需要再在瓶子上打印商标了。

4.2.8 生态公园

生态公园是可以预见的，所有进入该系统的物品都会变成有用的产物，一种工业生产的废料可以用作另一个工业的起始原料。发电厂将蒸汽送到炼油厂和暖气供应中心，炼油厂用剩的气体也会被再次利用，其中多余的热被送到渔场。发电厂煤中的能量有 90% 被使用，发电厂洗涤器中的二氧化硫转化成为筑墙用的硫酸钙，筑墙材料厂也可以使用炼油厂用剩的气体，炼油厂将从油中脱出的硫转化成了硫酸，提供给发电厂。发电厂的煤灰和残余的煤渣又可用于生产水泥和筑路。渔场和工厂的淤泥都用作肥料。除了需要政府调节的项目外，这些相互合作都是自发的，没有政府的干预。

4.2.9 循环利用的经济学

一些学者认为循环利用是不经济的。他们指出：收集和分类需要花很多钱。他们还指出：一个反映真正社会造价(包括资源损耗和环境破坏)的价格规律是必要的。但是，其他的学者则认为循环利用是经济可行的，循环利用比垃圾掩埋法和焚烧法创造更多的就业机会。1995 年在 Seattle，处理 1t 不循环使用的城市垃圾的平均费用是 105 美元，而收集和处理 1t 可循环利用废品的平均价格只有 28 美元。一种可以减少城市垃圾量的方法就是采用个体价格(谁丢谁付钱)政策，这种个体价格政策可以表现为对放入每个垃圾袋的垃圾收费或对每袋多个垃圾收费。

4.2.10 政府在减少消费中的角色

如果没有政府的干预，就不可能实现资源消耗的减少和循环使用数量的提高。政府可以制定法规和法律来禁止一些物品的使用，对某些物品的使用进行加税，对某些物品的使用进行奖励，规定商家必须标出真实造价等。政府应该对一次性使用的物品和不可再生的原材料(如石油、天然气和煤)征收高税。在欧洲，丹麦在 1987 年实行的废物税是最高的。澳大利亚、比利时、芬兰、法国、荷兰和英国也设有废物税，瑞典和挪威正在考虑实行废物税，美国国会正在考虑取消每年供给原材料制造商的大量补助。这些给矿业、木材和石油工业的补助是循环使用的绊脚石。缅因州的法律规定，在购买新用具、家具、浴缸和床垫时必须缴纳丢弃税，也有法律规定了新物品循环使用的最低次数，瑞典和德国禁止商家主动提供的直接邮寄方式。

1994 年美国铝罐的循环利用率为 65%，这个数字是很高的。但是当我们看到每年有上亿个没有被循环使用的铝罐时，就可以明白一个更好的循环系统的重要性。可以采取一些措施来增加循环使用的数量。

一种分类收费的方式正在推行，这种方式是对于可再次灌装的容器退回全部押金，循环使用的一次性容器退回一半押金，而不可回收的一次性容器则分文不退。实行分类标准(分类的瓶子)，正如在德国所推行的，也会起到作用。只要贴上新的标签，任何灌瓶机都可以使用别的灌瓶机的瓶子。可以通过使用可逆行的自动售货机来尽可能地回收容器。对果酱瓶、清洁剂瓶或其他容器收押金也可以减少污染。丹麦已将使用不可再灌装瓶来装啤酒和软饮料的行为定为不合法，在丹麦，瓶子的回收率可达到98%。尽管如此丹麦出口的饮料仍使用一次性的容器。在美国的杂货店，售出的商品不仅要标上商品价格，还要标上每单位质量或每单位体积的价格。其实将每次使用容器的价格加上也是可行的，这样就可以体现出使用可再灌装容器的经济性了。

德国比其他国家更加致力于让制造商负责产品的最终循环或处理，1991年颁布的一部法律规定：商家可以收集他们自己的废弃包装用来循环或者是根据"Green Dot"体系付费给Duales System Deutschland来进行处理。1994年对塑料征收的循环使用费达到了最高(表4-2)。

表4-2 德国对不同包装品的回收费用

成分	美元/kg	成分	美元/kg
塑料	1.97	马口铁	0.37
复合物	1.40	纸张	0.33
饮料包装纸	1.13	天然材料	0.13
铝	1.00	玻璃	0.10

德国的这个体系是很有效的，但是并没有发展起来。1997年，收集了5.0Mt使用过的包装材料，其中89%投入重新使用。玻璃的循环使用率为89%，波纹纸板的使用率为93%，塑料的使用率为69%，合成物的使用率为78%，铝的使用率为86%，锡制品的使用率为84%。其他欧洲国家则抱怨德国的循环材料在他们国家那里泛滥。塑料高温燃烧所产生的气体也可以当作燃料使用，但是这不能称作是循环利用。欧洲委员会颁布了一条关于电子设备的回收法律，内容涉及电器、办公机械以及电子通讯设备。

4.3 展望

为了贯彻可持续发展理念，人类应该多用可再生的资源而少用不可再生的资源，这就意味着应该尽可能多地使用纸张而不是塑料，除非塑料是用可再生资源制成的。从长远角度来看，应该改掉那种随手乱扔的习惯以便于材料的回收。

首先，社会必须对节约能源是必要的目标达成共识；其次，应该倡导一些用来减少浪费的体系，这种方法包括一些文化上的改变。住在美国的人不断地受到各种购买信息的轰炸，而购买这些信息广告的花费为每人每年500美元。因为信用卡可以为购物带来方便，所以信用卡公司使用信用卡狂轰滥炸公民。信用卡的广告是这样的"现在买—以后付—为什么还不赶快拥有你想要的?"这就使用于购物的花费增长了很多。有些人想对广告、广告税和信用卡作些限制，但是这种限制并不受欢迎。在一些国家推广一种增加存款率的方法，其性质类似于美国使用的个人退休金(IRA)。在为购房及大学教育缴纳税款以前应该预留一些资金，要知道，钱在花出去之前是不需要上税的。而过早地将钱花在别处只能加重以后的税务负担。

在这个有限的世界里，人们对一些材料的需求总会受到限制，这就意味着某些执行者所期望的某种产品销售量的持续增长是不现实的。我们会在很多《化学工程新闻》中看到这些不现实的期望。但是，总有一天我们可以从垃圾中开采出这些必需的材料。

第5章　绿色化学与现代生活

5.1　绿色产品的定义与特征

5.1.1　绿色产品的定义

绿色产品是指生产过程及其本身节能、节水、低污染、低毒、可再生、可回收的一类产品，它也是绿色科技应用的最终体现。绿色产品能直接促使人们消费观念和生产方式的转变，其主要特点是以市场调节方式来实现环境保护为目标。公众以购买绿色产品为时尚，促进企业以生产绿色产品作为获取经济利益的途径。

为了鼓励、保护和监督绿色产品的生产和消费，不少国家制定了“绿色标志”制度。我国农业部于1990年率先命名推出了无公害“绿色食品”。1995年，“绿色食品”数量增至389种。在工业领域，我国从1994年开始全面实施“绿色标志”工作，至今已有低氟家用制冷器、无铅汽油、无磷洗衣粉等8类35个产品获得了“绿色标志”。但是绿色产品的价格是普通的同类产品的好几倍。

5.2.2　绿色产品的特征

简而言之，所谓绿色产品是指其在营销过程中具有比目前类似产品更有利于环保性的产品。绿色产品与传统产品一样具有以下三个特征：

①核心产品成功地符合消费者的主要需求——于消费者的有用性；

②技术和质量合格，产品满足各种技术及质量标准；

③产品有市场竞争力，并且有利于企业实现盈利目标。

但是绿色产品与传统产品相比，还多一个最重要的基本标准，即符合环境保护要求。我们可以通过对产品的维护来实现环境的可持续发展和企业是否负应尽的社会责任这两方面的考虑来评价绿色产品的“绿色表现”如何，可以说绿色产品与传统产品的根本区别在于其改善环境和社会生活品质的功能。

5.2　绿色产品的分类

绿色产品可以从不同的角度进行分类，例如可按与原产品区分的程度分为改良型、改进型，也可按对环保作用的大小，按“绿色”的深浅来划分。“绿色”是一个相对的概念，很难有一个严格的标准和范围界定，它的标准可以由社会习惯形成，社会团体制定或法律规定。

但按国际惯例的话，一般来说只有授予绿色标志的产品才算是正式的绿色产品。

由于各国确定的产品类别各不相同，规定的标准也有所差别。以下以德国为例，对该国的绿色产品分类作一简介：德国是世界上发展绿色产品最早的国家，德国的绿色产品共分为7个基本类型，下面列举这7个基本类型中的一些重点产品类别：

①可回收利用型包括经过翻新的轮胎、回收的玻璃容器、再生纸、可重复使用的运输周

转箱(袋)、用再生塑料和废橡胶生产的产品、用再生玻璃生产的建筑材料、可复用的磁带盒和可再装上磁带盘、以再生石制的建筑材料等。

②低毒低害的物质包括非石棉阐衬、低污染油漆和涂料、粉末涂料、锌空气电池、不含汞和镉的锂电池、低污染灭火剂等。

③低排放型包括低排放的雾化燃烧炉、低排放燃气禁烧炉、低污染节约型燃气炉、凝气式锅炉、低排放废气印刷机等。

④低噪声型包括低噪声割草机、低噪声摩托车、低噪声建筑机械、低噪声混合粉碎机、低噪声低烟尘城市汽车等。

⑤节水型包括节水型清洗槽、节水型水流控制器、节水型清洗机等。

⑥节能型包括燃气多段锅炉和循环水锅炉、太阳能产品及机械表、高隔热多型玻璃等。

⑦可生物降解型包括以土壤营养物和调节剂合成的混合肥料、易生物降解的润滑油、润滑脂等。

5.3 绿色产品的等级划分

绿色食品分 A 级绿色食品和 AA 级绿色食品两种。

A 级绿色食品系指在生态环境质量符合规定标准的产地、生产过程中允许限量使用限定的化学合成物质，按特定的生产操作规程生产、加工，产品质量及包装经检测、检查符合特定标准，并经专门机构认定，许可使用 A 级绿色食品标志的产品。

AA 级绿色食品(等同有机食品)系指在生态环境质量符合规定标准的产地，生产过程中不使用任何有害化学合成物质，按特定的生产操作规程生产、加工，产品质量及包装经检测、检查符合特定标准，并经专门机构认定，许可使用 AA 级绿色食品标志的产品。

5.4 绿色产品的评价标准及其认证

绿色产品是 20 世纪 80 年代末期世界各国为适应全球环保战略，进行产业结构调整的产物。由于发展历史不长，绿色产品至今尚无严格准确的行业标准，但从消费市场来看，目前得到公认的绿色标准包括以下三条：①产品在生产过程中少用资源和能源，并且不污染环境。②产品在使用过程中能耗低，不会对使用者造成危害，也不会产生环境污染物。③产品使用后易于拆卸、回收、翻新或能够安全废置并长期无虑。

我国于 1993 年实行绿色标志认证制度，并制订了严格的绿色标志产品标准，目前涉及七类产品，即家用制冷器具、气溶胶制品、可降解地膜、车用无铅汽油、水性涂料和卫生纸。迄今为止已有 11 家企业的 18 种产品获得了绿色标志。绿色标志认证可以根据国际惯例保护我国的环境利益，同时也有利于促进企业提高产品在国际市场上的竞争力，因为越来越多的事实证明：谁拥有绿色产品，谁就拥有市场。

绿色食品肥料使用准则要求种植作物施肥必须使足够数量的有机物质返回土壤，以保持或增加土壤微生物活性。所有有机或无机(矿质)肥料，尤其是富含氮的肥料，应以对环境和作物(营养、味道、品质和植物抗性)不产生不良后果为原则。

5.4.1 AA级绿色食品的肥料使用准则

①用绿色食品标准规定允许使用的肥料种类，禁止使用其他化肥，禁止使用有害的城市垃圾和污泥。医院的粪便垃圾和含有害物质(如毒气、病原微生物、重金属等)的工业垃圾，一律不得收集作生产绿色食品的肥料。

②各地可因地制宜采用秸秆还田。利用覆盖、翻压、堆沤等方式合理利用绿肥。绿肥最好在盛花期翻压，翻埋深度为15mm左右，盖上要严，翻后耙匀。压青后15～20天才能进行播种或移苗。

③腐熟达到无害要求的沼气肥水及腐熟的人畜粪尿可用作追肥，严禁在蔬菜等作物上浇不腐熟的人粪尿。

④饼肥对水果蔬菜等作物品种有较好的作用。

⑤叶面肥料喷施于作物叶片，可施两次或多次，最后一次必须在收获前20天喷施。

⑥微生物肥料可用于拌种，也可作基肥和追肥施用，使用时应严格按照使用说明书的要求操作。微生物肥料对减少蔬菜硝酸盐含量、改善品质有显著的效果。可在蔬菜上有计划地扩大使用。

5.4.2 A级绿色食品的肥料使用准则

①选用绿色食品标准规定允许使用的肥料种类。如生产上实属必须，允许生产基地有限度地使用部分化肥，但禁止使用硝态氮肥。

②化肥必须与有机肥配合使用，有机氮与无机氮之比以1∶1为宜，例如施优质厩肥大约1000kg加尿素20kg(厩肥作基肥，尿素可作基肥和追肥用)。最后一次追肥必须在收获前30天进行。

③化肥也可以和有机肥、微生物肥配合使用。城市垃圾要经过无害化处理，质量达到国家标准后才能使用，每年每亩农田限制用量，黏性土壤不超过300kg，砂性土壤不超过2000kg。

④秸秆还田及其他使用准则，同AA级绿色食品的肥料使用准则。

5.5 绿色产品的标志

为了把绿色产品与传统产品相区别，许多国家在绿色产品上贴有绿色标志。该标志不同于一般商标，而是用来标明该产品在制造、配置使用，处置全过程中符合特定环保要求的产品类型。

绿色标志实施已有20多年的时间，德国于1978年开始采用蓝色天使绿色标志，是世界上最早使用绿色标志的国家，从1988年开始加拿大、日本、法国等国也相继建立自己的绿色标志认证制度。丹麦、芬兰、冰岛、挪威和瑞典等北欧国家于1989年开始实行国家之间统一的北欧绿色标志。新加坡、马来西亚、韩国等亚洲国家也已开展了绿色标志工作。目前，世界上已有20多个国家和地区实施或正在积极准备实施绿色标志计划，绿色标志产品种类已达几百种，产品近万种。

图5-1 中国环境标

世界各国绿色产品标志的名称、图形不尽相同。我国于1993年5月成立了"中国环境标志产品认证委员会"并实行绿色标志认证制度见图5-1，虽然绿色标志认证在我国起步较晚，但发展较快。目前我国获得认证的企业有200多家，涉及到家用电器、建筑材料、儿童玩具、纺织品、食品饮料、办公用品、汽车等方面，但与市场需求相差很远。现在上海的企业越来越重视绿色产品开发，并取得了可喜的进展，2000年申请环境标志产品认证的企业是前6年的总和，2001年1月至9月，申请企业数已超过2000年，产品增加到46大类。

5.6 绿色食品

5.6.1 绿色食品的概念

第二次世界大战以后，欧美和日本等发达国家在工业现代化的基础上，先后实现了农业现代化。这一方面大大地丰富了这些国家的食品供应，另一方面也出现了严重的问题，就是随着农用化学物质源源不断地、大量地向农田中输入，造成有害化学物质通过土壤和水体在生物体内富集，并且通过食物链进入农作物和畜禽体内，导致食物污染，最终损害人体健康。可见过度依赖化学肥料和农药的农业（也叫做"石油农业"）会对环境、资源及人体健康构成危害，并且这种危害具有隐蔽性、累积性和长期性的特点。

1962年美国的蕾切尔·卡逊女士以密歇根州东兰辛市为消灭伤害榆树的甲虫所采取的措施为例，披露了杀虫剂DDT危害其他生物的种种情况。该市大量用DDT喷洒树木，树叶在秋天落在地上，蠕虫吃了树叶，大地回春后知更鸟吃了蠕虫，一周后全市的知更鸟几乎全部死亡。卡逊女士在《寂静的春天》一书中写道："全世界广泛遭受治虫药物的污染，化学药品已经侵入万物赖以生存的水中，渗入土壤，并且在植物上形成一层有害的薄膜，已经对人体产生了严重的危害。除此之外，还有可怕的后遗祸患，可能几年内无法查出，甚至可能对遗传有影响，几个世代都无法察觉。"卡逊女士的论断无疑给全世界敲响了警钟。

20世纪70年代初，由美国扩展到欧洲和日本的旨在限制化学物质过量投入以保护生态环境和提高食品安全性的"有机农业"思潮影响了许多国家。一些国家开始采取经济措施和法律手段，鼓励、支持本国无污染食品的开发和生产。自1992年联合国在里约热内卢召开的环境与发展大会后，许多国家从农业着手，积极探索农业可持续发展的模式，以减缓石油农业给环境和资源造成的严重压力。欧洲、美国、日本和澳大利亚等发达国家和一些发展中国家纷纷加快了生态农业的研究。在这种国际背景下，我国决定开发无污染、安全、优质的营养食品，并将它们定名为绿色食品。

绿色食品是指遵循可持续发展原则，按照特定生产方式生产，经专门机构认定，许可使用绿色食品标志的，无污染的安全、优质、营养类食品。

绿色食品实施"从土地到餐桌"全程质量控制，在绿色食品生产、加工、包装、储运过程中，通过严密监测、控制和标准化生产。科学合理地使用农药、肥料、兽药、添加剂等投入品，严格防范有毒、有害物质对农产品及食品加工各个环节的污染，确保环境和产品安全。

绿色食品标准以国际食品法典委员会（CAC）标准为基础，参照发达国家标准制定，总体达到国际先进水平。绿色食品标志是中国绿色食品发展中心在国家工商行政管理局标局注册的质量证明商标（见图5-2）。

图5-2 绿色食品标志图

绿色食品标志作为一种特定的产品质量的证明商标，其商标专用权受《中华人民共和国商标法》保护，用以证明绿色食品无污染、安全、优质的品质特征。

绿色食品标志图形由三部分构成：上方的太阳、下方的叶片和蓓蕾。标志图形为正圆形，意为保护、安全。整个图形描绘了一幅明媚阳光照耀下的和谐生机，告诉人们绿色食品是出自纯净、良好生态环境的安全、无污染食品，能给人们带来蓬勃的生命力。绿色食品标志还提醒人们要保护环境和防止污染，通过改善人与环境的关系，创造自然界新的和谐。

5.6.2　绿色食品标准

绿色食品必须同时具备以下条件：

①产品或产品原料产地必须符合绿色食品生态环境质量标准；

②农作物种植、畜禽饲养、水产养殖及食品加工必须符合绿色食品的生产操作规程；

③产品必须符合绿色食品质量和卫生标准；

④产品外包装必须符合国家食品标签通用标准，符合绿色食品特定的包装、装潢和标签规定。

发展绿色食品，从保护、改善生态环境入手，以开发无污染食品为突破口，将保护环境、发展经济、增进人们健康紧密地结合起来，促成环境、资源、经济、社会发展的良性循环。

绿色食品特定的生产方式是指按照标准生产、加工；对产品实施全程质量控制；依法对产品实行标志管理。

无污染、安全、优质、营养是绿色食品的特征。无污染是指在绿色食品生产、加工过程中，通过严密监测、控制，防范农药残留、放射性物质、重金属、有害细菌等对食品生产各个环节的污染，以确保绿色食品产品的洁净。绿色食品的优质特性不仅包括产品的外表包装水平高，而且还包括内在质量水准高。产品的内在质量又包括两方面：一是内在品质优良，二是营养价值和卫生安全指标高。

为了保证绿色食品产品无污染、安全、优质、营养的特性，开发绿色食品有一套较为完整的质量标准体系。绿色食品标准包括产地环境质量标准、生产技术标准、产品质量和卫生标准、包装标准、储藏和运输标准及其他相关标准，它们构成了绿色食品完整的质量控制标准体系。

5.6.3　绿色食品的特征

1. 强调产品出自最佳生态环境

绿色食品生产从原料产地的生态环境入手，通过对原料和产地及其周围的生态环境因子严格监测，判定其是否具备生产绿色食品的基础条件。

2. 对产品实行全程质量控制

绿色食品生产实施“从土地到餐桌”的全程质量控制。通过产前环节的环境监测和原料检测，产中环节具体生产、加工操作规程的落实，以及产后环节产品质量、卫生指标、包装、保鲜、运输、储藏、销售控制，确保绿色食品的整体产品质量，并提高整个生产过程的技术含量。

3. 对产品依法实行标志管理

绿色食品标志管理的手段包括技术手段和法律手段。技术手段是指按照绿色食品标准体系对绿色食品产地环境、生产过程及产品质量进行认证，只有符合绿色食品标准的企业和产品才能使用绿色食品标志商标，法律手段是指对使用绿色食品标志的企业和产品实行商标管理。绿色食品标志商标已由中国绿色食品发展中心在国家工商行政管理局注册，专用权受《中华人民共和国商标法》保护。

5.6.4 绿色食品发展模式

经过20余年的探索和创新，中国绿色食品事业借鉴国际相关行业通行做法，结合国情创建了具有鲜明特色的发展模式。

1. 运行模式

绿色食品创立了"以技术标准为基础、质量认证为形式、商标管理为手段，政府推动与市场拉动相结合"的运行模式。

绿色食品标准是参照联合国粮农组织(FAO)与世界卫生组织(WHO)的国际食品法典委员会(CAC)标准，以及欧盟、美国、日本等发达国家标准而制定的，整体上达到了国际先进水平。

绿色食品认证按照国际标准化组织(ISO)和我国相关部门制定的基本规则和规范来开展，具备科学性、公正性和权威性。

绿色食品标志为质量证明商标，依据我国《商标法》和《农业部绿色食品标志管理办法》等法律法规来监督和管理，以维护绿色食品的品牌信誉，保护广大消费者的合法权益。

政府推动与市场拉动是促进绿色食品快速发展的动因，在发展初期以政府推动为主导，随着消费需求的不断增长则会逐渐转化为以市场拉动为主导。

2. 技术路线

绿色食品按照"从土地到餐桌"全程质量控制的技术路线，创建了"两端监测、过程控制、质量认证、标识管理"的质量安全保障制度，在监控方面四个环节是重点。

①产地环境，由环境监测机构依据环境质量标准对产品及原料产地环境实施监测和评价；

②生产过程的管理，要求农户和企业严格按照生产操作规程和技术标准组织生产；

③产品质量的检测，由产品检测机构依据产品质量标准对产品实施检测；

④包装标识的规范，要求产品包装标识符合相关设计规范。

3. 发展机制

绿色食品满足食品质量安全更高层次的需求，既是一项增进消费者身体健康、保护生态环境、具有鲜明社会公益性特点的事业，又能够有效地提高生产者的经济效益，因而应采取政府推动与市场运作相结合的发展机制。政府推动主要体现在制定技术标准、政策、法规及规划、组织实施质量管理和市场监督等方面；市场运作是指利用优质优价市场机制的作用，引导企业和农户发展绿色食品。

4. 组织形式与管理体系

绿色食品推行"以品牌为纽带，以龙头企业为主体，以基地建设为依托，以农户参与为基础"的产业一体化组织形式。这样既有利于落实标准化生产，保障原料和产品质量，实行产品质量安全可追溯制度，又有利于打造绿色食品整体品牌形象，提高产品的市场竞争力，实现品牌价值，推动农业产业化和"订单农业"的发展，促进企业增效、农民增收。

绿色食品管理体系主要包括管理机构、环境和产品监测机构及绿色食品标准化委员会和评审委员会。

5.6.5 发展绿色食品的意义

1. 提出了安全、环保、健康的理念

绿色食品事业创立之初，正是我国城乡人民生活在解决温饱问题之后向更高水平迈进，农业向“高产、优质、高效”方向发展，国际社会倡导走可持续发展道路之时。这项事业蕴含的保护环境、保障食品安全、可持续发展的理念，是建立科学的生产方式和倡导健康的消费方式的一个富有现实意义和前瞻影响的大胆创新。

2. 确立了“从土地到餐桌”的全程质量监控体系

在市场经济条件下，改变了计划经济时代单一运用行政手段控制产品质量安全的做法，即由被动式监管转向主动式引导。开发绿色食品，从保护和改善生态环境入手，在种植、养殖、加工过程中执行规定的技术标准和操作规程，限制或禁止使用有毒有害、高残留农业投入品，从而保证了最终产品的安全。

3. 建立了一套完整的、具有国际先进水平的技术标准

该标准包括产地环境质量技术条件、生产过程投入品使用准则、产品质量标准及包装标识标准。绿色食品标准参照相关国际组织和部分发达国家标准，并结合我国农业生产力发展水平制定，不仅操作性强，而且能够有效地突破农产品国际贸易领域中的技术壁垒，从而保证绿色食品产品顺利地进入国际市场。

4. 创建了农产品质量安全认证制度

绿色食品率先将质量认证作为一项重要的技术手段，运用于农产品质量安全管理工作中，构建了一套较为完善、规范的认证管理制度，不仅有效地保证了绿色食品产品质量安全水平，而且有力地促使生产企业建立起了可靠的产品质量安全保障体系，从而也树立起了广大消费者对绿色食品的安全消费信心。

5. 开创了我国质量证明商标的先河

1996年绿色食品标志在国家工商行政管理局成功注册，正式成为我国第一例质量证明商标。绿色食品标志商标已由事业开创之初保护知识产权和监督管理的一种基本手段，发展到在国内外有较高知名度和影响力，在广大消费者心目中有较高认知度和可信度的品牌，现正在成为代表我国农产品精品形象的国家品牌。

此外，为了保护自主知识产权，促进绿色食品出口贸易发展，我国绿色食品标志商标已在日本注册，在欧盟国家和香港地区的注册工作正在加快进行。

6. 创立了符合国情和事业特点的工作运行机制

建立起了一套由中国绿色食品发展中心和各级绿色食品管理机构为主体、环境监测和产品检测机构为支撑的工作体系。

5.6.6 绿色食品发展历程

1990年5月15日中国正式宣布开始发展绿色食品。中国绿色食品事业经历了以下发展过程：提出绿色食品的科学概念→建立绿色食品生产体系和管理体系→系统组织绿色食品工程建设实施→稳步向社会化、产业化、市场化、国际化方向推进。

1. 第一阶段，从农业部启动的基础建设阶段(1990～1993年)

1990年绿色食品工程在农垦系统正式实施。在绿色食品工程实施后的三年中，完成了一系列基础建设工作，主要包括：在农业部设立绿色食品专门机构，并在全国省级农垦管理

部门成立了相应的机构；以农垦系统产品质量监测机构为依托；建立起绿色食品产品质量监测系统；制定了一系列技术标准；制定并颁布了《绿色食品标志管理办法》等有关管理规定；对绿色食品标志进行商标注册；加入了“有机农业运动国际联盟”组织。与此同时绿色食品开发也在一些农场快速起步，并不断取得进展。1990年绿色食品工程实施的当年，全国就有127个产品获得绿色食品标志商标使用权。1993年全国绿色食品发展出现第一个高峰，当年新增产品数量达到217个。

2. 第二阶段，向全社会推进的加速发展阶段(1994～1996年)

这一阶段绿色食品发展呈现出以下五个特点。

(1)产品数量连续两年高增长

1995年新增产品达到263个，超过1993年的最高水平1.07倍；1996年继续保持快速增长势头，新增产品289个，比上年增长9.9%。

(2)农业种植规模迅速扩大

1995年绿色食品种植面积达到1700万亩(1亩 = 666.6m^2，下同)，比1994年扩大了3.6倍，1996年扩大到3200万亩，增长88.2%。

(3)产量增长超过产品个数增长

1995年主要产品产量达到210×10^4t，比上年增加203.8%，超出产品个数增长率4.9个百分点；1996年达到360×10^4t，增长71.4%，超出产品个数增长率61.5个百分点，表明绿色食品企业规模在不断扩大。

(4)产品结构趋向居民日常消费

与1995年相比，1996年粮油类产品比重上升53.3%，水产类产品上升35.3%，饮料类产品上升20.8%，畜禽蛋奶类产品上升12.4%。

(5)县域开发逐步展开

全国许多县(市)依托本地资源，在全县范围内组织绿色食品开发和建立绿色食品生产基地，使绿色食品开发成为县域经济发展富有特色和活力的增长点。

3. 第三阶段：向社会化、市场化、国际化全面推进阶段(1997年以后)

中国绿色食品在1997年以后，不仅建立和推广了绿色食品生产和管理体系，而且还取得了积极成效，目前仍保持较快的发展势头。

(1)绿色食品社会化进程的主要表现

①中国许多地方的政府和部门进一步重视绿色食品的发展；

②广大消费者对绿色食品认知程度越来越高；

③新闻媒体主动宣传、报道绿色食品，理论界和学术界也日益重视对绿色食品的探讨。

(2)绿色食品市场化进程的主要表现

随着一些大型企业宣传力度的加大，绿色食品市场环境越来越好，市场覆盖面越来越大，广大消费者对绿色食品的需求日益增长，而且通过市场的带动作用，产品开发的规模进一步扩大。

(3)绿色食品国际化进程的主要表现

对外交流与合作深度和层次逐步提高，绿色食品与国际接轨工作也迅速启动。为了扩大绿色食品标志商标产权保护的领域和范围，绿色食品标志商标相继在日本和中国香港地区开展注册。

为了扩大绿色食品出口创汇，中国绿色食品发展中心参照有机农业国际标准，结合中国国情，制定了AA级绿色食品标准，这套标准不仅直接与国际接轨，而且具有较强的科学性、权威性和可操作性。

另外，通过各种形式的对外交流与合作，以及一大批绿色食品进入国际市场，中国绿色食品在国际社会引起了日益广泛的关注。

5.6.7　中国绿色食品发展呈现的特点

1. 发展速度全面加快

发展绿色食品产生的效益，使企业的续报率进一步提高，且系列产品的申报量大幅度增加，实现了“稳定存量，发展增量，扩大总量”的预期目标，表明绿色食品已进入良性循环发展的轨道。

绿色食品在总量规模不断扩大的同时，质量信誉和品牌形象进一步提升，实现了健康的快速发展。从2004年国家认监委开展的农产品认证专项检查及国家有关部门开展的食品质量安全抽查的结果来看，绿色食品产品质量是过硬的。

中国绿色食品在总量稳步扩大的同时，产品结构不断优化，初级产品比重下降，加工产品、地方名特优产品日益增多，园艺、畜牧、水产等具有出口竞争优势的产品比重逐步提高。与普通同类产品相比，绿色食品的价格要高2～10倍，经济效益十分明显。

2. 与农业和农村经济的中心工作结合得更加紧密

发展绿色食品，提高了优势区域带农业标准化生产水平和农产品质量安全水平，促进了农业结构调整。全国各地建立了绿色食品标准化生产基地，种植面积、产品总量不断扩大。

发展绿色食品，推动了农业产业化发展，促进了农业增效。

发展绿色食品，在突破技术贸易壁垒、带动农产品扩大出口中发挥了更加积极的作用。

3. 整体品牌形象和市场影响力进一步扩大

近些年来通过农产品质量安全宣传周、农产品认证报告会、绿色食品博览会及发展论坛等活动，进一步扩大了绿色食品的影响，引导了消费，培育了市场，促进了贸易。在消费市场需求的拉动下，国内外许多大型采购商和主流商业连锁经营企业更加重视发展绿色食品流通贸易，使绿色食品的品牌效应进一步放大，市场价值也得到进一步提升。在绿色食品品牌的吸引下，国内乳制品、食用油、啤酒等行业的一批大型骨干企业积极申请绿色食品认证，以树立产品安全优质的形象，进一步增强产品的市场竞争力，绿色食品品牌已开始起到整体推动食品行业发展的作用。

5.6.8　我国绿色食品产业发展趋势

近年来随着人们对饮食安全关注程度的增加，我国一些地区的绿色食品产业已初具规模。

1. 绿色食品产业的发展前景

目前，发达国家的绿色食品工业已相当于种植业产值的3～5倍。绿色食品无论是在国内还是在国外，开发潜力都十分巨大，它是集经济、生态和社会效益于一体的特殊产业，有极大的经济发展空间。

随着生活水平的提高和消费观念的转变，以及环境污染和资源破坏问题的日益严峻，有利于人们健康的无污染、安全、优质营养的绿色食品已成为时尚，越来越受到人们的青睐。开发绿色食品已具备了深厚的市场消费基础。绿色食品销售额资料显示，世界各国人们对常规食品供应的信任度呈下降趋势，而对绿色食品需求的增加速度已经比供应增长的速度快。

在中国国内市场，绿色食品也受到广泛的欢迎，绿色食品满足了人们对生活转型的需要。有关部门对北京、上海两个城市调查表明，79% ~84% 的消费者即使花高价，也愿意购买绿色食品。据权威机构预测，全国绿色食品的消费需求和利润都将以每年 20% 的速度增长。

此外，由于绿色食品的生产具有劳动密集型、多种经营等特点，发达国家绿色食品的生产受到一定限制，有些国家在总量上已经出现了严重短缺问题，目前德国、英国绿色食品大量依靠进口，进口量已分别占国内消费量的 98% 和 80%。

国内外绿色食品产业的强劲发展势头和消费者的巨大需求为我国绿色食品产业的发展提供了良好的外部环境。

2. 发展绿色食品产业的必要性

绿色食品是无污染、安全、优质的营养类食品，绿色食品的生产和消费融入了保护环境、崇尚自然、促进人类社会可持续发展的理念。启动绿色食品消费市场，形成绿色食品生产和消费潮流很有必要。

第一，发展绿色食品是我国融入世界经济全球化的必然选择。我国加入世贸组织后，作为农业大国，理应把农业和绿色食品加工业作为国家的支柱产业之一。绿色食品产业不仅经济效益可观，而且符合中国的国情，建设绿色食品基地，发展特色经济——生态农业和绿色食品加工业，必将产生难以估量的社会效益和经济效益。“入世”后，中国理应成为世界绿色食品（主要指有机食品）和天然药物的重要供应地。

第二，发展绿色食品产业是农业由传统的粗放经营方式向现代的绿色经营方式转变，发展现代农业的需要。在当前我国资源紧张的前提下，更要改变单一的以大规模投入自然资源为特征的低效率的资源要素组合形式，改变以粮为纲、重农轻商的农业经济增长方式，改变以单纯依靠经验操作、自给半自给的小农生产方式，实现由粗放经营的自然经济型农业向商品经济和市场经济型的现代生态农业的转变，促进绿色食品的产业化和国际化。

第三，发展绿色食品产业也是由传统的种植业向农、工、商综合经营转变的需要。应在立法、制定政策和绿色食品产品质量标准等方面逐步与国际接轨，做好迎接国际竞争的准备。

要面向国内外两个市场，充分利用两种资源，实行现代企业管理和提高科技含量，增强农业和食品加工业的竞争力。通过不同层次、不同形式的纵横联合，形成跨地区、跨行业、跨所有制的现代农业一体化经营的企业和集团，把农业一体化经营纳入到农业现代化建设的整体格局之中。

第四，发展绿色食品产业是由传统的分散经营向现代的农、工、贸一体化的产业化经营转变的需要。通过农业产业化经营，可以优化生产要素组合，充分发挥科技要素的作用，从而提高农产品的质量和档次，实现多层次增值，使农民收入获得大幅度提高。通过产业化可以推进土地适度规模经营，激励农民走上新的联合之路，逐步形成与支柱产业需求相配套、与专业化和区域化生产相适应的区域经济格局，从而提高国内外市场竞争力和扩大市场占有率。

3. 绿色食品产业面临生态威胁

虽然我国有着发展绿色食品产业的自然资源优势，但由于近年来我国工业化使农业生态环境出现了恶化的趋势，直接威胁到绿色食品产业的发展。

近些年由于农业生态环境恶化引起的农副产品污染相当严重，工业“三废”和城镇生活污水大量向河流、湖泊排放，其中一部分携带汞、铅、砷、铬等有害有毒物质的工业废水通过灌溉水进入农田，加之不合理使用化肥（主要是超量使用氮肥）、农药及人畜粪便流失等，农业污染日益加重，从而导致地表水和地下水水质污染严重。我国湖泊中有一半以上已处于不同程度的富营养化状态，长江等河流中的含氮量也呈增高趋势，并成为近海赤潮频发的重要原因之一。

所以要保护生态环境，首先要加快制定国家保护农业生态环境的政策和法规，尽快建立农副产品和农业生态环境保护监测体系并制定相关标准，定期监测和报告农副产品及其生产环境受到污染的情况，以确保农副产品不对人民健康造成危害。积极推广节氮施肥技术，调整肥料结构，实行配方平衡施肥，大力发展多元高效肥，推广专用复合肥，积极推进有机肥配套施肥体系。加强农业保护宣传培训，提高各级农业管理与技术人员及广大农民群众的农业环境保护意识。

绿色食品产业发展是个系统工程，各方必须在各个环节确保产品质量。建立绿色食品基地，有利于加快绿色食品产业化的发展步伐，有利于真正使绿色食品走出一条农、工、贸一体化，产、加、销一条龙的产业化经营之路。目前，我国普通有机肥的生产方法还停留在原始状态，无论是质量还是数量都满足不了绿色食品生产的需要。

4. 中国绿色食品标准亟待与国际接轨

由于中国绿色食品的标准与国际标准不统一，中国的绿色食品出口受到限制，亟需与国际接轨。

有关专家认为绿色食品要与国际接轨，首先要加快绿色食品标准、认证准则、贸易准则等方面与国际接轨。AA级绿色食品是与国际有机食品接轨的产品，其出口潜力巨大。我国加入WTO后，具有比较优势的农产品面临大量出口的机遇。我们应加快标准建设，加快标准、认证程序和相关法律规则与国际接轨的步伐，为进一步开拓国际市场创造条件。尤其要掌握绿色食品国际标准、经营管理等方面的规定及其变化，依据较为准确的市场预测制定科学的营销策略，以便迅速打入国际市场，并不断扩大市场份额。

5. 加速绿色食品基地建设

绿色食品要形成大市场的格局，关键要有主导产品和规模生产作保证。专家认为，目前我国虽然有不少的绿色食品基地，但大都分散经营，各自为政现象比较突出，很难形成规模优势。不少地方虽已相继开发出了一些绿色食品，但却迟迟形不成优势，究其原因主要是品种结构单一，生产经营分散，规模效益差，产、供、销衔接不畅。大多数还没有形成在国内外叫得响的拳头产品。因此，要在抓好产业结构调整的同时，重点要向规模化、集团化方向推进，采取兼并、横联、股份合作等形式，大力组建一批规模较大的绿色食品的生产基地和企业集团，以真正起到龙头企业带动、规模生产推动、市场流通拉动的效果，以不断增强我国绿色食品在国内外市场中的竞争能力。

绿色食品基地的创立、建设、发展与壮大，必须以强有力的龙头企业带动。积极培育高科技、大规模、市场竞争力强的绿色食品加工龙头企业，组建农、工、贸一体化绿色食品发展联合体，实现优势农业的产业化。使我国成为世界绿色食品的主要供应地之一。

在国内要通过在大中城市设窗口，开通绿色通道等措施，不断提高市场的占有率；在国外要通过开辟运输航线，设立境外办事机构，开办直销窗口等途径，增强绿色食品的市场辐射力。

5.6.9 绿色食品与有机食品、无公害食品的区别

所谓无公害食品指的是无污染、无毒害、安全优质的食品，生产过程中允许限量使用限定的农药、化肥和合成激素。无公害食品比绿色食品档次低一级。

有机食品是一种国际通称，是从英文 Organic Food 直译过来的，其他语言中也有叫生态或生物食品等。这里所说的“有机”不是化学上的概念，而是指采取一种有机的耕作和加工方式。有机食品是指按照这种方式生产和加工的；产品符合国际或国家有机食品要求和标准；并通过国家认证机构认证的一切农副产品及其加工品，包括粮食、蔬菜、水果、奶制品、禽畜产品、蜂蜜、水产品、调料等。

有机食品是目前国标上对无污染天然食品比较统一的提法。有机食品通常来自于有机农业生产体系，根据国际有机农业生产要求和相应的标准生产加工的。除有机食品外，目前国际上还把一些派生的产品如有机化妆品、纺织品、林产品或有机食品生产而提供的生产资料，包括生物农药、有机肥料等，经认证后统称为有机产品。

绿色食品是中国政府主推的一个认证农产品，它有绿色 AA 级和 A 级之分，而 AA 级的生产标准基本上等同于有机农业标准。绿色食品是普通耕作方式生产的农产品向有机食品过渡的一种食品形式。有机食品是食品行业的最高标准。

5.6.10 食品添加剂

食品工业是人类的生命产业，是一个最古老而又永恒不衰的常青产业。随着方便、快捷的加工食品日益走俏，食品添加剂问题越来越受到人们的关注。

1. 食品添加剂的定义

根据 1962 年 FAO（联合国粮农组织）/WHO（世界卫生组织）食品法典委员会（CAC）对食品添加剂的定义，食品添加剂是指在食品制造、加工、调整、处理、包装、运输、保管中，为达到技术目的而添加的物质。食品添加剂作为辅助成分可直接或间接地成为食品成分，但不能影响食品的特性，是不含污染物并不以改善食品营养为目的的物质。

《中华人民共和国食品安全法》规定：食品添加剂为改善食品品质、色、香、味，以及为防腐和加工工艺的需要而加入食品中的化学合成或天然物质。天然食品添加剂主要来自动植物组织或微生物的代谢产物。人工合成食品添加剂是通过化学手段使元素和化合物产生一系列化学反应而制成。

食品添加剂种类繁多，品种多样，功能各一。数据显示全世界使用的食品添加剂目前有 3000～4000 种，我国允许使用的食品添加剂已有近 2000 种。

食品添加剂本身不作为食品或药品消费，但应符合食品卫生法的规定。食品添加剂一般须经急性、亚急性、慢性及致畸变性等毒性试验，试验合格后，经政府有关部门批准公布才可使用。

远在几千年前，人类就将食盐和香辛料等一些天然物质添加于食品，这也可说是一类当时所用的食品添加剂。继而使用的有使食品着色的红曲（用于腐乳等）、红花、栀子色素，使腌制火腿等肉类的肉色发红的硝石，制造豆腐所用的盐卤，馒头中所用的碱等。随着科学技术的发展，出现了许多性能远优于天然物质的化学合成添加剂，如防止面包老化、发霉的面团改质剂和防腐剂，防止富油食品变质的抗氧化剂，以及各种合成香料和食用色素等。自

20 世纪 60 年代开始，一些化学合成添加剂的毒性，逐渐被人们所认识和重视，因而天然食品添加剂重新受到人们的重视。

2. 食品添加剂的类别

食品添加剂的种类很多，但一般分为天然食品添加剂和化学合成食品添加剂两大类。天然食品添加剂是以动植物或微生物代谢产物为原料，经萃取、蒸馏、沉降、干燥、粉碎等物理方法得到的；化学合成食品添加剂是由元素或化合物经化学合成反应而制得的。

各国食品添加剂的类别数差异很大，通常按其在食品中的功能分为六类。

①防止食品腐败变质的添加剂，如防腐剂、抗氧化剂、杀菌剂。

②改善食品感官性状的添加剂，如鲜味剂、甜味剂、食用色素、发色剂、漂白剂、抗结块剂。

③保持和提高食品质量的添加剂，如组织改进剂、面粉面团改质剂、膨松剂、增稠剂、乳化剂、被膜剂、固化剂。

④提高食品营养的添加剂，如营养增补剂(包括维生素、氨基酸、无机盐)。

⑤便于食品加工制造的添加剂，如消泡剂、净化剂。

⑥其他，如胶姆糖基质材料、酸化剂、酶制剂、酿造用添加剂、防虫剂。

我国在食品添加剂分类和代码中，除香料外，将其分成 21 种，即酸度调节剂、抗结剂、消泡剂、抗氧化剂、漂白剂、疏松剂、胶姆糖基质、着色剂、发色剂、乳化剂、酶制剂、增味剂、面粉处理剂、水分保持剂、稳定剂、被膜剂、营养强化剂、防腐剂、凝固剂、甜味剂、增稠剂。

3. 食品添加剂的使用原则

食品添加剂是当今食品工业的“秘密武器”，几乎是食品工业产品不可缺少的，而在传统的手工烹饪过程中是很少使用添加剂的。随着食品工业的高速发展，以及规模化程度的提高，传统食品制作工艺中的加工流程逐步走向标准化操作，开始大批量规模化生产，同时随着消费者的美食鉴赏水平的提高，仅仅用传统工艺制作的食物风味已很难满足消费者的口味需求。于是食品添加剂便被广泛使用，并逐步作为特殊的“秘密武器”应用于食品加工之中，因此可以毫不夸张地说，没有食品添加剂就没有现代食品工业。

为了确保食品添加剂的正确使用，一般来说在使用过程中应遵循以下原则：

①经食品毒理学安全性评价证明，在使用限量内长期使用对人体安全无害；

②不影响食品自身的感官性状和理化指标，对营养成分无破坏作用；

③食品添加剂应有中华人民共和国卫生部颁布并批准执行的卫生标准和质量标准；

④食品添加剂在应用中应有明确的检验方法；

⑤使用食品添加剂不得以掩盖食品腐败变质或以掺杂、掺假、伪造为目的；

⑥不得经营和使用无卫生许可证、无产品检验合格及污染变质的食品添加剂；

⑦食品添加剂在达到一定使用目的后，能够经过加工、烹调或储存而被破坏或排除，不摄入人体则更为安全。

4. 过量使用食品添加剂的危害

食品添加剂在改善食品的色、香、味，调整食品营养结构，提高食品质量档次，改善食品加工条件，延长食品保存期限等方面发挥着极其重要的作用。我国经食品添加剂标准技术委员会审定、中华人民共和国卫生部批准允许使用的食品添加剂目前已达 1200 多种。因为多数食品添加剂都是化学合成物，也就不同程度地具有毒性。已经证实有些食品添加剂还有致癌、致胎儿畸形、基因突变的作用。所以食品添加剂在食品中添加的量是极少的。我国曾多次发生过因熟肉制品中过量添加亚硝酸盐、面粉等食品中添加漂白剂、饮料中勾兑色素等引起食物中毒事件。更为严重的是有些食品企业人为掺假，为了经济利益，把本不属于食品添加剂的化工原料添加到食品中，造成大规模食品安全事件。我国的食品安全事件绝大多数是由于人为掺假造成的，比如“三鹿奶粉”、“红心鸭蛋”、“毒火腿”等均属此类，这些都严重威胁公众的健康。

目前，食品企业在使用食品添加剂时主要存在的问题：一是使用目的不正确，一些企业使用添加剂并非为了改善食品品质和提高食品本身的营养价值，而是为了迎合消费者的感官需求、降低成本，违反食品添加剂的使用原则；二是使用方法不科学，不符合食品添加剂使用的卫生规范要求，超范围、超量使用；三是在达到预期效果的情况下没有尽可能降低在食品中的用量；四是未在食品标签上给出明确标志，误导消费者。

虽然国家已经明确规定了食品添加剂允许使用的品种和使用量，但滥用或超量使用食品添加剂的现象仍时有发生，超量和违规的使用食品添加剂后对人体健康危害十分严重。如过量地摄入防腐剂有可能使人患上癌症，虽然在短期内不一定产生明显的症状，但是一旦这些物质进入食物链，循环反复、长期累积，不仅影响食用者本身的健康，而且对下一代的健康也有很大的危害。过量摄入色素会造成人体毒素沉积，对神经系统、消化系统等都可能造成不同程度的伤害。尽管超标添加剂和禁用添加剂给食品安全带来危害，但消费者在购买、食用这类食品时无法识别，只有在质检部门检测公布以后，消费者才知道哪类食品不可以吃，但是这时候消费者往往会发现不合格的产品已经被自己食用过。导致这一问题的根本原因就是目前有些企业和有关职能部门，无论是监管力度还是监管范围都无法满足人们的实际需求。为此，在今后较长的一段时间里，在食品安全领域里应当把从整体上建立健全我国食品安全的保障体系作为食品安全工作的重点和战略目标，推动从农田、工厂、市场到餐桌的全程监管，保证各流通环节的食品安全，实现从源头上控制，加强对食品生产加工企业的管理。

5. 食品选购注意事项

在超市里人们看到的食品无论是酸甜的糖果，还是酥脆的饼干和柔软的蛋糕等毫无例外地都是食品添加剂的杰作。也有些食品如此宣传：“本品不含防腐剂”、“本品不含人工色素”、“本品不含香精”等，消费者会认为它们更健康，就更高兴地把它们放入购物篮。其实这些食品不含防腐剂，未必不含抗氧化剂；不含色素，不等于不含防腐剂；不含香精，也不等于不含增稠剂等其他添加剂。其实大规模的现代食品工业，就是建立在食品添加剂的基础上的。如果真的不加入食品添加剂，只怕大部分食品都会难看、难吃、难以保存，或者价格高昂，消费者是无法接受的。

说到食品添加剂可能谁都知道“添加剂对身体有害”。但实际情况是我们的生活要做到无添加剂是不可能的，我们依赖使用添加剂做成的食品，是谁也不能否认的事实。关键是如何防范食品添加剂的危害，为此在选购食品时需注意以下几点。

(1)学会一些识别技巧

质监部门在日常检查中发现，很多黑作坊会将硫黄、甲醛、吊白块、烧碱等非食用物质添加到食品中，从而引发食品安全事件。因此，消费者应学会一些识别技巧。消费者可通过观察颜色和闻气味来进行辨别，比如说银耳，它本身是没有味道的，消费者购买时可以先取少许试尝，如果舌头有刺激的感觉，就说明该食品是用硫黄熏制的。甲醛一般隐藏在海鲜、肉制品、豆制品等食品中。鉴别办法是，甲醛泡过的食品形体比较大，而且色泽较浅，在吃的过程中，能明显感到入口爽滑，嚼起来特别脆。豆腐、米粉、鱼翅等食品则是吊白块的主要隐藏地，像豆腐、腐竹等本身含有自然颜色的食品，如果看上去特别白，则有可能掺入了吊白块。对于水产品来说，消费者购买时可通过看、闻、捏来鉴别，新鲜正常的水产品应该带有一些海腥味，加了吊白块的水产品则会有轻微的甲醛的刺激味等。

在挑选食品时不要被食物鲜艳的颜色所迷惑，要选择接近本色的食物。在蔬菜、水果的选择上，应以时令为第一选择；在选择包装食品时，要注意保质期，尽量选择保质期较短的，因为保质期越长，往往含有的食品添加剂也就越多。

(2)不要单一选择某种固定食品

从健康角度讲，不要吃单一食品，吃得越杂越好。需要注意的是要防止食品添加剂的累积性危害，以年轻人喝饮料为例，有的人可能只喜欢某种饮料，几乎天天喝，这对身体是有害的。有的饮料在制作时加入的苯甲酸钠虽然符合国家要求，没有超量使用，人们饮用也绝对没有问题，但日积月累在人体残留的苯甲酸钠就很有可能超标，对人体造成危害，而这种危害往往是隐性的，不会立即显现。因此，尽量不要单一固定选择某种食品。

(3)尽量选择加工程序较少的食品

由于工作紧张，人们往往会在超市买些半成品，比如方便面、速冻饺子等，专家对此表示，此类“方便”食品对健康有害无益，若长期这样身体里累积的各种添加剂就会增多。因此，尽量少吃加工过的食品，应多选择天然食品或加工程序较少的食品。所以如果去超市购物，生鲜区应是首选；新鲜蔬菜只经过清洁和运送，可以说完全不含添加剂；鲜肉也是如此，相比加入各种防腐剂、着色剂、抗氧化剂的熟食和肉制品来说不知要少摄入多少种化学物质；各种零食基本上都是加工程序烦琐的食品，尽量少吃。

(4)认准QS标志

QS是食品“质量安全”(Quality Safety)的英文缩写，带有QS标志的产品说明此产品是经过强制性的检验合格后，才准许进入市场销售的。这就是依托食品生产许可制度的食品质量安全市场准入制度。具体来说所有的食品生产企业必须经过强制性的检验合格，且在最小销售单元的食品包装上标注食品生产许可证编号，并加印食品质量安全市场准入标志(“QS”标志)后才能出厂销售。没有食品质量安全市场准入标志的，不得出厂销售。2004年1月1日起，我国首先在大米、食用植物油、小麦粉、酱油和醋五类食品行业中实行食品质量安全市场准入制度。

(5)慎选颜色过艳、口味过重的食品

不少人在选购食品时，往往会看中颜色、口味，殊不知颜色过于鲜艳、口味过重、香气明显的食品很可能是食品添加剂的使用量超标引起的。为此专家建议，应尽量少食用带色素的食品。购买含有漂白剂的食品时，消费者要认准食物原色，如银耳、粉丝、腐竹等食品外表异乎寻常的光亮和雪白，本来偏黄的牛百叶非常白净等，最好不要购买。

5.7 白色污染及其消除

5.7.1 什么叫“白色污染”

一次性的塑料制品(包括发泡的塑料餐盒、器具、包装材料，以及薄的塑料袋、膜、农用地膜等)在使用后，由于缺少回收利用的价值，其中绝大部分被丢弃在自然环境中，主要集中于风景旅游区周围、河道和道路两侧、农田、湖泊和水塘中，以及城镇的各个角落，这不仅破坏了景观，造成了“视觉污染”，而且由于其具有在大自然中难以降解的特点，对自然生态环境也造成了直接和间接的破坏。这种废弃的一次性塑料制品通常多为白色，所造成的“视觉污染”和对自然生态环境的破坏被形象地统称为“白色污染”。随着工业的发展，塑料作为人工合成的高分子材料，由于具有良好的成型、成膜性、绝缘性、耐酸碱、腐蚀性、低透气、透水性及易于着色、外观鲜艳等特点，已成为一类不可替代的与人类生活息息相关的材料，广泛应用于家电产品、汽车、家具、包装用品、农用薄膜等方面。

随着塑料产量的增加，及其成本不断降低，大量的商品包装袋、液体容器及农用薄膜等，人们已经不再重复使用，塑料成为一类用过即被丢弃的产品的代表。废弃塑料带来的白色污染已成为一种不容忽视的社会公害。废弃塑料与生活垃圾共同焚烧时，将给环境带来严重的二次污染，尤其是焚烧含氯塑料(如聚氯乙烯、聚二氯乙烯、氯化聚乙烯等)及塑料中存在有含氯或溴的染料、颜料、阻燃剂等添加剂时，由于它们的不延燃性，焚烧时不但会产生大量的黑烟及氯化氢气体，而且还会产生目前认为是毒性最强的二噁英(Dioxine)类物质。填埋作业仍是我国处理城市垃圾的一个主要方法，但混在垃圾中的塑料类是一种不能被微生物分解的材料。在这类垃圾中的废塑料密度小，体积大，不但很快填满场地，而且填埋后的场地由于地基绵软，以及塑料容器中包裹着大量带有细菌、病毒及其他有害物质的生活垃圾，它们不但会使填埋场地散发恶臭，并且又能渗入地下，污染地下水，使所占土地长期无法利用，并危及周围环境。

近10年来地膜覆盖栽培技术的应用，使农作物的产量大幅度提高，但平均每年有20% ~ 30%地膜残留田间，每亩平均残留量达5kg左右，残留的地膜给农业生产和生态环境造成了严重的不良影响：

①降低了土壤的渗透性，减少了土壤的含水量，削弱了耕地的抗旱能力；

②阻碍农作物根系发育，影响其生长，当地膜残留数量过多时，甚至使土地无法耕种。

一次性发泡塑料餐饮具仍大量使用。在使用一次性发泡塑料餐具装热食物和热开水的过程中，温度一般超过65℃，此时它含有的双酚类等有毒物质就会释出，侵入食物。

鉴于塑料对环境的严重污染，以及日益危害人们的身体健康等问题，迫切需要我们对这种化学物质所造成的影响进行关注。

5.7.2 “白色污染”的主要危害

1. 造成“视觉污染”

被随意丢弃在环境中的一次性的塑料制品给人们视觉上所造成的“脏、乱、差”的感觉，它破坏了城市、农村和风景区的景观美感，甚至会影响人们的工作和生活情绪，同时也破坏了城市的市容卫生。

2. 造成对自然生态环境破坏

一次性的塑料制品由于其原料—高分子树脂具有极强稳定性的特点，它在自然环境状态难以降解，可以存在几百年，甚至上千年，这样大量、长久地日积月累，就会给自然生态环境造成破坏。

3. 影响人体健康

近来研究发现以聚苯乙烯(PS)为原料的一次性发泡的塑料餐盒中残留一定量的苯乙烯单体，这对人体健康有害，国外发达国家已限制PS塑料在食品包装上的使用，或要求对其表面进行涂覆处理，而目前仍大量使用此类塑料快餐盒。

5.7.3　对付“白色污染”的措施

1. 加强管理

加强管理是解决“白色污染”问题的有效手段。例如，社会上较早关注的铁路两侧的“白色污染”问题，通过铁路部门加强管理，目前已取得显著成效。

2. 禁止使用一次性难降解的塑料制品

目前已有杭州、武汉、重庆、哈尔滨、福州、广州、厦门、宁波、汕头、重庆、连云港等城市颁布了相应政策和法规，禁止本地使用一次性泡沫塑料餐具。

3. 强制回收利用

1997年6月1日北京市环保局与市工商局联合发出了《关于对废弃的一次性塑料餐盒必须回收利用的通告》，要求在京生产、经销一次性塑质餐具的单位或个人必须负责回收利用废弃餐具，也可委托其他单位回收利用。这项措施成为北京市解决“白色污染”的一个成功突破口，目前已取得明显成效。天津市也采取了类似的做法，提出并确定了通过回收再利用达到节约资源、消除污染为目的的一整套防治方案。

5.7.4　塑料的定义及特性

1. 塑料的定义及特征

塑料是指以树脂(或在加工过程中用单体直接聚合)为主要成分，以增塑剂、填充剂、润滑剂、着色剂等添加剂为辅助成分，在加工过程中能流动成型的材料。

塑料主要有以下特性：

①大多数塑料质轻，化学稳定性好，不易锈蚀；

②耐冲击性好；

③具有较好的透明性和耐磨耗性；

④绝缘性好，导热性低；

⑤一般成型性、着色性好，加工成本低；

⑥大部分塑料耐热性差，热膨胀率大，易燃烧；

⑦尺寸稳定性差，容易变形；

⑧多数塑料耐低温性差，低温下变脆；

⑨容易老化；

⑩某些塑料易溶于溶剂。

2. 塑料的分类

塑料的分类体系比较复杂，各种分类方法也有所交叉，按常规分类主要有以下三种：一是按使用特性分类；二是按理化特性分类；三是按加工方法分类。

(1)按使用特性分类

根据各种塑料不同的使用特性，通常将塑料分为通用塑料、工程塑料和特种塑料三种类型。

①通用塑料。通用塑料一般是指产量大、用途广、成型性好、价格便宜的塑料，如聚乙烯、聚丙烯、酚醛等。

②工程塑料。工程塑料一般是指能承受一定外力作用，具有良好的机械性能和耐高/低温性能，尺寸稳定性较好，可以用作工程结构的塑料，如聚酰胺、聚砜等。

在工程塑料中又将其分为通用工程塑料和特种工程塑料两大类。

通用工程塑料包括聚酰胺、聚甲醛、聚碳酸酯、改性聚苯醚、热塑性聚酯、超高相对分子质量聚乙烯、甲基戊烯聚合物、乙烯醇共聚物等。

特种工程塑料又有交联型和非交联型之分。交联型的有聚氨基双马来酰胺、聚三嗪、交联聚酰亚胺、耐热环氧树脂等。非交联型的有聚砜、聚醚砜、聚苯硫醚、聚酰亚胺、聚醚醚酮(PEEK)等。

③特种塑料。特种塑料一般是指具有特种功能，可用于航空、航天等特殊应用领域的塑料。如氟塑料和有机硅具有突出的耐高温、自润滑等特殊功用，增强塑料和泡沫塑料具有高强度、高缓冲性等特殊性能，这些塑料都属于特种塑料的范畴。

增强塑料原料在外形上可分为粒状(如钙塑增强塑料)、纤维状(如玻璃纤维或玻璃布增强塑料)、片状(如云母增强塑料)三种。按材质可分为布基增强塑料(如碎布增强或石棉增强塑料)、无机矿物填充塑料(如石英或云母填充塑料)、纤维增强塑料(如碳纤维增强塑料)三种。

泡沫塑料可以分为硬质泡沫塑料、半硬质泡沫塑料和软质泡沫塑料三种。硬质泡沫塑料没有柔韧性，压缩硬度很大，只有达到一定应力值才产生变形，应力解除后不能恢复原状；软质泡沫塑料富有柔韧性，压缩硬度很小，很容易变形，应力解除后能恢复原状，残余变形较小；半硬质泡沫塑料的柔韧性和其他性能介于硬质和软质泡沫塑料之间。

(2)按理化特性分类

根据各种塑料不同的理化特性，可以把塑料分为热固性塑料和热塑料性塑料两种类型。

①热固性塑料。热固性塑料是指在受热或其他条件下能固化或具有不溶(熔)特性的塑料，如酚醛塑料、环氧塑料等。热固性塑料又分甲醛交联型和其他交联型两种类型。

甲醛交联型塑料包括酚醛塑料、氨基塑料(如脲-甲醛-三聚氨胺-甲醛等)。

其他交联型塑料包括不饱和聚酯、环氧树脂、邻苯二甲二烯丙酯树脂等。

②热塑料性塑料。热塑料性塑料是指在特定温度范围内能反复加热软化和冷却硬化的塑料，如聚乙烯、聚四氟乙烯等。热塑料性塑料又分烃类、含极性基团的乙烯基类、工程类、纤维素类等多种类型。

烃类塑料属非极性塑料，具有结晶性和非结晶性之分，结晶性烃类塑料包括聚乙烯、聚丙烯等，非结晶性烃类塑料包括聚苯乙烯等。

含极性基团的乙烯基类塑料除氟塑料外，大多数是非结晶型的透明体，包括聚氯乙烯、聚四氟乙烯、聚醋酸乙烯酯等。乙烯基类单体大多数可以采用游离基型催化剂进行聚合。

热塑性工程塑料主要包括聚甲醛、聚酰胺、聚碳酸酯、ABS、聚苯醚、聚对苯二甲酸乙二酯、聚砜、聚醚砜、聚酰亚胺、聚苯硫醚等。聚四氟乙烯、改性聚丙烯等也包括在这个范围内。

热塑性纤维素类塑料主要包括醋酸纤维素、醋酸丁酸纤维素、塞璐珞、玻璃纸等。

(3)按加工方法分类

根据各种塑料不同的成型方法，可以分为膜压、层压、注射、挤出、吹塑、浇铸塑料和反应注射塑料等多种类型。

膜压塑料多为物性的加工性能与一般固性塑料相类似的塑料；层压塑料是指浸有树脂的纤维织物，经叠合、热压而结合成为整体的材料；注射、挤出和吹塑多为物性和加工性能与一般热塑性塑料相类似的塑料；浇铸塑料是指能在无压或稍加压力的情况下，倾注于模具中能硬化成一定形状制品的液态树脂混合料，如MC尼龙等；反应注射塑料是用液态原材料加压注入膜腔内，使其反应固化成一定形状制品的塑料，如聚氨酯等。

3. 废塑料的处理及回收利用

随着塑料应用的日益广泛，塑料制品已成为现代生活的重要组成部分。然而由于废旧塑料难以自然降解，不为自然环境所亲和，它所造成的环境污染也日趋严重。近年来许多城市出现的严重塑料污染事件已经引起了人们的强烈反响。面对成灾的废弃塑料，人们更加关注它的回收与再利用，因为这样不但能使其成为有用的资源和财富，而且又是保护环境的重要举措。然而废塑料的回收与再利用是一个系统工程，它需要在提高全民族环境意识的基础上，得到广大人民的配合。

废旧塑料由于具有大分子结构，故废弃后长期不易分解腐烂，并且质量轻、体积大，暴露在空间可随风飞动或在水中漂浮。因此，人们常利用丘陵凹地或自然凹陷坑池建设填埋场，对其进行卫生填埋。卫生填埋法具有建设投资少、运行费用低和回收沼气等优点，已成为现在世界各国广泛采用的废塑料最终处理方法。在填埋过程中如果合理调度，操作机械化，可大幅度减少处理费用。一般来说，填埋场均铺设防渗层，并用机械压实压平，在上面覆盖土层，进行绿化，植草、建公园或自然景观，供人们休息游玩。

但填埋处理同时也存在着严重弊端：塑料废弃物由于密度小、体积大，因此占用空间面积较大，增加了土地资源压力；塑料废弃物难以降解，填埋后将成为永久垃圾，严重妨碍水的渗透和地下水流通；塑料中的添加剂如增塑剂或色料溶出还会造成二次污染。同时该法填埋了大量可利用的废塑料，这与可持续利用背道而驰。因此，建议填埋时先对废塑料及其包装物进行破碎，填埋已经综合利用和综合处理后的残余物。

采用填埋处理废旧塑料的方法，虽然起到了一定的作用，但近几年来，垃圾资源化的问题得到了世界关注，怎样将有害垃圾(废旧塑料)变为有效资源，已成为国际上的热门研究课题。而采用填埋处理会造成一定的资源浪费，于是人们又开发了废旧塑料再生利用新技术，以真正做到物尽其用，充分发挥塑料的所有利用能力和利用价值。

(1)直接作为材料

这种方法常称材料再循环。对材料为聚乙烯、聚丙烯、聚氯乙烯等废弃的热塑性塑料制品，可以在进行分类、清洗后再通过加热熔融，即可重新成为制品。然而收集到的废塑料制品常常由于所用材料无法迅速辨认而给再利用带来困难。极性的聚氯乙烯与非极性的聚烯烃是不能很好混熔的，即或暂时熔在一起，也会很快破裂，即使是同一品种不同型号的塑料也不能发挥出应有特性，故废塑料的分类成为再利用的一大障碍。

为了解决上述困难，一些厂家已经开始在制品上印刷或模压上所用材料种类的标志。

(2)制单体和燃料油

这是一种化学再循环，把聚合体再转变成单体的操作被看成是一种绝对循环，但目前只有有机玻璃(聚甲基丙烯酸酯)的加热分解和聚酯的甲醇解比较容易实现。对于难制成单体的废塑料可以用来制造燃料油，其方法是将它放入外热式加热炉内，以分子筛等硅铝酸盐为催化剂，在加热到430～460℃时，即裂解成低分子的石油烃，再通过分馏便得到汽、煤、柴油等有用的液体燃料。但这时不应使用含氯或氮类废塑料，否则会产生盐酸、氢氰酸等有害气体，腐蚀设备，污染环境。

(3)热能回收

焚烧回收热能是废旧塑料处理的另一主要方法。将废旧塑料进行焚烧的处理方法具有处理数量大、成本低、效率高等优点，其方式主要有三种：

①使用专用焚烧炉焚烧废旧塑料回收利用热能，所用的焚烧炉有流动床式燃烧炉、浮游式燃烧炉、转炉式燃烧炉等；

②废塑料作为补充燃料与生产蒸汽的其他燃料掺混使用，这是一项可行而又比较先进的能量回收技术，例如热电厂即可使用废塑料作为补充燃料；

③通过氢化作用或无氧分解，使废塑料转化成可燃气体或其他形式的可燃物，再通过它们的燃烧回收热能。

目前，在日本利用焚烧废塑料回收的热能约占塑料回收总量的38%。德国将回收的热能用于火力发电，发电量占火力发电总电量的6%左右。废塑料焚烧的主要产物是二氧化碳和水，但随着塑料品种、焚烧条件的变化，也会产生多环芳香烃化合物、一氧化碳等有害物质，例如，PVC会产生HCl，聚丙烯腈会产生HCN，聚氨酯会产生氰化物等。另外，在废塑料中还含有重金属化合物，在焚烧过程中这些重金属化合物会随烟尘、焚烧残渣一起排放，污染环境。因此，必须安排排放气体的处理设施以防止污染，否则这些物质若直接进入大气，其结果是破坏臭氧层，形成温室效应、酸雨危及人类身体健康。

塑料制品加工相对容易、耗能少、大部分制品可回收再利用，产品优点很多，应用范围广，是值得推广使用的产品。有的产品替代了传统产品，为保护环境作出重大贡献，正如同合成革、人造革代替真皮革那样，真皮制革过程对环境有较大污染，而合成革、人造革生产过程对环境的破坏就相对很小。这是社会进步的结果，当然，不正当的使用、过度的使用和不科学的应用塑料制品也会对环境造成危害，对此我们应研究并防止其发生，使塑料制品为环境保护和节约能源起到积极作用。

目前，在废弃塑料的回收利用方面还存在不少问题，主要有：人们环保意识不强；对废旧塑料再生利用认识不足；国家缺乏对废弃塑料回收利用扶持的具体政策；没有充分发挥环保部门和行业协会的作用，尚待制定法律法规和建立市场准入机制。材料回收利用工作还应当配合环保法规的制定和废旧材料回收体系的建立，因此也是一项系统工程。当今，塑料工业可持续发展围绕着“塑料与环境”这一中心展开，我们有理由相信通过提高人们的环保意识，制定相关政策、法规，加强塑料废弃物的回收利用工作，必将推进塑料行业的科技进步，促进环境保护，提高资源利用率，造福人类。有关部门今后要加大力度宣传废弃塑料回收利用和环境保护的重要意义，让我们赖以生存的地球和环境得到保护，使塑料制品生产与环境保护和谐发展。

5.7.5 塑料降解

绿色化学认为化学品的设计必须考虑当其功能用尽时能被降解为无害的物质，而不在环境中长期滞留，同时也要考虑母体化合物降解后的存在形式，只有当降解后的化合物的毒性和危害小于母体化合物时，才具有绿色化学意义。

降解塑料是指在保存期内各项性能可满足使用要求，而使用后在自然环境条件下能降解成对环境无害的物质的塑料。

塑料的降解主要包括生物降解、光降解和化学降解(又分为氧化降解和水解降解)三种类型。这三种降解过程相互间具有协同、增效和连贯作用。例如，光降解与氧化降解经常同时进行并相互促进，而生物降解更容易在光降解之后发生。

1. 生物降解塑料

生物降解塑料是指在自然环境下可被微生物作用而发生降解的塑料，它是一类最重要的降解塑料。

(1)塑料的生物降解原理

生物包括植物、动物和微生物，生物降解专指微生物降解。

当生物降解塑料制品被丢弃到自然环境中后，环境中的微生物(主要是细菌和真菌)在代谢过程中分泌出酶并附着于塑料表面，在酶的催化作用下，组成塑料大分子中的某些化学键发生断裂，分子链变短，高聚物变为低分子化合物，塑料的物理结构被破坏。由于低分子化合物是微生物的良好碳源，使微生物迅速增长，同时被吞噬的低分子化合物由于微生物的生化作用，最终被分解成 CO_2 和 H_2O。

(2)影响生物降解的因素

①微生物的种类。酶共有六大类，其中只有水解酶和氧化还原酶可将塑料降解。不同的微生物分泌出的酶也不同，降解能力也不同。

②塑料中化学键的类型。酯键、苷键和肽键在特定酶的催化作用下可发生断裂，而目前尚未发现能催化 C—C 键断裂的酶。因此聚乙烯、聚丙烯、聚苯乙烯、聚氯乙烯等难于生物降解，而脂肪族聚酯则被认为是最有前途的合成生物降解塑料。

③添加剂的性质和用量。塑料中常加入各种添加剂以改善其性能，不同的添加剂和添加量对塑料的生物降解性有不同的影响。一般有利于微生物繁殖和消化的添加剂能提高塑料的生物降解性。

④温度、湿度和 pH 值等。合适的温度、较高的湿度和适宜的 pH 值是微生物生长的必要条件，凡有利于微生物生长的环境因素均有利于塑料的生物降解。

(3)生物降解塑料举例

①生物塑料。这是一类由微生物合成的生物降解塑料，简称生物塑料，包括生物聚酯、生物纤维素、多糖类和聚氨基酸等，是一类能完全被自然界中的微生物降解的塑料。

微生物体内储存的动植物脂肪或糖原，是一类脂肪族聚酯，称为生物聚酯，是微生物的营养物质。当无碳源存在时，这些聚酯可分解为乙酰辅酶作为生命活动的能源。

②聚乳酸塑料。聚乳酸(PLA)又称聚内交酯，是以微生物发酵产物乳酸为单体化学合成的。使用后可自动降解，不会污染环境。

聚乳酸可以被加工成力学性能优异的纤维和薄膜，其强度大体与尼龙纤维和聚酯纤维相当。聚乳酸在生物体内可被水解成乳酸和乙酸，并经酶代谢为 CO_2 和 H_2O，故可作为医用材料。日本、美国已经利用聚乳酸塑料加工成手术缝合线、人造骨、人造皮肤。聚乳酸还被用于生产包装容器、农用地膜、纤维用运动服和被褥等。

③淀粉塑料。含淀粉在90%以上，添加的其他组分也是能完全降解的，目前已有日本住友商事公司、美国Wamer－Lamber公司、意大利Ferrizz公司等宣称研究成功含淀粉量在90%～100%的全淀粉塑料，在1个月至1年内完全生物降解而不留任何痕迹，无污染，可用于制造各种容器、瓶罐、薄膜和垃圾袋等。

全淀粉塑料的生产原理是使淀粉分子变构而无序化，形成了具有热塑性能的淀粉树脂，因此又称为热塑性淀粉塑料。其成形加工可沿用传统的塑料加工设备。

以淀粉为原料开发生物降解塑料的潜在优势在于：淀粉在各种环境中都具备完全的生物降解能力；塑料中的淀粉分子降解或灰化后，形成二氧化碳气体，不对土壤或空气产生毒害；采取适当的工艺使淀粉热塑性化后可达到用于制造塑料材料的机械性能；淀粉是可再生资源，取之不绝，开拓淀粉的利用有利于农村经济发展。

需要说明的是我国目前生产的淀粉塑料绝大多数为填充型淀粉塑料，即在非生物降解的高分子材料中添加一定比例的淀粉，通过淀粉的生物降解而致使整个材料物理性能崩溃，促使大量端基暴露以致氧化降解，但这种“崩溃”后的剩余部分中的PE、PVC等均不可能降解而一直残留于土壤中，日积月累当然会造成污染，因此国外将此类产品归属为淘汰型。

2. 光降解塑料

光降解塑料是指在光的作用下能发生降解的塑料。

(1)光降解原理

大部分聚合物的自氧化反应的活化能为41.8～167.2kJ/mol，化学键的解离能为167～600kJ/mol，太阳光中波长为290～400nm的紫外光的光量子能量为412.5～99.2kJ/mol。因此，到达地面的紫外光可使塑料中的弱键断裂，发生降解反应，先变成粉末状而后再被微生物分解，最终变为CO_2和H_2O，进入自然界生态循环。

(2)影响塑料光降解性的因素

①聚合物的种类。不同的聚合物其吸收光的波长是不同的，如聚氯乙烯为310nm，聚酯为325nm。

②添加剂的种类和含量。例如，抗氧剂可以抑制光降解而延长使用寿命，光敏剂可以加速光降解过程。

③氧、热、水(如雨、雪)、力(如风、沙)等自然环境因素也会对光降解过程产生影响。

3. 光－生物双降解塑料

光－生物双降解塑料是结合光和生物双降解作用以达到完全降解的目的，它是当前可降解塑料的主要研究、开发方向之一。

光－生物双降解塑料是淀粉等生物降解剂首先被生物降解，削弱聚合物的基质，使聚合物母体变为疏松，增大表面/体积比。同时日光、热、氧等引发光敏剂，促氧化剂和生物降解增敏剂的光氧化和自氧化作用等，导致聚合物的氧化、断裂。使聚合物相对分子质量下降到能被微生物所消化，最终变成CO_2和H_2O被农作物吸收。

光－生物双降解塑料的生产工艺复杂，设备投资大，生产成本相对较高，这使它的竞争力受到一定程度的限制。

4. 复合降解塑料

复合降解塑料是集光降解、生物降解和化学助剂诱导性降解为一体的新型环境降解塑料，它不用淀粉而是采用价廉的无机基料碳酸钙，配以聚烯烃和各种助剂，采用先进的生产工艺和设备交联制造而成。复合降解塑料的降解首先是通过诱导性光降解，使聚合物的大分子降低到能被微生物侵蚀、吞噬的相对分子质量以下，最后通过生物侵蚀性降解，达到完全降解的目的，使源自自然的物质重新回到大自然当中。

使用碳酸钙做基料会带来很多优点，如制品的加工性能好，产品理化性能好，降解诱导期可控，尤其是碳酸钙的价格远远低于淀粉，添加使用量占60%～70%，可使生产成本大幅度降低。

复合降解塑料的生产工艺简单，设备造价低廉，复合降解塑料可回收再利用，已具备工业化生产和大规模推向市场的条件。

5.8　绿色家装

近年来随着我国经济的发展，人们生活水平的日益提高，高档家具、时髦装修纷纷进入家庭和办公室；新兴建筑材料被广泛应用；香精、化妆品、防臭剂、杀虫剂、洗涤剂等也成了人们生活中必不可少的用品，这些因素都导致了室内空气中有害物质无论是品种或数量上的不断增加。

室内环境不良的表现：

①每天清晨起床时，感到憋闷、恶心甚至头晕目眩；

②家里人经常容易患感冒；

③虽然不吸烟，也很少接触吸烟环境，但是经常感到嗓子不舒服，有异物感，呼吸不畅；

④家里小孩经常咳嗽，打喷嚏，免疫力下降，新装修的房子孩子不愿意回家；

⑤家人经常皮肤过敏，而且是群发；

⑥家人共有一种疾病，而且离开这个环境后症状就有明显变化和好转；

⑦新婚夫妇长时间不怀孕，查不出原因；

⑧孕妇在正常怀孕情况下，发现胎儿畸形；

⑨新搬家或者新装修后室内植物不易成活，叶子容易发黄，枯萎，特别是一些生命力极强的植物也难以正常成长；

⑩新搬家后家养的宠物猫、狗甚至热带鱼莫名其妙地死去，而且邻居家也是如此；

⑪一上班就感觉喉痛，呼吸道发干，时间长了头晕、容易疲劳，下班后就没有问题了，而且同楼其他工作人员也有这种感觉；

⑫新装修的家庭和写字楼的房间或者新买的家具有刺眼、刺鼻等刺激性气味，而且超过一年仍然气味不散。

以上这些现象都是由于室内空气质量不合格造成的。

人的一生80%以上的时间是在室内度过的，室内空气质量的好坏与我们的健康是密切相关的。如果有这些症状请尽快采取措施，进行室内环境检测和治理，消除埋藏在身边的“定时炸弹”。

目前，家庭装修中主要的化学污染物是甲醛、苯及其同系物、氨、氡等有害物质，为了更好地认识它们的危害，我们不妨对它们的物化性质及污染的来源和途径作一番了解。

5.8.1 甲醛

1. 理化性质

甲醛又称蚁醛，化学式为 CH_2O，熔点为 -92℃，沸点 -19.5℃；易溶于水和乙醇，40%水溶液俗称福尔马林，是具有刺激性气味的无色液体；具有防腐作用，通常被用来固定病理标本及动物标本等。

2. 毒性

(1)刺激作用

低浓度的甲醛对眼、鼻和呼吸道有刺激作用，主要症状为流泪、打喷嚏、咳嗽、结膜炎、咽喉和支气管痉挛等。可导致皮肤过敏，出现急性皮炎，表现为粟粒至米粒大小红色丘疹，周围皮肤潮红或轻度红肿。

(2)毒性作用

按毒性分级甲醛属中等毒性物质，人一次误服 10～20mL 甲醛溶液即可导致死亡。美国环境保护局建议的每日容许摄入量为0.2(mg/kg 体重)/d。

甲醛能凝固蛋白质，当它与蛋白质氨基酸结合后，可使蛋白质变性，严重干扰人体细胞的正常代谢，因此对细胞具有极大的伤害作用。

发生甲醛急性经口中毒后可直接损伤人的口腔、咽喉、食道和胃黏膜，同时产生中毒反应。轻者头晕、咳嗽、呕吐、上腹疼痛，重者会出现昏迷、休克、肺水肿、肝肾功能障碍，导致出血、肾衰竭和呼吸衰竭而死亡。

长期接触低浓度的甲醛，可引起神经系统、免疫系统、呼吸系统和肝脏的损害，出现头晕、头痛、乏力、嗜睡、食欲减退、视力下降等中毒症状。甲醛还容易与细胞内亲核物质发生化学反应，形成加合物，导致 DNA 损伤。因此，国际癌症研究机构已将甲醛列为致癌物之一。

3. 室内甲醛的来源

甲醛主要来自复合木材中的酚醛树脂、脲醛树脂、内墙涂料、装修布、电器绝缘材料、黏合剂等。

因此目前市场上的各种刨花板、中密度纤维板、胶合板中均使用以甲醛为主要成分的脲醛树脂作为黏合剂，因而不可避免地会含有甲醛。另外，新式家具、墙面、地面的装修辅助设备中都要使用黏合剂，因此凡是有用到黏合剂的地方总会有甲醛气体的释放，对室内环境造成危害。由于由脲醛树脂制成的脲—甲醛泡沫树脂隔热材料有很好的隔热作用，因此常被制成建筑物的围护结构使室内温度不受室外的影响。此外，甲醛还可来自化妆品、清洁剂、杀虫剂、消毒剂、防腐剂、印刷油墨、纸张等。

因此，从总体上说室内环境中甲醛的来源还是很广泛的，一般新装修的房子其甲醛的含量可达到0.40mg/m^3，个别则有可能达到1.50mg/m^3。经研究表明甲醛在室内环境中的含量和房屋的使用时间、温度、湿度及房屋的通风状况有密切的关系。

在一般情况下房屋的使用时间越长，室内环境中甲醛的残留量就越少；温度越高，湿度越大，就越有利于甲醛的释放；通风条件越好，建筑、装修材料中甲醛的释放也相应加快，越有利于室内环境的清洁。

目前，在我国装饰装修领域，普遍采用木芯板作为家庭及工程装修的基本板材。受加工工艺的限制及胶黏剂品质的差异，市场上流通的木芯板中都会释放一定量的甲醛，所以木芯板材中的胶是室内甲醛的主要来源。

人造板用的胶黏剂主要是含甲醛的脲醛树脂胶、酚醛树脂胶和三聚氰胺树脂胶，其中绝大多数为脲醛树脂。这是因为它制造成本低、胶黏性好、色泽接近木材，而且在室内环境使用时，对耐水等性能要求不高。但脲醛树脂无论在制造、使用及固化后的各个阶段，都会释放出游离的甲醛。

胶合板制成家具后胶层中还会释放出甲醛，这是因为脲醛树脂是在酸性条件下固化的，它在温度、光、水分的不断作用下，发生裂解反应而产生甲醛。这种释放甲醛的反应可设法减弱，却不可避免。使用高游离甲醛胶水生产的胶合板装修居室或制成家具后，人们不仅会长时间受到强烈的刺激性气体的伤害，而且钢木家具、金属铰链、把手也会锈蚀，影响家电产品的使用寿命。

实测数据说明一般正常装修的情况下，室内装修 5 个月后，甲醛的浓度可低于 $0.1mg/m^3$，装修 7 个月后可降至 $0.08mg/m^3$ 以下。

4. 甲醛污染对人体健康的危害

甲醛已经被世界卫生组织确定为致癌和致胎儿畸形的物质，也是潜在的强致基因突变物之一。

研究表明：甲醛具有强烈的致癌和促癌作用。大量文献记载，甲醛对人体健康的影响主要表现在嗅觉异常、刺激、过敏、肺功能异常、肝功能异常和免疫功能异常等方面。其浓度在空气中达到 $0.06 \sim 0.07mg/m^3$ 时，儿童就会发生轻微气喘。当室内空气中甲醛含量为 $0.1mg/m^3$ 时，就有异味和不适感；达到 $0.5mg/m^3$ 时可刺激眼睛引起流泪；达到 $0.6mg/m^3$ 可引起咽喉不适或疼痛。当浓度更高时，可引起恶心呕吐，咳嗽胸闷，气喘甚至肺水肿；达到 $30mg/m^3$ 时，会立即致人死亡。

长期接触低剂量甲醛可引起慢性呼吸道疾病，引起鼻咽癌、结肠癌、脑瘤、月经紊乱、细胞核的基因突变，DNA 单链内交连和 DNA 与蛋白质交连及抑制 DNA 损伤的修复、妊娠综合征、引起新生儿染色体异常、白血病，引起青少年记忆力和智力下降。在所有接触者中儿童和孕妇对甲醛尤为敏感，危害也就更大。

世界卫生组织（WHO）工作组曾对甲醛规定了它对嗅觉、眼睛刺激和呼吸道刺激潜在致癌力的阈值，并指出当甲醛的室内环境浓度超标 10% 时，就应引起足够的重视。

甲醛污染危害严重的场所有新装修的居室、办公室、会议室、宾馆、KTV 包房和家具商场、建材商场等。

5. 如何防止甲醛对室内环境的污染

控制室内环境中的甲醛污染应该坚持从装修前入手，首先确定合理的设计方案，设计师在选择设计方案时，必须符合环保的要求，选择装饰材料要符合国家环保的标准，特别是房间的地面材料，最好不要大面积使用同一种材料，要合理计算室内空间的甲醛承载量和装修材料的使用量，要选择科学的施工工艺。注意选择对室内环境污染小的施工工艺，除了特殊要求以外，一般不要在复合地板下面铺装木芯板，用木芯板打的柜子和暖气罩，里面一定要用甲醛捕捉剂进行处理，油漆最好选用漆膜比较厚、封闭性好的，要严格掌握装饰和装修材料的质量，特别是复合地板、木芯板，要把甲醛量作为选择的主要条件。

5.8.2 苯及其同系物(甲苯、二甲苯)

工业上常把苯、甲苯、二甲苯统称为三苯，在这三种物质中以苯的毒性最大。

1. 苯的理化性质

苯是家庭室内空气污染的主要来源。苯的英文名称是 Benzene，化学式是 C_6H_6，无色，具有特殊芳香气味。室温在20℃密度为0.879g/mL，熔点为5.4℃，沸点为80.1℃。苯不溶于水，溶于乙醇、乙醚等有机溶剂。易挥发，易燃。苯是染料、塑料、合成橡胶、合成树脂、合成纤维、合成药物和农药的重要原料，也可用作动力燃料及涂料、橡胶、胶水等的溶剂。

2. 毒性

苯及其同系物对人体的危害与蒸气浓度和接触的时间有关，可能引起食欲不振、体重减轻、易倦、头晕、头痛、呕吐、失眠、黏膜出血、手足麻木、视力模糊，也可能引起血液变化。

首先出现血小板减少，白血球减少或异常增多，也可能引起红血球减少，出现贫血。

苯中毒还可引起白血病(血癌)。

当空气中苯的浓度过高时，超过1000mg/m^3 可能引起急性中毒。2000mg/m^3 以上短时间内可出现中毒症状，或出现强麻醉症状等。3000mg/m^3 只能忍耐30~60min。

一般认为苯的毒性的产生是通过代谢产物所致，也就是说苯必须先通过代谢才能对生命体产生危害。苯可以在肝脏和骨髓中进行代谢，而骨髓是红细胞、白细胞和血小板的形成部位，故苯进入体内可在造血组织本身形成具有血液毒性的代谢产物。长期接触苯可引起骨髓与遗传损害，血象检查可发现白细胞、血小板减少，全血细胞减少与再生障碍性贫血，甚至发生白血病。曾经有人对低浓度苯接触工人健康状况进行过调查，结果表明外周血白细胞数虽然在正常值范围之内，但显著低于对照组；经常性接触苯的工人的淋巴细胞微核率分布高于非苯接触组，且制苯车间观察人群的淋巴细胞微核率与对照组比较差异有显著性；随作业环境苯浓度的增高，白细胞数有降低趋势，淋巴细胞微核率有增加的趋势。这些均证明低浓度苯对作业人群的健康有损害，尤其要注意对人体遗传物质的损伤作用。吸入4000mg/m^3 以上的苯短时间除有黏膜及肺刺激性外，中枢神经亦有抑制作用，同时会伴有头痛、欲呕、步态不稳、昏迷、抽搐及心律不齐。吸入14000mg/m^3 以上的苯会立即死亡。

甲苯进入体内以后约有48%在体内被代谢，经肝脏、脑、肺和肾最后排出体外，在这个过程中会对神经系统产生危害，实验证明当血液中甲苯浓度达到1250mg/m^3时，接触者的短期记忆能力、注意力持久性及感觉运动速度均显著降低。

二甲苯包括邻位、间位和对位三种异构体，以间位比例最大，可达60%~70%，对位含量最低。二甲苯可经呼吸道、皮肤及消化道吸收，其蒸气经呼吸道进入人体，有部分经呼吸道排出，吸收的二甲苯在体内分布以脂肪组织和肾上腺中最多，后依次为骨髓、脑、血液、肾和肝。工业用二甲苯三种异构体的毒性略有差异，均属低毒类。曾有报告说三名工人吸入浓度为43.1g/m^3的二甲苯，18.5h后一名死亡，尸检可见肺淤血和脑出血，另两名工人丧失知觉达19~24h，伴有记忆丧失和肾功能改变。此外，吸入高浓度的二甲苯可使食欲丧失、恶心、呕吐和腹痛，有时可引起肝肾可逆性损伤。同时二甲苯也是一种麻醉剂，长期接触可使神经系统功能紊乱。

3. 室内三苯的来源及危害

居室中的三苯主要来自建筑装修中使用的化工原料，如涂料、填料及各种有机溶剂等，大量的有机化合物经装修后挥发到室内，以下几种装饰材料中三苯含量较高。

(1)油漆：苯、甲苯、二甲苯都是油漆中的溶剂。

(2)各种胶黏剂：特别是溶剂型胶黏剂，使用的溶剂多数为甲苯，其中含有30%以上的苯。

(3)防水材料：特别是一些用原粉加稀释剂配制成的防水涂料，操作15h后检测，室内空气中苯含量超过国家允许最高浓度的14.7倍；特别是一些低档的假冒产品超标更高。

4. 减少三苯危害的方法

(1)装修材料的选择

由于室内装饰材料是造成污染的主要来源，国家已经颁布了10种室内装饰材料的有害物质限量，所以在装修选材方面，要严格按照国家标准进行选择，这是降低室内空气中苯含量的根本。

(2)保持室内空气的净化

这是清除室内有害气体行之有效的办法，可选择在室外空气好的时候通风，有利于室内有害气体的散发和排出。

(3)施工工艺的选择

禁止使用油漆封闭墙面及施工工艺不规范的做法使得室内空气中的三苯含量增高。

(4)装饰公司的选择

选择带有绿色环保标志的装饰公司，并在签订装修合同时注明室内环境要求。

(5)装修后的居室不宜立即迁入

居室装修完成后，使房屋保持良好的通风环境，待苯及有机化合物释放一段时间后再居住。

5.8.3 氨气

1. 理化性质

氨气(NH_3)为无色而有强烈刺激性气味的气体。氨极易溶于水，当0℃时每升水中能溶解1176L的氨气，即907g氨气。

2. 氨气的毒性

氨气对人体的健康影响：对口、鼻黏膜及上呼吸道有很强的刺激作用，其症状根据氨气的浓度、吸入时间及个人感受性而有轻重。

氨气是一种碱性物质，它对接触的皮肤组织都有腐蚀和刺激作用。氨气可以吸收皮肤组织中的水分，使组织蛋白质变性，并使组织脂肪皂化，破坏细胞膜结构。

氨气对上呼吸道有刺激和腐蚀作用，可麻痹呼吸道纤毛和损害黏膜上皮组织，使病原微生物易于侵入，减弱人体对疾病的抵抗力。

浓度过高时除腐蚀作用外，还可通过三叉神经末梢的反射作用而引起心脏停止跳动和呼吸停止。

氨气的溶解度极高，所以常被吸附在皮肤黏膜和眼睑膜上，从而产生刺激和炎症。

氨气通常以气体形式进入人体，进入肺泡的氨，少部分被二氧化碳所中和，余下被吸收至血液，少量的氨可随汗液、尿或呼吸排出体外。

氨被吸入肺后容易通过肺泡进入血液，与血红蛋白结合，破坏运氧功能，短期内吸入大量氨气后可出现流泪、咽痛、声音沙哑、咳嗽、痰带血丝、胸闷、呼吸困难、还伴有头晕、头痛、恶心、呕吐、乏力等，严重者可发生肺水肿，成人呼吸窘迫症，同时可能出现呼吸道刺激症状。

3. 氨气的来源

室内氨气来源主要有以下三方面。

①在建筑施工中为了加快混凝土凝固速度或冬季施工防冻，在混凝土中加入了高碱性混凝土膨胀剂和含尿素与氨水的混凝土防冻液等外加剂，这类含有大量氨物质外加剂在墙体中随着温度、湿度等环境因素的变化而还原成氨气从墙体中缓慢释放出来，造成室内空气中氨的浓度大量增加，特别是夏季气温较高，氨气从墙体中释放速度较快，造成室内空气中氨气浓度严重超标。

②室内空气中氨来自于木制板材，家具使用的加工木板材在加压成型过程中使用了大量黏合剂，此黏合剂主要是由甲醛和尿素加工聚合而成，它们在室温下易释放出气态甲醛和氨气，造成室内空气的氨气污染。

③来自于室内装饰材料，譬如家具涂饰时使用的添加剂和增白剂，大部分都用氨水。它们在室温下易释放出气态氨，造成室内空气的氨气污染。

但是，这种污染释放期比较快，不会在空气中长期大量积存，对人体的危害相对小一些。

4. 减少氨气污染的方法

为了减少室内氨污染对人体健康的影响，应采取以下措施。

①冬季建筑施工时应严格限制使用含尿素的防冻液。

②装修时应减少采用人工合成板型材，如胶合板、纤维板等，选用无害化材料，特别是涂料，如油漆、墙面涂料、黏合剂应选用低毒型的材料。使用装饰材料时应尽量减少或不用含添加剂和增白剂的涂料，因为添加剂和增白剂中含有大量氨水。

③氨气是从墙体中释放出来的，室内主体墙的面积会影响室内氨的含量，居住者根据房间污染情况合理安排使用功能，如污染严重的房间尽量不要做卧室，或者尽量不要让儿童、病人、老人居住。

④消除室内空气污染，最有效的方法是通风换气。条件允许时可多开窗通风，以尽量减少室内空气的污染程度。

5.8.4 氡气

氡气是一种无色、无味的天然放射性惰性气体，由放射性元素铀、钍、镭等衰变产生。氡的化学性质稳定，在空气中以自由原子存在。氡气的短寿命子体是带电的很容易被吸附在空气中的尘埃上而成为放射性的气溶胶。

1. 室内氡气的来源及危害

一是来自于地质断裂构造带处，这类氡气的浓度会随着楼层的增高而逐渐减少。

二是来自砂石、砖、水泥、商品混凝土、粉煤灰制品、砌块、装饰石材如花岗石、大理石、瓷砖、石膏板、吊顶材料等建筑材料，其浓度会随装饰石材的增多而增大。世界卫生组织研究表明，氡是仅次于吸烟引起肺癌的第二大致癌物质，成为致癌的“隐形杀手”之一。

氡气被释放出来后悬浮在室内的空气中，随着人的呼吸而进入人体，一部分附着于气管黏膜及肺部表面，一部分溶入体液进入细胞组织，形成体内辐射，诱发肺癌、白血病和呼吸道病变。

科学研究表明，其诱发肺癌的潜伏期大多都在15年以上，世界上有1/5的肺癌患者与氡有关。所以说氡是导致人类肺癌的第二大“杀手”，是除吸烟以外引起肺癌的第二大因素。世界卫生组织把它列为使人致癌的19种物质之一。

氡及其子体在衰变时还会同时放出穿透力极强的射线，对人体造成外照射。长期生活在辐射场的环境下，就有可能对人的血液循环系统造成危害，如白细胞和血小板减少，严重的还会导致白血病。由于氨的危害是长期积累效应，且不易被察觉，因此必须引起高度重视。

2. *减少室内氡污染的方法*

室内氡的控制要针对其来源，从选址、设计、建材装修、材料选用、内部装修等方面入手，应购买合格的室内装修材料，买石材应要求卖方出示卫生防护管理部门发放的生产许可证和放射性卫生合格证及抽检报告等。

5.9　绿色能源

在大多数人的心目中，电力是一种清洁的能源，当使用电灯、电视、电冰箱、空调等电器时，也许我们并没有意识到电力对环境造成的破坏。实际上燃煤发电对环境的破坏是很大的。我国现在是世界上第二大温室气体的排放国，而常规电力生产使用煤、石油、天然气发电，已经成为我国二氧化碳等温室气体的主要排放源之一，而且燃煤还大量排放二氧化硫等有害气体。

当使用常规电力时，我们其实是间接的污染者，因为我们对电力有需求才产生了供给，从而间接对环境造成了污染，同时我们又是污染的受害者。

5.9.1　绿色能源的概念

“绿色能源”有两层含义：一是利用现代技术开发干净、无污染新能源，如太阳能、风能、潮汐能等；二是化害为利，与改善环境相结合充分利用城市垃圾淤泥等废物中所蕴藏的能源。与此同时，大量普及自动化控制技术和设备，提高能源利用率。

绿色能源也称清洁能源，它有狭义和广义两种概念。

狭义的绿色能源是指可再生能源，如水能、生物能、太阳能、风能、地热能和海洋能。这些能源消耗之后可以恢复补充，很少产生污染。

广义的绿色能源则包括在能源的生产及其消费过程中，选用对生态环境低污染或无污染的能源，如天然气、清洁煤(将煤通过化学反应转变成煤气或“煤”油，通过高新技术严密控制的燃烧转变成电力)和核能等。

人们常常提到的绿色能源有太阳能、氢能、风能等，但另一类绿色能源就是绿色植物给我们提供的燃料，我们就称它为生物能源或物质能源。其实绿色能源是一种古老的能源，千万年来我们的祖先一直是伐树、砍柴烧饭、取暖、生息繁衍。这样生存的后果是给自然生态平衡带来了严重的破坏，沉痛的历史教训告诉我们，利用生物能源，维持人类的生存，甚至造福于人类，必须按照它的自然规律办事，既要利用它，又要保护它，发展它，使自然生态系统保持良性循环。

5.9.2 生物质能

生物质是指通过光合作用而形成的各种有机体，包括所有的动植物和微生物。而所谓生物质能就是太阳能以化学能形式储存在生物质中的能量形式，即以生物质为载体的能量。它直接或间接地来源于绿色植物的光合作用，可转化为常规的固态、液态和气态燃料，取之不尽、用之不竭，是一种可再生能源，同时也是惟一一种可再生的碳源。生物质能的原始能量来源于太阳，所以从广义上讲生物质能是太阳能的一种表现形式。目前，很多国家都在积极研究和开发利用生物质能。生物质蕴藏在植物、动物和微生物等可以生长的有机物中，它是由太阳能转化而来的。

1. 生物质能的特点

(1)可再生性

生物质属可再生资源，生物质能由于通过植物的光合作用可以再生，与风能、太阳能等同属可再生能源，资源丰富，可保证能源的可持续利用。

(2)低污染性

生物质的硫含量、氮含量低，燃烧过程中生成的 SO_x、NO_x 较少；生物质作为燃料时，由于它在生长时需要的二氧化碳相当于它排放的二氧化碳的量，因而对大气的二氧化碳净排放量近似于零，可有效地减轻温室效应。

(3)分布广

缺乏煤炭的地域，可充分利用生物质能。

(4)生物质燃料总量十分丰富

生物质能是世界第四大能源，仅次于煤炭、石油和天然气。根据生物学家估算，地球陆地每年生产$(1000 \sim 1250) \times 10^8$t 生物质，海洋每年生产 500×10^8t 生物质。生物质能源的年生产量远远超过全世界总能源的需求量，相当于目前世界总能耗的 10 倍。我国可开发为能源的生物质资源到 2010 年已达 3×10^8t。随着农林业的发展，生物质资源还将越来越多。

2. 生物质能的应用

生物质能的应用有沼气、压缩固体燃料、气化生产燃气、生产燃料酒精、热裂解生产生物柴油等。

开发利用生物质能对中国农村更具特殊意义。中国 80% 人口生活在农村，秸秆和薪柴等生物质能是农村的主要生活燃料。尽管煤炭等商品能源在农村的使用迅速增加，但生物质能仍占有重要地位。

5.9.3 未来的几种新能源

1. 波能

波能即海洋波浪能。这是一种取之不尽、用之不竭的无污染可再生能源。近年来，在各国的新能源开发计划中，波能的利用已占有一席之地。尽管波能发电成本较高，需要进一步完善，但目前的进展已表明了这种新能源潜在的商业价值。日本的一座海洋波能发电厂已运行 8 年，电厂的发电成本虽高于其他发电方式，但对于边远岛屿来说，可节省电力传输等投资费用。目前，美、英、印度等国家已建成几十座波能发电站，且均运行良好。

2. 可燃冰

可燃冰是一种与水结合在一起的固体化合物，它的外形与冰相似，故称可燃冰。可燃冰在低温高压下呈稳定状态，冰融化所释放的可燃气体相当于原来固体化合物体积的 100 倍。

据测算可燃冰的蕴藏量比地球上的煤、石油和天然气的总和还多。

3. 煤层气

煤在形成过程中由于温度及压力增加，在产生变质作用的同时也释放出可燃性气体。从泥炭到褐煤，每吨煤产生 $68m^3$ 的气；从泥炭到肥煤，每吨煤产生 $130m^3$ 的气；从泥炭到无烟煤每吨煤产生 $400m^3$ 的气。

4. 微生物

世界上有不少国家盛产甘蔗、甜菜、木薯等，利用微生物发酵，可制成酒精，酒精具有燃烧完全、效率高、无污染等特点，用其稀释汽油可得到“乙醇汽油”，而且制作酒精的原料丰富，成本低廉。据报道，巴西已改装“乙醇汽油”或酒精为燃料的汽车达几十万辆，减轻了大气污染。此外，利用微生物可制取氢气，以开辟能源的新途径。

5.10　绿色涂料

5.10.1　概述

人类最早使用的涂料是由纯天然物质譬如植物油(桐油等)、生漆、天然沥青、天然颜料等组合构成的，基本上是无溶剂和无污染的。随着人类生产的发展、科技的进步和人们的生活水平的提高，纯粹以天然物质为基础的涂料已不能满足需要，因而出现了人工合成树脂为基础的合成涂料，满足了现代工业发展的各种需要，美化了人类生活。合成涂料的出现使涂料的用途更加广泛，性能更加完美。但是，大部分合成涂料一般都含有大量有机溶剂和有一定毒性的颜料、填料与助剂，在生产与使用的各个环节中会产生“三废”，造成对环境的污染，从而影响人类健康。因此，为减少污染，提高涂料性能，绿色涂料的应用和发展研究已成为当前涂料业的主要研究课题。

5.10.2　涂料的定义

涂料一般具有以下功能：防止物体表面受到气候腐蚀、化学腐蚀及日光照射而起变化；防止或减少物体表面直接受到摩擦和冲击；增加物体表面美观。所以对于涂料来说，其定义是指涂布于物体表面在一定的条件下能形成薄膜而起保护、装潢或其他特殊功能(绝缘、防锈、防霉、耐热等)的物质。

5.10.3　涂料的分类

1. 按用途来分类

可分为建筑涂料、船舶涂料、电器绝缘涂料、汽车涂料等。建筑涂料又分为室内用、室外用、木材用、金属用和混凝土用等。

2. 按施工方法分类

可分为刷用漆、喷漆、烘烤漆等。

3. 按作用来分类

可分为打底漆、防锈漆、防腐漆、防火漆、耐高温漆等。

4. 按漆膜的外观来分类

可分为大红漆、有光漆、无光漆、半光漆、皱纹漆等。

5. 按涂料的形态分类

可分为水性涂料、溶剂性涂料、粉末涂料等。

5.10.4 涂料的化学组成

涂料通常由成膜物质、颜料、溶剂和各种添加剂组成。

①成膜物质是涂料的基础，起成膜等作用，主要是各种油脂和树脂，可以是天然物、动植物油等，也可以是人工合成的，如酚醛树脂等。

②颜料是起漆膜构色、增强抗紫外、耐老化等作用。

③溶剂是为了降低涂料的黏度，易于施工。常用的溶剂有二甲苯、松节油、丙酮、乙醇等。

④添加剂的加入是为了进一步改善涂料的性能。如为了增加涂料的柔韧性，可以加入增塑剂；另外还有固化剂、消光剂、防腐剂等化学添加剂，如二乙胺、环烷酸酮等。

5.10.5 涂料对环境的影响

1. 对大气的污染

涂料对大气的污染主要是指涂料在生产或使用过程中产生的挥发性物质即 VOC（Volatile Organic Compound，挥发性有机物），排放到大气中后所造成的污染。研究表明室内 VOC 是城市肺癌患者增多的重要因素。

涂料中的化学物质除成膜基质外，其余物质如溶剂、增塑剂、添加剂等，大都是易挥发性的有机物，并带有一定的毒性，这些物质是涂料污染大气的主要来源，是大气的主要污染源之一。特别是有机溶剂使用量大，挥发性强，对人畜损害程度较大，涂料施工后全部有机溶剂挥发释放到大气中。

有机溶剂挥发到大气中造成的污染称为一次性污染或原发性污染。空气中的溶剂量超过标准，通过呼吸进入人体后会损害人体。如醇类、酮类溶剂可能会损害人体的神经系统；羟基甲酯、甲酸酯类溶剂会使肺中毒形成肺气肿等。

涂料中的 VOC 排入大气后还可以与空气中的 NO_x 作用，产生光化学烟雾，形成大气的二次污染，对人体造成更深程度的损害。历史上世界八大公害之一的 1966 年美国洛杉矶光化学烟雾事件，造成了 3000 多人死亡，其罪魁祸首就是空气中大量的 VOC 与 NO_x 发生光化学反应产生的光化学烟雾。

2. 对水系的污染

(1)对海洋的污染

涂料对海洋的污染主要是船体防污涂料对海洋水体的污染。

防污涂料的作用是阻止海中生物（如海藻等）在吃水线下船体的生长。因为船体长了海生物就会增加阻力，使航速下降，燃料消耗增加。船体涂以防污漆可减少海生物的依附，保持其清洁。自 20 世纪 60 年代人们发现有机锡的防污特性以来，有机锡特别是三丁基锡（TBT）防污涂料得到越来越广泛的应用。有机锡防污涂料可有效减少海洋污损生物对海洋船舶和建筑物造成的危害。20 世纪 80 年代以来，人们发现 TBT 对环境有许多负面影响，每年约有 3000t TBT 等防污涂料进入海洋，从而对海洋环境产生很大影响，甚至对海湾、港口、船坞等局部海域的海洋生物带来毁灭性威胁。例如，20 世纪 70 年代末有机锡污染曾使法国防卡琼湾的牡蛎养殖业一度瘫痪，造成直接经济损失近 1.5 亿美元。

有关毒性试验表明，有机锡尤其是 TBT 和 TPT 对鱼类毒性很大，鱼类对 TBT 有很强的富集能力。近 20 年以来曾发现鲸和海豚大批冲滩自杀，其主要原因是鲸和海豚喜欢追逐海船，海船中的有机锡毒害了动物脑神经细胞，使其丧失方向，具有集体行动习性的动物当其中一头中毒冲滩后，其余便盲目跟进形成“集体自杀”。

有机锡防污涂料对海洋生态环境和海洋渔业资源的破坏性影响已引起了人类的警觉和重视，限制乃至禁止使用有机锡防污涂料还在进行之中，取而代之的将是无锡或其他新型的无毒防污涂料，以保护海洋水体和保持海洋生态的平衡。

(2)对淡水系统的污染

涂料生产和使用过程中产生的废水，含有大量有毒的无机、有机化合物，不经处理或不完全处理后排入江、河、湖泊，会造成淡水污染，破坏地球水资源循环。涂料废水中的重金属离子可以在河底泥层沉积和富集，或渗入地下水中进一步污染地表淡水，引起淡水资源恶化，从而加重环境中淡水资源的危机。涂料在使用过程中，涂膜不断老化，漆膜粉化而不断开裂、剥落，其中的颜料、填料(多为铅、铬、镉等重金属离子无机物)被雨水冲刷，慢慢排入水中造成污染。另外，大气的污染也可交叉引起水质污染，大气中有毒的有机物尘粒被雨水夹带落入地面，流入江河造成污染。

3. 合成涂料对生态及人体健康的影响

合成涂料中的未完全反应单体、有机溶剂、添加剂、重金属离子等大部分带有毒性，对地球生态和人体健康带来极大的甚至是不可逆转的影响。污染物可直接或间接地进入生物体或者人体，干扰或改变体内正常的生理功能，能引起种群变异或减少。近年来有资料报道已表明，多环芳烃、多氯联苯及增塑剂等许多化学物质都具有类雌激素的作用。该类物质进入脊椎动物体内会影响脊椎动物的繁殖，进入人体能产生致癌、致畸的作用，其生殖毒性研究是当前毒理学的研究热点之一。有机锡等有机金属化合物能干扰哺乳类动物生殖系统正常功能，并可能引起不育或畸形。由于环境污染对人类健康的危害是显而易见的，近几十年来人类恶性肿瘤患者的激增、人体免疫系统的失调等，无不与环境污染存在重大关系，污染的失控已经危及到人类的生存。

4. 涂料的潜在毒性

室内用涂料主要分为水性涂料和溶剂性涂料两种。产生污染的主要是溶剂性涂料，而使用环保的水性涂料便可以完全免除对涂料污染的担忧。中国涂料工业协会专家认为，任何溶剂性涂料都会含有50%或以上的有机溶剂，溶剂里含有苯类化合物。苯是一种具有特殊芳香气味的无色液体，所以专家们把它称为“芳香杀手”，苯化合物已经被世界卫生组织确定为强烈致癌物质。人在短时间内吸收高浓度的甲苯、二甲苯时，会出现中枢神经系统麻醉的症状，轻者头晕、头痛、恶心、胸闷、乏力、意识模糊，严重的会出现昏迷，以致呼吸、循环衰竭而死亡。苯主要对皮肤、眼睛和上呼吸道有刺激作用，经常接触苯，皮肤可因脱脂而变干燥、脱屑，有的会出现过敏性湿疹。美国专家进行的流行病学调查显示，在接触油漆的工人中，老年性痴呆病率显著升高。而且近些年来很多劳动卫生学资料表明：长期接触苯系混合物的工人中，再生障碍性贫血罹患率较高。

解决涂料VOC对人体健康的损害问题已到了刻不容缓的地步，因此，开发使用低污染、无毒的“绿色涂料”已成为世界涂料行业当务之急。

5.10.6　绿色涂料

由于传统涂料对环境与人体健康有影响，所以现在人们都在想办法开发绿色涂料，所谓绿色涂料是指节能、低污染的水性涂料、粉末涂料、高固体含量涂料(或称无溶剂涂料)和辐射固化涂料等。

20 世纪 70 年代以前几乎所有涂料都是溶剂型的，20 世纪 70 年代以后由于溶剂的昂贵价格和降低 VOC 排放量的要求日益严格，越来越多的低有机溶剂含量和不含有机溶剂的涂料得到了大力发展。现在越来越多地使用绿色涂料，下面几种新涂料是目前开发较好的涂料。

1. 高固含量溶剂型涂料

高固含量溶剂型涂料是为了适应日益严格的环境保护要求从普通溶剂型涂料基础上发展起来的，其主要特点是在可利用原有的生产方法、涂料工艺的前提下，降低有机溶剂用量，从而提高固体组分，这类涂料是 20 世纪 80 年代初以来以美国为中心开发的。通常的低固含量溶剂型涂料的固体含量为 30% ~50%，而高固含量溶剂型(HSSC)涂料要求固体达到 65% ~85%，从而满足日益严格的 VOC 限制。

2. 水基涂料

水有别于绝大多数有机溶剂的特点在于其无毒无臭和不燃，将水添加到涂料中，不仅可以降低涂料的成本和施工中由于有机溶剂存在而导致的火灾，也大大降低了 VOC。因此，水基涂料从其开始出现起就得到了长足的进步和发展。

水基涂料可分为水溶性、水分散性和水乳化三类。主要特性是以无毒的水代替有毒的有机物作为涂料溶剂，减少或消除涂料 VOC 对大气的污染。

水基涂料中以水分散性涂料品种最多，由于其储存稳定性好、性能较优、使用方便而被广泛开发使用。水基涂料仍然会含部分有机溶剂(作助溶剂)，但量较少，VOC 值低。

中国环境标志认证委员会颁布了《水性涂料环境标志产品技术要求》，其中规定产品中的挥发性有机物含量应小于 250g/L；产品生产过程中不得人为添加含有重金属的化合物，重金属总含量应小于 500mg/kg(以铅计)；产品生产过程中不得人为添加甲醛和聚合物，含量应小于 500mg/kg。事实上现在水基涂料使用量已占所有涂料的一半左右。

3. 粉末涂料

粉末涂料就是不包含有机溶剂、固体成分含量为 100% 的涂料。粉末涂料归为绿色涂料是由于其 VOC 接近于零，且比传统溶剂型涂料的综合效能高，可达 90% 以上。节能降耗可达 30% ~50%，涂层耐候、耐久和耐化学性优越，使其品种和产量在不断提高和扩大。

粉末涂料产量仅次于水性涂料，约占总量的 20%。粉末涂料除无溶剂 VOC 污染的优点外，还可进行涂装后回收利用过喷粉末，克服涂料喷涂过程中的过喷浪费现象，从而提高涂料利用率。简而言之使用粉末涂料时，涂料利用率可达 90% 以上，降低能耗 30% ~50%，节省劳务费用 30% ~40%，可替代 3 ~5 倍的传统溶剂性涂料。

粉末涂料作为无溶剂涂料的代表，与水性涂料一样，受到涂料涂装产业界的重视，使得粉末涂料及其涂装技术在市场上十分活跃。

粉末涂料是国内比较先进的涂料。粉末涂料理论上是绝对的零 VOC 涂料，具有其独特的优点，也许是将来完全摒弃 VOC 后，粉尘涂料是涂料发展的最主要方向之一。但其在应用上的限制需要更为广泛而深入的研究，例如其制造工艺相对复杂一些，涂料制造成本高，涂料配色性差，不规则物体的均匀涂布性差等。这些都需要进一步改善，但它是今后的发展方向之一。

涂料的研究和发展方向越来越明确，就是寻求 VOC 不断降低、直至为零的涂料，而且要求其使用范围要尽可能宽、使用性能尽量优越、设备投资适当等。因而，水基涂料、粉末涂料、无溶剂涂料等可能成为将来涂料发展的主要方向。

5.10.7 绿色涂装技术

涂装是涂料在底物表面附着膜化的过程。涂装过程中会产生废物污染，如喷涂中涂料的散发。

绿色涂装则是根据涂料的品种类型、工件表面质量、涂装工件的批量而采用合适的涂装工艺条件和程序，减少有毒废物的排放的环保型涂装。

不同的涂料品种和不同的涂装工序会产生不同类型的废物污染，因此在涂料的涂装过程中可根据产品的实际情况，采用合适的工艺、工序，尽可能将废物污染及危害降到最低。

涂料的绿色涂装是刚刚起步的涂料清洁生产的重要组成部分，也是绿色涂料的重要内容之一，需要涂料的生产厂家及科技工作者加以研究。

5.10.8 绿色涂料展望

有毒有害涂料在涂料历史发展的长河中曾为人类作出了巨大的贡献，至今仍在市场上占有一定的分量。但其对环境和人类健康的负面影响使其今日风光不再，在未来新世纪最终要遭受被淘汰的命运。无毒无害的绿色涂料替代有毒有害涂料是必然的趋势，人们自意识到毒性涂料对环境的污染和人类健康的影响，就开始制定了一系列相关的法律、法规和措施，限制或禁止有毒有害涂料的生产和使用。如 2000 年初国家经贸委发布的《淘汰落后生产能力、工艺和产品目录(第一批)》(6 号令)中明令禁止生产有毒建筑内外墙涂料 107 涂料，取而代之以醋丙乳酸漆和苯丙乳酸漆涂料，在这些乳酸漆中不含甲醛和铅、铬、镉等重金属污染，目前已在市场上占据了主要地位。

21 世纪绿色涂料发展的重点有以下几个方面。

①重点发展乳胶漆。乳胶漆是一种以合成乳液为黏合剂，加入填料和少量助剂，并以水作溶剂的涂料。乳胶漆具有低毒无害、无污染、无火灾危险等特点。

②发展无机矿物涂料。无机矿物涂料的主要成分是无毒的硅酸盐加上无机矿物的颜料和填料。

③发展固体涂料。固体涂料主要由粉末涂料和辐射固化涂料组成；VOC 为零，安全可靠。

随着全球性清洁生产计划的铺开，我国涂料生产企业作出了相应的反应和调整，绿色涂料的发展具有十分广阔的发展前景。发展绿色涂料，取缔有毒有害的涂料，提高产品质量和环保价值含量，适应时代的要求是当今涂料生产企业深化改革，由粗放型向集约型转化，排除环境污染困扰，实现可持续发展的惟一途径，也是企业立足于清洁、健康的 21 世纪的根本。

5.11 绿色洗涤剂

洗涤用品在人们生活中是必不可少的，它给我们的生活带来了洁净。洗衣粉是用于纺织品洗涤的最主要洗涤剂。传统洗衣粉中以磷酸盐作为主要助剂，磷酸盐的平均含量约为 15%。随着人民生活水平的提高，现在人们洗涤衣物主要依靠洗衣机，而洗衣粉则是最主要的洗涤剂，这样一来会导致大量的洗涤废水被排入环境中。大量含磷废水进入水体导致最直接的危害就是水体含磷量超标，造成水体的污染。

5.11.1 洗涤剂的成分及作用

化学合成洗涤剂主要是由表面活性剂和辅助组分(助剂、增泡剂、螯合剂、填料等)组成。

1. 表面活性剂

表面活性剂又称洗涤剂的活性物，是洗涤配方的核心成分。依据其分子内亲水基和亲油基的平衡，溶入水中并吸附于基质(水和污垢)之间的界面上，从而使界面自由能降低而实现去污的过程。其分子都有共同的基本结构，即分子的一端是直链的、支链的、环状或多环的碳氢链，多为苯烷基，是亲油基，另一端是—COO^-、—SO_3^-、—$(CH_2CH_2O)_n$、—NH_2等极性基团，为亲水基。

洗涤剂常用的表面活性剂主要有阴离子和非离子表面活性剂两类。在阴离子表面活性剂中，以直链烷基苯磺酸钠应用最为普遍，约占90%，其中应用最广的是十二烷基苯磺酸钠($R—C_6H_4—SO_3Na$，LAS)。非离子表面活性剂应用最广泛的是聚氧乙烯醚类，如脂肪醇聚氧乙烯醚(ABO－7和AEO－3)、烷基酚聚氧乙烯醚(Tx－10)等。

阳离子和两性表面活性剂去污力较弱，但可作辅助原料－助剂，具有杀菌、柔软、乳化、润湿、发泡、消泡、抗静电等作用。

2. 软水剂

软水剂又称金属络合剂，当水的硬度较大时，溶液中存在的钙、镁离子会影响表面活性剂从基质上洗下污垢的能力，同时也会影响表面活性剂悬浮污垢的能力。软水剂可与钙、镁离子形成稳定的络合物，防止阴离子表面活性剂失活，提高表面活性剂的利用率。实验室里常用的络合剂是EDTA(二乙胺四乙酸)，在实际生产中则主要使用三聚磷酸钠($Na_5P_3O_{10}\cdot 6H_2O$，STPP)。作为最常用的一种络合助剂，三聚磷酸钠不仅有优异的软化水质、分散污垢、缓冲碱剂及抗结块性能等特点，而且价廉易得。当溶液pH值在4.3～14范围内，加入的磷酸盐对酸碱性有缓冲作用，不致因碱量的增减使pH值发生大幅度的变化；磷酸盐在洗涤剂配方中所占比例很大，其用量常超过表面活性剂的比例。加入磷酸盐有软化水的能力，还能提高溶液起泡力和泡沫稳定性。它与表面活性剂并用，比单一用表面活性剂去污力大，使污垢被分散、乳化、胶溶到水中。由于三聚磷酸钠含有6个结晶水，不易吸收水分，可使洗衣粉保持良好的颗粒度，使成品干爽，便于包装，不致产生粉尘、吸潮、黏结等不良现象。

3. 碱剂

在适当的碱性环境下，纤维和污垢可被最大限度地离子化，更易于污垢的水解和分散。一般洗衣粉配方中都含有纯碱和硅酸钠，二者是碱性洗衣粉的主要成分。碳酸钠具有降低硬水中钙、镁离子的能力，使水软化，另外的作用是使污垢和纤维在pH值增加时带有更多的负电荷，从而增加污垢与纤维之间的排斥性；硅酸钠应用最多的是偏硅酸钠五水合物，除具有软化水的作用外，还具有悬浮污垢颗粒、防止再沉积的特性。

4. 填充剂

填充剂主要是硫酸钠，有无水硫酸钠和十水硫酸钠两种。在成型过程中硫酸钠使料浆密度增大，流动性变好，有助于洗衣粉成型，在粉剂中它还有防止结块的作用。

5. 羟甲基纤维素钠(CMC)

CMC本身无去污作用，它在洗涤剂中的主要作用是防止污垢再沉积，以提高洗涤剂的起泡力和泡沫稳定性，抑制洗涤剂对皮肤的刺激。CMC还用于浆状洗涤剂中增加产品稠度、稳定胶体和防止分层。

6. 酶制剂

酶是一类生物催化剂，如蛋白酶可以催化水解肉、蛋、奶渍；淀粉酶可以催化水解酱、粥等污渍；脂肪酶可以催化水解各类动植物油脂和人体皮脂腺分泌物及化妆品污垢；现在一般使用多种成分的复合酶。

除此之外，洗涤剂中有时还含有荧光增白剂、香精、色素等成分，以改善其外观，给人以清新愉悦的感受，并掩盖化学成分的固有异味。

5.11.2　洗涤剂对环境的危害

由于传统洗涤剂中以磷酸盐作为主要助剂，在去除污垢后随污水被排放到江、河、湖泊中。由于磷是生物体不可缺少的十分重要的元素，磷对细胞分裂及有机物的合成、转化、运输和呼吸作用都有较大关系，对浮游植物的能量代谢和繁殖有重要作用，水中含磷可促进固氮细菌和硝化细菌的繁殖，从而增加水中含氮量。水体中的磷作为营养性物质，含量较高时会形成富营养化，造成藻类迅速繁殖。这样会耗尽水中的氧气，使水生动植物死亡，大量的藻类因缺氧死亡腐烂，甚至使水体部分彻底丧失使用功能。

当含磷和氮的化合物过多地排入水体后，会引起二次污染。即在适宜的光照、温度和具备充分营养物质的条件下，天然水体中的藻类会进行光合作用，合成藻类原生质。所以藻类繁殖的程度主要决定于水体中这两种成分的含量，并且已经知道能为藻类吸收的是无机形态的含磷、含氮的营养物。

据相关研究资料显示，含磷洗衣粉造成的富营养化，目前正在威胁着我国的各大水系及周边海域，特别是湖泊，几乎都处于富营养化状态。由于含磷量超标，造成湖中藻类疯长，原本清彻透明的湖水变成了混浊的墨绿色，其中还有一种蓝藻，会释放致癌物质；我国的周边沿海也由于海水中营养过剩，致使浮游生物暴发性繁殖，造成海水中频频出现“赤潮”。环保专家认为，尽管造成水体富营养化的原因是多方面的，但毫无疑问的是大量排放于环境中的含磷洗涤废水是其中最主要的根源之一。

此外，含磷洗涤剂对人的身体健康也有一定的影响。由于高磷洗衣粉对皮肤的直接刺激，家庭主妇在洗衣服时手和手臂会产生灼痛的感觉，而穿上含磷洗衣粉洗过的衣服又让一些人皮肤过敏，瘙痒不止。

5.11.3　无磷洗涤剂

磷对水体的污染和身体健康的影响，已为世界所认同，为此各国先后采取禁磷、限磷措施。20世纪70年代，美国提出洗涤品要求禁磷、限磷；之后瑞典、德国也对家庭洗涤剂实行限磷措施，瑞士和意大利已经全面禁止在洗涤剂中使用磷。1980年日本提出洗涤品禁磷，用沸石代替磷作洗涤剂的助洗剂，目前洗涤剂无磷化率几乎达到100%。含磷洗涤剂造成的污染也已引起我国各级政府的高度重视，各地陆续出台多项禁磷措施。2000年在环渤海地区经济联合体市长联席会议期间，针对渤海污染情况，26名市长联名致信国务院和国家环保总局，倡议在环渤海地区强制性地禁止销售、使用含磷洗涤剂，提倡使用无磷洗涤剂。河北、山东、辽宁、天津等省市沿渤海地区已于2002年禁止销售和使用含磷洗涤用品。受磷污染严重的太湖、滇池、巢湖等地区均已先后采取措施禁止销售、使用含磷洗涤剂。

为了减少含磷洗涤剂对环境的污染，人们也在不断地研究和开发含磷助剂的替代品，并取得了不少成果，其中比较有效的助剂有：有机络合助剂，如二乙胺四乙酸(EDTA)、氨基三乙酸(NTA)、酒石酸钠、柠檬酸盐、葡萄糖酸盐等；高分子电解质助剂，如聚丙烯酸盐及无机助剂人造沸石和层状硅酸盐等。目前普遍认为，无机助剂人造沸石和层状硅酸盐是比较有发展前途的洗涤助剂。

1. 4A 沸石$[(Na_2O)_{12}(Al_2O)_{12}]\cdot xH_2O$

沸石的作用是通过离子交换降低钙、镁离子，达到软化水的目的，并阻碍污垢重新黏附。沸石助剂有利于环境保护，使用安全，还可降低洗涤剂的生产成本，成为三聚磷酸钠的主要替代产品，因此该类无磷洗涤助剂得到了较大的发展。

4A 沸石是具有多孔多穴结构的水合铝硅酸钠，其结构为三维立体骨架，由于其孔径为4A，故称之为4A 沸石。4A 沸石的 pH 值是中性，因此应在洗衣粉中添加一定的碱才能满足洗衣粉所需要的碱性。另外，4A 沸石不溶解于水，而且易与污物结合生成壳状水不溶物(即钙沉积)，造成衣物的二次污染、漂洗困难，为此需要加入柠檬酸钠等作为分散剂。另外，洗涤剂行业所消耗排放掉的4A 沸石，会在不同的地表面形成新的堆积物，如造成排水管道堵塞，在河流中沉积形成污泥等，这对生态环境也将是一个负担，并有可能形成新的环境问题。目前国内的无磷洗衣粉大都采用4A 沸石作为助洗剂，但该种无磷洗衣粉的洗涤效果仍逊于含磷洗衣粉，特别是水的硬度较大的北方地区更加明显。

2. 偏硅酸钠

偏硅酸钠是可溶性硅酸盐系列。因偏硅酸钠与水中的 CaO 结合生成 $CaSiO_3$，因此它对水中钙离子有结合效果，但与镁离子结合效果较弱。可溶性的硅酸盐都具备这种性能，如速溶粉状泡化碱等，1% 水溶液的 pH 值在 14 以上，完全满足洗衣粉所需的碱性，一般用它生产洗衣粉的用量不能超过 8%。尽管偏硅酸钠生产工艺简单，生产成本较低，但性能达不到对助洗剂的要求，因此不能完全替代三聚磷酸钠。

3. 层状硅酸钠

层状硅酸钠是以硅酸钠(泡花碱)、氢氧化钠为原料在高温下制成层状分子结构的可溶性硅酸盐，故称层硅。层硅的分子结构为层状，其间距恰好是钙、镁离子的直径，所以它能有效地结合钙、镁离子，而且捕捉钙、镁离子的速度比三聚磷酸钠还要快，是优良的软水剂。层硅的水溶性非常好，由于层硅水解以后变成络阴离子结构等原因，使水中钙、镁离子不会聚积成大颗粒而沉淀，因此层硅具有抗再沉淀性能，对污垢微粒和油渍具有较好的悬浮作用。层硅不含水，不会与洗涤剂中的其他原料发生水解，所以能长久储存而不失效。层硅的主要成分是 SiO_2，无毒、无污染，用层硅生产的洗涤剂在使用排放后不会造成水质富营养、污染环境等问题。可见，层状硅酸钠是一种非常理想的洗涤助剂产品，可完全代替三聚磷酸钠。

5.12 废旧电池与环境污染

5.12.1 化学电池的种类及其危害

目前普遍使用的化学电池有伏打电池、蓄电池、干电池、碱性电池、微型电池、浓差电池等。而每一类电池中又包括多种电池，如蓄电池又包括铅蓄电池、镍镉电池、银锌电池、锂氢电池、镍氢电池等。从它们的组成材料来看主要含有镉、铅、锌、锂、锰、铜、汞、镍等金属及酸、碱、电解质溶液等。这些使用后的电池常常被随意丢弃，它不仅对环境造成污染，而且对人体造成很大的伤害。如人们常用的干电池即锌锰电池，在制造过程中为了改善它的放电性能、增大电池容量，常常在锌中加入汞，形成汞电池。一般碱性电池约含有1% ~5%的汞，中性电池约含0.025%的汞。据统计我国目前有电池厂千余家，每年生产一次性电池过百亿节，每年电池工业用汞约为60 ~80t。这些含汞的物质用完被抛弃后，将会在酸碱环境中发生反应造成腐蚀，电解液及有毒物质渗入土壤及地下水，通过农作物或饮用水进入人体，其危害是相当大的。1粒纽扣电池中的汞，若泄漏到水中就可污染约60×10^4kg水，相当于一个人一生的饮水量。1节1号电池烂在地里可使$1m^2$的土地寸草不生。更为危险的是汞在水中由于微生物的作用转变为甲基汞，许多水生物体内都可产生甲基汞的积累，并通过食物链进入人体，在胃酸的作用下，转化为氯化甲基汞，经肠道几乎全部吸收到血液，在红细胞内与血红蛋白中的巯基结合，随血液流通到各个器官组织，造成对人体的损害。最典型的例子就是日本熊本县水俣湾附近的渔民，由于长期摄入富集甲基汞的水贝而造成的水俣病。

镉镍电池是目前广泛使用的充放电池，它可充放电数千次。镉的污染更不能忽视，它也可在生物体内富集。镉的化合物可通过食物、水、空气经消化道和呼吸道进入人体，形成镉硫蛋白，经血液流到全身从而影响肾、肝器官中酶系统的正常功能。使骨骼疏松、萎缩、变形，易发生全身多发性骨折。有资料报道，镉有致癌、致畸的作用。镉在动物体内的半衰期为16 ~33年，经长期蓄积达到一定程度后才发病，此病无特效疗法，死亡率很高。疼痛病就是镉污染所致。

铅及铅的化合物进入人体后会使体内蛋白质发生变性，使其正常的功能受到破坏。它主要损害骨髓造血系统和神经系统；电池中的锰、锌、铜等重金属若在人体大量富集，也会使人的免疫力下降，甚至患上绝症。

我国是生产和消费电池大国，统计资料表明，从1980年我国单从干电池一项产量上就已超过美国居世界第一位。目前全世界的电池产量约为250亿只。我国就占总量的1/2左右，并以每年20%的速度增长。这些使用后的电池被随意丢弃，不仅造成环境污染，危害人体健康，而且会造成大量的资源浪费。若以每年生产100亿只干电池计算，全年将要消耗约16×10^4t锌、2300t二氧化锰、2000t钢、2.7×10^4t氯化锌、8×10^4t氯化铵、4.3×10^4t碳棒。随着信息产业高速发展，产生了大量的废弃物，仅全国手机每年淘汰的废电池就达千吨之多。这样大量材料被浪费，对环境也造成了污染。因此废旧电池的回收利用，利国利民，而生产新型无污染电池也势在必行。

5.12.2 废电池的回收利用

有关废旧电池对环境的污染，早已引起世界各国的高度重视。一些发达国家和地区已经严格规定，不准生产和销售有汞电池，基本上做到了电池无汞化。我国原轻工业部（现中国轻工业联合会）等九部门曾于1997年下发了《关于限制电池生产含汞量的规定》，2001年禁止各类高汞电池的生产，2002年又禁止在国内生产含汞量大于电池重量0.025%的电池，最终达到电池无汞化。积极开发新型化学电源是世界各国电池生产的发展目标。不仅要在高比能量、高比容量、长寿命方面取得长足进步，而且更重要的是向“绿色电池”方向发展。如目前开发的可充式镍氢电池、锂电池、钠硫电池、燃料电池、太阳能电池、温差电池、原子能电池等都属于这种类型。有人提出在制造之初就将环境污染和资源消费控制在最小，从而使生产和再生利用形成一个良性循环，做到利于民，而无害于民，无害于自然。

近阶段在废旧电池的回收、利用及开发方面，国外已取得较为成功的经验。目前，德国政府立法规定，生产商和经销商必须回收全部废电池，可再生利用的废电池必须再利用。并已经基本做到废电池的全部回收和分类处理。美国在这方面立法最多、最细。它不仅建立了完善的废电池回收体系，而且建立了多家处理厂。

同时，坚持对大众进行教育，让大众自觉支持和配合废电池的回收工作。日本成立了专门的废电池研究机构，专门研究废电池的回收利用工作，收效较好。早期世界上对废电池的处理方式一般采取固化深埋。目前，大多进行回收利用。回收的方法大致有两种：一是热处理，即将旧电池磨碎后送往炉内加热，在低温下先使汞挥发，然后在高温下回收其他金属，但是，热处理的方法花费较高；二是湿处理，其方法是将各类电池溶解于硫酸，然后借助于树脂从溶液中提取各种金属，用这种方法获得的原料比热处理方法纯净，电池中包含的各种物质95%都能被提取出来，且污染较小。这两种方法虽然在技术上较为成熟，但都有流程长、污染大、投资和消耗高、综合效益低的缺点。

1996年日本TDK公司对再生工艺进行了改革，变回收单质金属为回收做磁性材料。这种方法简化了分离工序，使成本降低，提高了利用效率。

近年来人们又开始尝试研究开发真空冶金法：基于废电池各组分在同一温度下具有不同的蒸气压，在真空中通过蒸发与冷凝，使其分别在不同温度下相互分离，从而实现综合利用和回收。由于是在真空中进行，故减少了对大气的污染。因而，它必将成为一种很有前途的方法。

我国在废电池管理和处理技术方面可以说才刚刚起步，目前仍无明确规定，但像北京、上海、天津几个大城市已开展了一定范围的废电池回收工作。一些学校和商店等做了一些宣传和回收工作，处理技术方面也在进行科学研究和实验。但总体比发达国家相对滞后，其主要原因可能是废电池的危害并不像大气、工业、废水等污染那样显而易见，而是具有很大的隐蔽性。因此，国家应尽快建立废旧电池回收体制。应在政策法规、科技创新和资金投入等方面给予一定的扶持。制定相关的政策法规，规定废旧电池必须回收，禁止将废旧电池随意丢入生活垃圾中；制定科学合理的电池生产包装标准，以简化废旧电池回收后的分类；对积极参与废旧电池回收利用的科研单位和企业要给予政策和资金倾斜，确保投资者资本的增值和处理单位产品的优先推广，为废旧电池回收利用创造各种便利条件，如在公共场所设置废旧电池回收箱等。在销售电池时，实行抵押金制度，或采用以旧换新制度，确保废旧电池的回收率；加大宣传力度，提高全民环境意识，树立废旧电池必须回收利用的观念；电池生产厂家也应在废旧电池回收利用方面做出应有的贡献，如缴纳特殊行业污染税以承担一定的回收处理费用等。只有充分动员一切社会力量，形成全民参与、多方出力的势头，才能最终推动废旧电池的回收、利用与开发。

总之，在我们的日常生活中处处都体现着绿色理念。具体包括以下几个方面。

1. 生活方面：绿色冰箱、绿色汽车、绿色照明等绿色产品与绿色消费

在生活方面，人们开始追求绿色消费，使用绿色产品。绿色冰箱是大家熟知的绿色产品之一，它是指耗电量少、结构简单、不用造成大气污染的氟利昂制冷的冰箱产品，使用气体燃料的绿色汽车也开始驶上北京的街头。据文献介绍，作为绿色汽车，其必须具备两方面的特征：一是改进动力，如电动汽车和以天然气、甲醇、太阳能等非燃料油驱动的汽车；二是制造材料能回收利用，美国每辆汽车重量的75%都已得到重新利用。

在照明方面，1992年美国环境保护局提出了绿色照明工程，具体的计划内容是：采用高效少污染光源，提高照明质量，提高劳动生产率和能源有效利用水平，节约能源，减少照明费用，减少火电工程建设，减少有害物质排放，进而达到保护人类生存环境的目的。1996年10月中国绿色照明工程也在北京全面启动。

2. 工作方面：绿色标志、绿色企业、绿色制造、绿色公关等工业生态学与绿色经济也随之产生

随着生活方面绿色产品的产生，人们在购物时开始认准绿色标志，迫使企业执行ISO 14000系列环境管理标准。绿色标志又称环境标志、生态标签、蓝色大使等，是经过严格检查、检测与综合评定后由国家专门委员会批准使用的证明性商标，它表明该产品不仅质量合格，而且在生产、使用、消费和处置等过程中也符合特定的环境要求，与同类产品相比具有无毒、无害或低毒少害、节约资源等环境优势。因此，有识之士指出，企业在追求ISO 9000系列认证的同时，必须遵循ISO 14000标准，方可在日益激烈的市场竞争中成为立于不败之地的绿色企业。

要成为绿色企业，首先必须做到绿色制造，即从绿色资源理论出发有序地使用再生资源，通过对产品寿命全周期进行环境保护考虑的绿色设计，用无(少)公害化的绿色技术实现生产，最后用可回收材料或生物降解材料对产品进行绿色包装。正因为如此有关专家认为，在理论领域，洁净生产已实现了到工业生态学的转变，其标志为1997年由耶鲁大学和麻省理工学院合作出版的全球第一本《工业生态学》杂志。

其次，还必须通过绿色公关，打破绿色壁垒，实现绿色贸易。目前，绿色产品和绿色消费主导着国际贸易的新潮流，而且以12%～15%的速度增长；与此同时随着国际贸易朝着自由化方向的不断发展，一些原有的贸易保护措施如关税壁垒等逐渐消失，一些发达国家利用自身先进的环保技术，纷纷通过提高环保标准，阻碍他国产品进入本国市场，从而产生了以保护人类健康、生态环境为由的绿色壁垒。因此，有人提出了进行“绿色公关”的新策略，即面对环境保护与绿色消费这一严肃问题，企业在目标与经营战略的调整中，对肩负重任的公共关系必须赋予其绿色使命，如制定绿色目标、进行绿色宣传、赞助绿色事业、塑造绿色形象等。从资源利用到产品设计，从厂家生产到公司贸易，它们都要“绿色化”，所有这一切实践活动和有关学者进行的环境意识的经济学理论分析，都向我们昭示着绿色经济的来临。

3. 娱乐休闲方面：绿色观光、绿色休闲、绿色奥运

生态旅游是当今世界旅游的一个主要方向，中国于1998年9月25日举行了桂林环境资源保护与旅游业可持续发展理论研讨会，1999年为生态旅游年。据报道，在德国、芬兰等国的旅游饭店中，都已经从环保出发不再统一提供牙刷、牙膏、梳子、拖鞋、洗发液等一次性用品，泰国也是如此。我们的近邻韩国，同样是筷子文化圈，大大小小就餐处也看不到一双一次性的筷子。

网络时代的来临，电脑在工作和娱乐领域占着日益重要的地位。为了避免废旧电脑造成环境污染，台湾的环保人士曾将电脑主板等材料制成时装。据报道，在美国和德国，绿色电脑不仅材料可以再利用，而且大幅度节省电能。

奥运会是全人类最大的“集体娱乐”项目，2008年北京奥运会全面实现了申办时所承诺的绿色奥运理念，用混合动力车解决了汽车废气污染，场馆建设考虑到了环境保护问题等。

4. 人文社会领域：提出了绿色伦理概念

针对全球绿色浪潮的反思，有关哲学工作者从人文的角度提出了绿色伦理概念，他们的观点很值得人们深思。有趣的是，提出绿色伦理观点的学者是哲学方面的研究者。

首先，他们在分析问题起因的基础上，提出了绿色伦理的概念。“绿色”问题之所以成为当代最热门的话题，是因为人们日益感到人口膨胀、资源匮乏、环境污染、生态失衡等全球性危机已愈来愈严重地威胁到人类的生存与发展。当人们究其原因时发现，所有这些危机的出现，并不是地球本身的背信弃义，而是我们人类的自身行为所致，它们是自然界对人类无节制行为的报复和惩罚，它们警示世人：必须善待地球，尊重自然，在人与自然界之间建立起一种同生、共养、和谐的新型关系—这就是绿色伦理。

绿色伦理有以下四个特征。

①它是对以往人地关系的否定，要求人类在自然面前彻底改变统治者、征服者的狂妄姿态，就像1996年清洁珠峰的中国志愿者站在世界屋脊上所发出的宣言那样：“我们对自然的关系不再是征服而是和谐。”

②绿色伦理是传统伦理的拓展，它认为不但人与人、人与社会之间的关系具有伦理性质，而且强调人对自然的关系也具有伦理道德性质，尊重地球就是尊重人类本身。

③绿色伦理是人类认识的一次飞跃，是人类精神境界的一次升华，它延长了人类的目光，它不仅是对当代人共同利益的考虑，而且是对后代人长远利益的关注。

④绿色伦理具有最广泛的普遍性，它是基于全人类的共同利益而提出的，因此不分阶级、不分民族、不分国界、不分行业、不分组织，是地球上所有公民都应该树立的伦理观念和应该遵守的伦理准则。

5. 科技界：倡导绿色科技观

近代以来科技以无坚不摧的力量确立了人类在人与自然关系中的绝对优势地位。但科技的发展也存在两面性；一方面，人类借助科技在探索开发大自然中创造了高度的物质文明；另一方面，大自然又反过来报复业已用现代科技武装全身的人类。面对这一严峻现实，有人把其归咎于科技，认为这是“科技异化”现象，断言科技的发展和应用造成了环境污染、生态失衡，甚至把人类带上了走向毁灭的“地狱之门”，然而造成环境和生态问题的原因错综复杂。当前人类面临的生态环境问题，事实上主要是由于人们的愚昧无知、急功近利和片面的发展观造成的，在这种思想的支配下，人们违背了自然规律、盲目运用科技，从而造成了生态环境恶化的后果。

随着世界经济增长和国际市场的日益“绿色化”，发展绿色科技将成为21世纪科技发展的目标。绿色科技是一种形象的说法，实质上就是能够促进人类长远生存和发展，有利于人与自然共存共荣的科学技术，大力发展绿色科技的目的在于努力减少或减轻科技对环境和生态的消极影响。

新的科学技术观应以协调人与自然之间的关系为最高准则，以不断解决人类发展与自然界发展之间的矛盾为宗旨，强调科学技术发展不只为追求单一的经济效益，而要达到人与自然及社会的协调发展，努力避免生态负效应。这一新的科学技术观的核心是为了维护自然生态环境平衡，为了高价值取向的“绿色科技观”。绿色科技观是人类道德观在新的历史条件下的发展，是伦理道德观念在科技领域与生态环境领域的深化、扩展和具体运用。绿色科技观是用来约束和规范人们运用科技的行为，以保持生态环境，实现社会的可持续发展。缺乏绿色观的人像科盲、文盲一样，在未来社会的激烈竞争中会被无情地淘汰。社会要发展就要靠科技，而要可持续地发展，就必须靠绿色科技，只有这样才能做到资源的合理开发与综合利用。发展清洁生产技术和无污染的绿色产品，提倡绿色消费的生活方式，认识到绿色科技的重要性是形成绿色科技观的前提。

因此，面对环境保护和可持续发展，作为科技工作者更应深思"科技异化"的威胁，改变传统的科技观念，建构新的科学技术观并且深入体会和坚持"绿色科技观"。

6. 政府：制定绿色政策

绿色观念的真正领悟，不仅仅只是人文社会领域与科技界的理论探讨与实践摸索，更重要的是政府"绿色政策"的提出与落实。下面仍以"化学盲"们深恶痛绝的化学为例来说明制定绿色政策的重要性。

目前，中国的含磷洗衣粉已成为广泛的污染源，东南沿海的"赤潮"与滇池、评海的"藻化"都与其在日常生活中的大量使用有关，所以现在无磷洗衣粉的开发成为热门。然而，据有关专家透露：20世纪80年代末，发达国家已发现此问题而开始禁用含磷洗衣粉，而我国恰在当时大量引进国外生产线，大量生产含磷洗衣粉；另一方面，当时国内无磷洗涤剂的研究已有初步进展，若大力支持一下，就会在一个"绿色化工"的新水平上发展。因此，当时若有绿色政策的存在，适度的政策倾斜就不会使我们走弯路，就不会因富磷废水的排放带来水资源的破坏，人们津津乐道的"太湖美"就不至于变成疑惑不解的"太湖臭"。

相反，正确的政策导向可以使企业头疼的环境污染变成挣大钱的环保产业。

据报道，德国曾经遭受严重的环境污染，但如今已是欧洲乃至全球环境保护最好的国家之一，同时也是环保产业最发达的国家之一，这就是因为德国有机制、有技术，能靠"垃圾"赚大钱，目前德国的环保业已超过汽车制造业，成为第一产业。因此，德国的不少环境保护经验值得中国借鉴和学习。

总之，一个深谋远虑的政府应从环境保护和可持续发展的眼光出发，制定一系列绿色政策，这些政策应体现以下几点。

①强化环境管理制度。目前在环境执法过程中，执法不严的地方保护主义、"以罚代禁"的权钱交易行为尤为突出，应杜绝此类行为的发生。

②推行绿色产品标准。以人们最熟悉的绿色食品为例，现在我国绿色食品仅仅被作为促销手段，真正的绿色食品标准体系尚待大力推行和不断完善。正因为如此，人们普遍还缺乏对绿色产品的信心。因此，政府应有明确的政策加强对绿色产品的宣传、推广和认证。

③制定绿色营销法规。目前在全球领域，绿色产品因为其成本更高，所以其价格普遍比一般产品要高。

因此，政府要扶持绿色产品，应在同样销售的情况下对一般产品征收环境税，抵消与绿色产品的差价，或对绿色产品的销售实行退环境税的政策，以鼓励绿色产品的生产与销售。

7. 个人：绿色行动

作为对绿色制造、"清洁生产"的延续，有人提出了"清洁生活"的理论，不仅对我们的日常生活行为提出了许多切实可行的建议，而且提出了包括"环境财富"和"人体健康财富"的新财富观。因此，就个人而言，自我开展绿色行动的宣传与实践也刻不容缓。

例如，为了保护野生资源，不以穿裘皮大衣为时尚，不以食山珍海味为高贵；为了美化城市环境，实行公交优先和垃圾分类等。

5.13 绿色化学与茶叶

从21世纪中叶开始，由于农业化学技术和现代技术的发展，推动了第一次农业技术革命，使农业化学在农业领域得到了迅猛发展，促进了农业生产高产、高效，也可以说现代农业已完全离不开农业化学技术产品，茶业当然也不例外，由于化肥、农药和农膜的使用，使茶叶产量迅速提高，茶叶品质得到改善，病虫草害得到控制，采茶时间可以延长或提前，因此，实施绿色化学对茶业将有深刻的影响。

茶业自身虽然是纯天然的绿色产业，但是由于生产、加工、流通过程中，受到生产资料和环境污染的影响，产生了农残、污染等问题，所以消费者要求茶叶是绿色产品，如欧盟要求有机茶、国内市场要求绿色食品茶、无公害茶等，这都是消费市场对日益受到环境污染状况的担心。茶叶从生产、加工、销售每个环节都有可能受到污染，如生产过程中茶树除受到大气、土壤和水源的影响外，化肥、农药、除草剂、农用塑料薄膜、采茶机具、运输工具都有可能污染茶叶：加工中厂房的条件、机械设备的材料、运输机具都有影响：流通过程中最主要的污染源是包装材料和包装人员等。在这些污染源中最严重、最有影响的是：化肥、农药、除草剂和农用薄膜，而这四项全部是化工产品，其有毒、有害和危害环境的程度，直接会影响茶业的前景，也影响消费者饮用安全。为了解决这些问题，目前多数采用环境治理的方法，如施农药后为了缩短降解时间，采用一些酶降解的方法（中国科学院动物所研究的解毒酶对二氯杀虫剂1h可降解58%）可降解除草剂和农用薄膜的微生物等。但是采用绿色化学的方法，生产的无毒无害和绿色化肥、农药、除草剂、薄膜仍然很少，据报道：

1996年Monsanto company公司生产出亚氨基双乙酸一钠（DSIDA）非选择性除草剂的中间产物，对环境造成的污染小，而且实现了零排放。

1996年The chemical company公司开发出100%用CO：生产聚苯乙烯泡沫塑料包装材料，避免使用氟氯烃（CFC）而破坏臭氧层。

1998年Robm and Hass company公司发明了杀虫剂新药——酞基阱（商品名称：CONFIRM）可以破坏害虫的蜕皮过程而致死，对环境无任何污染。

1999年Dow Agrosciences LLC公司开发出名为Spinosad的高选择性杀虫剂，对环境友好，小影响益虫和蜂类，对哺乳动物和鸟类低毒，在环境中小积累、小挥发。

中国也已进行了大量的研究，如1995年中国科学院化学部即已确定了《绿色化学与技术——推进化工生产可持续发展的途径》的院士咨询课题：1999年国家自然科学基金设立了“金属有机化学研究绿色化学中的基本问题”的重点项目等，相信不久的将来一定会有许多新的进展。

绿色化学的发展为茶业提供了绿色产业的崭新前景，但是茶业必须率先走绿色的可持续发展之路，才能够使中国茶叶这一古老而又十分有前途的产业，保持市场稳定和发展。根据现状，应当做好以下几方面的工作：

加强茶业可持续发展的教育与宣传虽然经过几年来对可持续发展战略的宣传，已经在一部分人的思想上有了一定认识，但是仍然有很大一部分人，了解甚少，宣传不够，没有成为他们的自觉行为，尤其是直接从事茶叶生产、加工、经营者，缺乏必要的认识，往往造成产品、环境污染、资源浪费。如春茶采摘期间，还有人在喷洒剧毒农药；茶园里农药、除草剂包装容器随处可见；茶园水土流失相当严重，有的侵蚀模数高达 5000 ~ 6000 t/(km^2 · a)；采茶鲜叶用编织塑料袋作盛装容器；加工时煤烟尘直接熏入茶叶中；包装材料不符合卫生标准等时有发生，都与思想认识有关，如果能认识统一，再辅以法规定能成效显著。

政府宏观调控茶业政策法规，要有利于资源的可持续利用和茶业的可持续发展，农业部已颁布并于 2001 年 10 月实施的“无公害茶叶标准和鼓励实施的绿色食品”标准，无疑对茶业的发展起着重要的指导作用，《中华人民共和国水土保持法》、《土地法》、《中国 21 世纪议程》等法规文件，都为茶业可持续发展奠定了坚实基础，在具体实施过程中更应考虑茶业的长期持续发展，按照有利于整个生态环境目标调控，如土地使用及其肥力状况的调控，农药、除草剂、肥料的种类限制的源头调控，茶业能源的开发与森林保护关系，茶叶机具制造用材，茶叶包装用材及其回收、处理等都应有适当的政策法规，引导按可持续发展的要求宏观调控。

发展生态茶业是资源可持续利用与茶业可持续发展的惟一途径，按照生态学的规律，使整个茶业生态环境沿着良性循环发展，合理使用环境资源，不破坏或浪费资源，又能使茶业高产高效，才能达到可持续发展的目的。从生产茶园考虑最重要的就是生物多样性种植，其中建立人工复合生态茶园就是一种很好的模式，如茶 - 林(果) - 蔬菜(食用菌)种植模式，茶 - 经济作物种植模式等，形成了立体植物组合，改变了群落内水、气、光、热状态，促进其他生物的多样性发生，自然调控资源环境。其次就是制止茶园水土流失，增加土壤肥力，加强茶园农业工程建设，运用先进的蓄水、节水技术，实施国土整治计划，补充和改善土壤肥力，引进生物种群，改良土壤结构，保护或建立林木保护系统，形成绿色屏障，积极实施绿色食品工程，根除一切污染源，从各个方面实施绿色工程。

依靠科技进步，对资源进行深度开发要使经济建设真正转移到依靠科技进步和提高劳动者素质的轨道上来，是茶业发展的潜力和出路所在。茶业要想成为高效产业，只有降低成本，实现绿色、高产、优质，而这些都离不开科技进步，如要减少农药用量，只有育成抗病虫品种，转基因技术、细胞和胚胎工程、分子标记技术等都有可能达到这一目的；基因重组和生物反应器、酶工程还有可能产生许多无毒无害的新杀虫杀菌剂；为了节约肥料，减少化肥的流失，可以向控释专用复合肥和 3S 精确施肥方向发展；设施栽培的发展，可以极大地提高效率和效益；计算机和信息技术的发展，将改变茶业生产规模小、分散、时空变异大、量化规范化程度差、稳定性和可控程度低等弊端，其中每项技术的应用，都将给茶业带来巨大的变革。

另外，茶叶的深度开发也势在必行，茶叶不能停留在初加工的初级产品原地不动，必须由低效产业向现代化的高效产业转变，其中最有可能突破的就是茶叶深加工产品，向医药、食品、化妆品领域扩展，实现茶叶加工业向现代工业形态的转变，虽然目前还有许多路要走，但这是茶业的必然趋势。

5.14　绿色食品的标准及其内容构成

5.14.1　绿色食品标准

绿色食品标准是由农业部发布的推荐性农业行业标准(NY/T)，是绿色食品生产企业必须遵照执行的标准。

5.14.2 绿色食品等级

绿色食品标准分为两个技术等级，即AA级绿色食品标准和A级绿色食品标准。

绿色食品标准以“从土地到餐桌”全程质量控制理念为核心，由以下四个部分构成：

①绿色食品产地环境标准，即《绿色食品产地环境技术条件》(NY/T 391)；

②绿色食品生产技术标准；

③绿色食品产品标准；

④绿色食品包装、储藏运输标准。

5.14.3 绿色食品标准内容构成

绿色食品标准是由农业部发布的推荐性农业行业标准(NY/T)，是绿色食品生产企业必须遵照执行的标准。绿色食品标准以全程质量控制为核心，由以下六个部分构成：

1. 绿色食品产地环境质量标准

制定这项标准的目的，一是强调绿色食品必须产自良好的生态环境地域，以保证绿色食品最终产品的无污染、安全性；二是促进对绿色食品产地环境的保护和改善。绿色食品产地环境质量标准规定了产地的空气质量标准、农田灌溉水质标准、渔业水质标准、畜禽养殖用水标准和土壤环境质量标准的各项指标以及浓度限值、监测和评价方法。提出了绿色食品产地土壤肥力分级和土壤质量综合评价方法。

2. 绿色食品生产技术标准

绿色食品生产技术标准是绿色食品标准体系的核心，它包括绿色食品生产资料使用准则和绿色食品生产技术操作规程两个部分。绿色食品生产资料使用准则是对生产绿色食品过程中物质投入的一个原则性规定，它包括生产绿色食品的农药、肥料、食品添加剂、饲料添加剂、兽药和水产养殖药的使用准则，对允许、限制和禁止使用的生产资料及其使用方法、使用剂量等做出了明确规定。绿色食品生产技术操作规程是以上述准则为依据，按作为种类、畜牧种类和不同农业区域的生产特性分别制定的，用于指导绿色食品生产活动，规范绿色食品生产技术的技术规定，包括农产品种植、畜禽饲养、水产养殖等技术操作规程。

3. 绿色食品产品标准

此项标准是衡量绿色食品最终产品质量的指标尺度。其卫生品质要求高于国家现行标准，主要表现在对农药残留和重金属的检测项目种类多、指标严，而且使用的主要原料必须是来自绿色食品产地的、按绿色食品生产技术操作规程生产出来的产品。

4. 绿色食品包装标签标准

此项标准规定了进行绿色食品产品包装时应遵循的原则，包装材料选用的范围、种类，包装上的标识内容等。要求产品包装从原料、产品制造、使用、回收和废弃的整个过程都应有利于食品安全和环境保护，包括包装材料的安全、牢固性，节省资源、能源，减少或避免废弃物产生，易回收循环利用，可降解等具体要求和内容。绿色食品产品标签，除要求符合国家《食品标签通用标准》外，还要求符合《中国绿色食品商标标志设计使用规范手册》规定。

5. 绿色食品储藏、运输标准

此项标准对绿色食品储运的条件、方法、时间做出规定。以保证绿色食品在储运过程中不遭受污染、不改变品质，并有利于环保、节能。

6. 绿色食品其他相关标准

包括“绿色食品生产资料”认定标准、“绿色食品生产基地”认定标准等。

5.15 绿色蔬菜和有机蔬菜的区别

达到“绿色食品”标准的蔬菜是绿色蔬菜。“绿色食品”是指经专门机构许可，使用绿色食品标志的无污染、安全、优质、营养类食品的统称。由于与环境保护有关的事物通常都冠之以“绿色”，为了更加突出这类食品出自良好的生态环境，因此定名为绿色食品。

绿色食品必须具备以下条件：

①产品或产品原料的产地必须符合农业部制定的绿色食品生态环境标准；

②农作物种植及食品加工必须符合农业部制定的绿色食品生产操作规程；

③产品必须符合农业部制定的绿色食品质量和卫生标准；

④产品外包装必须符合国家食品标签通用标准符合绿色食品特定的包装装潢和标签规定。

有机蔬菜指在蔬菜生产过程中不使用化学合成的农药、化肥、生长调节剂、饲料添加剂等物质，以及基因工程技术及其产物，而是遵循自然规律和生态学原理，采取一系列可持续发展的农业技术，协调种植业和养殖业的平衡，维持农业生态系统持续稳定的一种农业生产方式。这是蔬菜生产追求的也是人们期望的最高目标。

还有一种是无公害蔬菜。无公害蔬菜是指没有受到有害物质污染的蔬菜，即商品蔬菜中不含有某些规定不准含有的有毒物质，而对有些不可避免的有害物质则要控制在允许范围之内，以保证人们的食用安全。

无公害果蔬必须满足以下条件：

①农药残留量不超标：无公害果蔬中不含有禁用的高毒农药，其他农药残留量不超过允许标准。

②硝酸盐含量不超标：食用果蔬中硝酸盐含量不超过允许标准，一般控制在432μg/g以下。

③“三废”(废气、废水、废渣)等有害物质含量不超标：无公害果蔬必须避免环境污染造成的危害，商品菜中的“三废”和废原生物等有害物质含量不超过标准允许量。

国家禁用的高毒农药品种：甲胺磷、对硫磷、甲基对硫磷、内吸磷、久效磷、甲拌磷、磷胺、氧化乐果、甲基异柳磷、治螟磷、水胺硫磷、杀扑磷、特丁硫磷、甲基硫环磷、涕灭威、克百威、林丹等剧毒、高毒农药以及六六六、滴滴涕等高残留农药。

5.16 塑料袋和塑料饭盒

塑料袋在人们的日常生活中随处可见，无论是装食物还是装其他东西，人们最先想到的可能就是用塑料袋，然而你有没有想到过塑料袋对人体是有危害的。

目前人们经常使用的塑料袋主要有聚乙烯、聚丙烯、聚氯乙烯三种。只有聚乙烯和聚丙烯制成的塑料袋可用于食品包装，聚氯乙烯制成的不能用来装食品。聚氯乙烯见火就着，离火就熄，而聚乙烯和聚丙烯则燃烧呈黄色火焰，离火还能继续燃烧。但即使塑料袋是由无毒的聚乙烯或聚丙烯制成的，也应该谨慎使用，特别是不要装含油、含酒精类食品及温度超过60℃的食品，否则塑料袋中的铅就会融入食品中，有色塑料袋就更不能装这些食品了。塑料制品种类繁多，形式多样。同种塑料可以制成许多不同形式的制品，同种形式的制品又可以用几种不同的塑料来生产。塑料使用一段时间后，因老化、磨损等原因就不能继续使用，而有些塑料制品本来就是一次性使用的，为此，塑料的回收利用是塑料应用中一个既重要又实际的问题，也是对环境的一种保护。

目前市场上一些出售食品的商贩使用非食品级塑料袋，甚至用回收塑料制成的劣质塑料袋(旧塑料雨伞、塑料鞋、塑料布、一次性塑料手套等再生加工而成)包装入口的食品，值得我们警惕。这种塑料袋一旦与食品接触，特别是接触过油食品(如油炸、炒菜、酱制品、糕点等)，塑料内的增塑剂，如苯甲酸酯类(一种环境激素)、铅、汞、砷有毒金属和有毒的塑料单体，如氯乙烯等，就要溶进食品中，长期食用这种塑料袋包装的饭菜，会严重伤害人体的生理功能，甚至使人致癌。

另外，市场上用回收塑料袋包装蔬菜、水果很普遍，虽然会给购买者带来方便，但又会造成二次污染。由于其质量轻薄，废弃后极易飘飞，有的形成树挂，有的散落在旅游区、水面上、铁道旁，影响城市容貌；它的生产条件简陋，以手工作坊制作居多，不但加工过程卫生条件难以保障，甚至有些选用再生料制作，上面沾染了许多细菌，用于食品类包装，危害性是显而易见的，即使不用作食品类包装，因其渗透性、不卫生隐患依然存在；混在土壤中会影响农作物吸收养分和水分，导致农作物减产；抛弃在陆地上或水中被动物当作食物吞入，会导致动物死亡；进入生活垃圾中将其填埋会占用土地，很长时间不降解。混有塑料的生活废料也不适合积肥。

国内许多城镇已禁止使用这种塑料袋作为包装材料，提倡人们使用菜篮子。让我们每个人从我做起，保护我们人类共有的环境。

不仅如此塑料袋受热、老化或燃烧还会分解出二噁英。它是已知的毒性最大的一类芳香族有机化合物，容易在生物体内积累。二噁英的毒性相当于氰化钾的1000倍以上，被称之为“地球上毒性最强的毒物”。即使在很微量的情况下，也可引起皮肤痤疮、头痛、失聪、忧郁、失眠等症状，长期摄取可引起癌、畸形等顽疾。接触二噁英可以引起严重的生殖和发育问题，特别是其具有环境雌激素效应，可能造成男性雌性化。

由于塑料对环境的危害日益严重，最近被世界权威机构评为20世纪最糟糕的发明。

了解了塑料袋的危害之后，我们再去商店买东西特别是食物时，可以自带编织袋或用纸袋。对于非食物类东西，也应尽量少用塑料袋。如果有废弃的塑料袋，千万不要乱扔。塑料袋是可以回收的，它可以用来制造再生塑料。所以为了您和他人的健康和美好的环境，请慎用塑料袋。

一次性餐具成本低廉，拿来就用，用过就扔，的确给人们的生活和旅游业带来极大的方便。调查表明如今我国每年大约消费100亿个一次性饭盒。与此同时，反对使用一次性饭盒的呼声也越来越高。城区各处“白色污染”有目共睹，旅游景点、铁路沿线，一次性饭盒被随处丢弃，卫生环卫部门对此深恶痛绝。一次性塑料饭盒是环境恶化的元凶之一，是危害人体健康的隐患。目前使用的一次性塑料饭盒，在65℃以上的高温中就能产生“二噁英”，殊不知人们在吃一顿热盒饭，冲泡一次方便面的同时，“二噁英”也被身体吸收。使用聚苯乙烯发泡塑料饭盒除对环境造成污染外，还影响人的健康。发泡塑料饭盒是由线状聚苯乙烯组成，它可溶于丙酮、氯仿、苯中，也可溶于食物油脂中。将刚炒好的菜直接倒入塑料盒中，一部分聚苯乙烯就会溶于食用油中，人吃下这样的菜后，就会将聚苯乙烯带入体内，由于聚苯乙烯是脂溶性的，它会进入人体的脂肪中使正常的生理功能受到影响，聚苯乙烯在体内裂分成苯乙烯小分子，伤及人的神经系统。

5.17 卫生纸

人们在生活中接触包装纸的机会非常多。一些包装纸看上去洁白无瑕，但专家们一直强调"白与干净不能划等号"。从有关执法部门的打假情况看，某些"粗制滥造"的造纸厂简直像一个废品收购站。他们把废书、废纸、旧报等经过漂白粉溶液漂洗后，再经过一系列工序，就变成洁白的包装纸。这类包装纸无论是卫生标准还是质量标准，都与正规厂家生产的包装纸有很大的差异。荧光(增白)剂是使废旧纸变白的原因。荧光剂长期以来一直被用于改进各种包装纸的外观，它可以吸收不可见的紫外光(波长范围约为360~380nm)，转换为波长较长的蓝光或紫色的可见光，因而可以补偿基质中不想要的微黄色，同时反射出比原来入射波长范围(400~600nm)更多的可见光，从而使制品显得更白、更亮、更鲜艳。在日常生活中，使用荧光剂的机会很多，只要不超过一定标准，会给人们生活带来不少好处，如果过量地与它接触，会对人体造成伤害。科学实验表明，荧光剂被人体吸收后，不像一般的化学物质容易被分解，如果人身上有伤口，它会与人体中的蛋白质相结合，阻碍伤口的愈合，除去它非常不易，只有通过肝脏的酵素分解，这无疑加重了肝脏的负担。据医学临床实验证实，荧光物质可以使细胞产生变异性，变异荧光物质可以接收紫外线或比紫外线波长更短的电磁波或放射线，再将这些能量转为波长较长的可见光。因此，如果过量接触荧光剂，可能有潜在的致癌因素。虽然目前没有证明荧光剂吸收多少会对人体造成伤害，但是荧光剂既然被列为潜在的致癌因素之一，就不可掉以轻心。选购包装纸，要到正规商店购买，过白的纸张可能是由于可吸收光线或紫外线反射蓝白磷光的化学染料制得。

鉴别包装纸里有无荧光剂的简便方法是用验钞机检验，加荧光剂的纸会使验钞机发出警告声。此外，纸内的铅、砷、氯的含量也是重要的指标。所以纸不是越白越好，特别是常用的纸巾、食品包装袋、纸饭盒、妇女卫生巾、儿童用纸等要购买正式厂家生产的商品。

卫生纸是现代生活中必不可少的日用品之一，它给我们生活带来许多方便的同时，也确实存在许多安全隐患。人们天天使用的卫生纸，至今尚未有卫生标准，以致于各种带有病菌、致癌物质的貌似卫生的卫生纸大量充斥市场，严重影响人们的身体健康。

据了解生产卫生纸的工艺极为简单，无论是使用纯木浆纸、木浆混合纸、纸边纸，还是废书报纸和垃圾纸，都能造出貌似卫生纸的皱纹纸。一些生产厂家为降低成本，采用每吨仅200多元垃圾纸作为原料，加入强碱煮烂，再大量使用国际上禁用的致癌物质荧光剂和滑石粉来增加纸面的光洁度，甚至加入废机油以达到高湿处理后的"膨化"效果，使卫生纸中含有很多对身体有害的物质。

有些家庭一纸多用，把卫生纸用作餐巾纸或食品包装纸，这样荧光剂就有可能随食物吃进去，危害人体健康。

卫生纸中加入滑石粉，一方面可以增加卫生纸的吸水效果，使纸张表面更光洁；另一方面还可以增加卫生纸的重量。在一般情况下，人体吸入少量滑石粉尚能依靠自身能力将其排除；但是，如果吸入较多，滑石粉就容易粘附在气管及支气管的黏膜上，将黏膜上的分泌物吸干，从而影响和阻碍气管、支气管的纤毛运动，使呼吸道防卫机能降低，容易引起呼吸道感染反复发作，严重者还可能刺激气管或支气管，使其黏膜水肿而产生不完全性梗阻。

另外，滑石粉中含有一种叫做苄丙酮豆素的物质，这种物质可通过皮肤吸收进入血液，导致血液中维生素K的含量急剧下降，发生出血、黄疸等一系列症候。在美国已报道过数百例因滑石粉而中毒的婴幼儿，其“元凶”就是苄丙酮豆素。我国生产的滑石粉中也含有苄丙酮豆素，也发生过婴幼儿外用滑石粉中毒的病例。有些生产厂家为降低成本，在卫生纸中加入滑石粉，为了提高滑石粉的留着率同时加入淀粉，造成卫生纸质量大，外观体积小，价格便宜，但却非常不好用。淀粉为细菌的生存提供了营养，从而造成卫生纸中细菌大量繁殖，导致卫生纸并不卫生。经化验表明，许多卫生纸未经消毒或消毒不彻底，含有大量细菌。许多人喜欢用卫生纸擦拭餐具与水果，但卫生纸(尤其是街头巷尾所卖的非正规厂家出品的卫生纸)消毒并不好，即使消毒较好，也会在摆放过程中被污染。用这样的卫生纸来擦拭碗筷或水果，并不能将物品擦干净，反而易带来更多的细菌和致癌物质，因此大家在用卫生纸时要小心。在购买卫生纸时应注意以下几点：一要看产品包装是否标明卫生许可证号、厂址、邮编、电话和有无执行标准。二要看色泽。纯木浆纸因为无任何添加剂，颜色应为自然的象牙白(带有颜色的纸不可用作餐巾纸)，纹理相对均匀。三要看耐力强度。纯木浆纸纤维长、拉力大、韧性好、不易断，而质量差的劣质纸有不规则的小洞和掉粉。四要看火烧的结果。好的卫生纸经燃烧后呈白灰状，而劣质纸燃烧后呈黑灰状。

5.18 转基因食品

转基因食品是指以转基因生物为直接食品或为原料加工生产的食品。随着分子生物学和生物技术的迅猛发展，世界上许多国家正在大力开展转基因食品的研究，并正在形成可观的产业规模。与传统食品相比，转基因食品有很多优势，如它可以增加食品的营养，降低农作物的生产成本，改良品质，提高单位面积的产量等。

但是，由于转基因食品是采用基因工程技术获得的“非常规”概念的食品，因此，在食品安全、食品检测、食品法规乃至食品经济和食品与农产品贸易方面已引起世界范围内的广泛争议。一般说来转基因食品的食用安全性问题包括以下方面：

一是引入的外源基因的安全性评价。转基因食品植物所引入的蛋白质可能引起食品过敏症，特别是儿童和过敏体质的成人。众所周知常规有性杂交仅限于种内或近缘种间，而转基因植物中的外源基因可来自植物、动物、微生物，人们对可能出现的新组合、新性状是否会影响人类健康和生物环境因缺乏足够的技术和知识而具有不确定性。事实上引入的外源基因即DNA、RNA本身无安全性问题，因为所有的DNA都是4种碱基组成的，但具体对于引入遗传物质的稳定性及是否发生转移，则应具体分析。

食品安全性的另一个担忧则是对于标记基因的安全性评价。转基因植物中有90%以上都使用卡那霉素抗性基因作为标志基因，在某些情况下，转基因食品中的标志基因表达蛋白可能对人体肠道中的正常微生物群落造成不利影响，卡那霉素抗性基因还可能被肠道中的有害菌所吸收，通过菌群影响消化道的正常消化功能，使肠道中大量滋生具有抗药性的有害菌，从而影响口服抗生素的药效。

此外，转基因食品中可能含有对人体有毒害作用(如致癌)的物质，或可能含有使人体产生致敏反应的物质；转基因食品的营养价值可能与非转基因食品具有显著不同，长期食用转基因食品可能对人体健康产生某些不利影响，如转基因食品可能影响人体的抗病能力等。

科学家在转基因食品的安全性方面已经进行了一些研究，其中有些研究结果说明，转基因食品可能对人体健康造成不同程度的危害。1998年8月10日，苏格兰Rowett研究所资深营养学家Arpad Pusztai博士公布了一项研究结果，称转雪花莲凝集素(GNA)基因的马铃薯能够对大鼠的内脏器官和免疫系统造成损害，而对于人类来讲，类似的影响可能会导致癌症发病率和死亡率的大幅上升。虽然有关科学家及科学团体对该研究的实验设计和结果分析有不同看法，但由于Pusztai博士是国际上研究凝集素的权威科学家，所以该研究的社会影响非常大。

科学家还发现，美国一家种子公司培育的转巴西坚果2S清蛋白基因大豆种子的储藏蛋白很可能会使对巴西坚果过敏的人群产生过敏反应。基因工程技术的最大特点就是打破了物种之间的遗传界线，使不同种属的物种之间进行较大规模的基因交流成为现实，但这是违背自然界的生态规律的。随着目的基因和载体基因来源范围的逐步扩大，谁能够保证转基因食品不会导致类似疯牛病事件的发生。另外，虽然目的基因及其表达产物现在大多被证明对人体健康是安全的，但是其安全的历史毕竟还不长。

1998年英国阿伯丁罗特研究所报道，幼鼠食用转基因土豆后器官生长异常、体重减轻、免疫系统遭到破坏。另一个实验是英国食品标准协会进行的一个人体实验，12名健康志愿者和7名手术切除部分结肠的志愿者吃了含转基因大豆的汉堡包和牛奶冰激凌，结果发现健康者粪便中没有找到转基因大豆的转基因，但是在那些切除了结肠的受试者粪便中发现了3.7%大豆转基因。这一结果提示我们：转基因食品中的DNA片段会进入人体肠道中的细菌体内。

1999年美国康奈尔大学副教授约翰·罗西在《自然》杂志上发表文章说，一种转基因玉米可产生杀死害虫的花粉，而身为益虫的一种美洲大蝴蝶食用这种转基因玉米花粉后有44%死亡。

一部分科学家认为，转基因食品是安全的。因为食品被煮熟后，细胞即被破坏，DNA(脱氧核糖核酸)进入人的肠胃系统后又被酶分解大都成为碎片，即便有整条DNA存在，也无法发挥基因移植作用。包括婴儿食品在内，转基因产品目前在美国市场上已有近4000种，两亿多人食用，近8年来并未发生一起食品安全事件。

但欧洲人对转基因产品是排斥的，因为他们经过了太多的磨难。1999年比利时出现致癌物质二噁英污染鸡、猪等禽畜事件；2000年初，法国发现一些肉类食品含有致命的李斯特杆菌；2001年在英国暴发的口蹄疫，使其损失90亿英镑。盲目追求最大利润的做法已使欧洲农业屡尝恶果。转基因作物正好是在欧洲人普遍担心食品安全的时期迅速发展起来的，且它的迅速发展始终伴随着科学家的质疑。尽管类似质疑均证据不足，但这足以破坏欧洲人对转基因食品的胃口。在经历“疯牛病”、“二噁英”和“禽流感”等一连串事件的冲击后，欧洲人在食品安全问题上谨慎了许多，任何风吹草动都让他们神经紧绷。民众的谨慎导致欧洲一些国家对转基因技术的重视与投资同美国大不相同，并由此产生不同的经济利害关系。欧洲议会在放松对转基因产品限制的同时，实质上加强了此类产品进入的门槛。

我国是粮食进口大国，而向我国出口粮食的美国、加拿大、阿根廷，又恰恰是转基因作物种植面积居于世界前3位的国家，再加上我国自己开发的转基因作物，因此不论我国消费者是否愿意，转基因食品已进入很多家庭的餐桌。随着转基因作物的大面积推广，对转基因食品进行严格的安全性评价是非常必要的。

除了理论上的研究外，国内外还有许多项著名实验都是用来验证转基因食品安全性的，但结果仍离不开否定和肯定的结论。

目前对转基因食品安全性的问题仍是一个争议。所以我们在对待转基因食品时还应谨慎。首先，要清楚日常饮食中都有哪些转基因食品。目前国内市场上出现的转基因食品主要有：大豆色拉油以及用该油作为原料的糕点、油炸食品、面包和各种炒菜等，小玉米及黏玉米，小西红柿，芹菜等。

另外，我们应当充分享有知情权。我国政府规定 GM 食品（包括原料及其加工的食品）必须标识，使消费者知情。若 GM 来认自潜在致敏食品，还要标注“对食物过敏者注意”；美国对可能会引起过敏的或营养成分改变了的食品要求标注；欧盟也要求对转基因原料超过 1% 的食品进行标注。所以建议在关注和深入了解转基因食品知识的过程中，还是慎食为好。

5.19 金属元素与人类健康

人体就像一个复杂的化学工厂，它包含了几乎所有元素，并且时刻都在进行着化学反应，使各物质在人体内的含量达到平衡，以保证人类的正常生命活动。金属元素在人体内担负着重要使命，下面介绍一些人体内的金属元素及其作用。

铁是人体营养必需的微量元素之一，占人体体重的 0.006%，成年人体内铁约 40g 左右。人体内的铁都与蛋白质结合，无游离态存在。铁是细胞色素酶、铁硫蛋白、过氧化酶、过氧化氢酶的组成成分，对肌体生存起着至关重要的作用。

铁是组成血色素的主要成分，它的功能是向人体组织各部分运送氧气，当血被流到微血管时，就会把氧气释放出来，渗入组织器官中。如果体内缺乏铁元素，血色素就会减少，携带的氧气也会减少，脑细胞和身体其他组织经常处在缺氧状态，人就会感到疲倦和头晕眼花。100mL 血液中有 11 ~ 15g 的血色素为正常的数值，少于 11g 就属于贫血了。

正常人从每天饮食中摄取的铁质平均每人 10 ~ 30mg，其中 0.5 ~ 3mg 被体内吸收，同时，由于肠道黏膜脱落等原因，部分铁质会被排出体外。正常人的铁质保存量为 2 ~ 5g，此时铁质的代谢可以维持相当稳定的状态。如果体内吸收铁质的能力降低，或者排除铁质量增加，会导致缺铁性贫血。偏食、节食或者胃部手术后，铁质摄取往往不足，人体病态出血也会使铁质在体内失衡。

人体铁的来源主要是食物，特别是在动物性食物中，猪肝含铁量最多，吸收率也最高，肉类、豆类、绿色蔬菜中含铁也较多；用铁质炊具烹调的食物，也是铁的来源之一；成年男子和绝经期妇女每日需铁量约 1mg，青春期妇女每日约需 2mg，妊娠期妇女约为 2.5mg，儿童约为 1mg。铁的络合物易于被吸收，食物中的蛋白质、胃液中的盐酸、钴、锰等无机物可增加铁的吸收。

锌是所有生命必需的微量元素，它在人体内的含量仅次于铁，居第二位。人体中的锌以 Zn^{2+} 为中心离子存在于许多酶或蛋白中。现在已知人体中大约有 18 种锌酶和 14 种需要 Zn^{2+} 激活的酶，这些酶广泛参与人体内一系列代谢过程，包括糖、脂肪、蛋白质及核酸的合成和分解。如 DNA、RNA 聚合酶，是合成核酸和蛋白质的酶，当碱基配对发生错误时，它们有促进修复的功能，对老年人尤为重要。锌与发育成长密切关系，缺锌可造成生长阻塞，生育能力下降；锌可影响味觉及食欲，缺锌会引起老年人食欲下降；维持视力需要锌，缺锌会影响视力并导致夜盲症；锌能提高免疫功能，它是维护肌体正常免疫力和防御机能所必需的物质；锌还可抑制脂质过氧化反应，使细胞对离子或自由基具有较强的抵抗力，因此，锌能延缓衰老。人体所需的锌主要从食物中摄取，如牡蛎、虾、蚝及动物肝肾、肉、鱼、鸡、鸭等。某些中药如何首乌、桃仁、鳖甲含锌量亦很丰富。虽然植物类食品一般比动物类含锌量低，但其中小米、面粉、大白菜、黄豆、茄子、南瓜等含锌量也较高。对于缺锌症，可用$ZnSO_4$和维生素B做成复合锌片进行预防和治疗。老年人还可以买添加葡萄糖酸锌的食物作为营养和强化剂，既可以治疗锌缺乏症，又可防止衰老。

缺锌能导致性器官发育不良和性功能低下，导致青少年发育迟缓，主要表现为生长缓慢、侏儒、生殖器及第二性征发育不良，女孩月经初潮推迟或行经后闭经。科学家通过实验证明："男子体内缺锌，如6个月内只吃含锌量低的食物，体重会减少10%，雄性激素也会减少，精子数会失去30%～40%，甚至失去生育能力。"值得庆幸的是这种因缺锌引起的性功能障碍是可逆转的。通过补充锌，便可逐步恢复正常。一个成年人每天大约需要补充15mg锌。儿童生长期及青少年性成熟期，需要量较大。由于锌元素广泛存在于各种食物中，如果在平时的一日三餐中注意食物搭配均衡，就能满足机体对锌的要求，可采用锌制剂进行治疗，较普遍的方法是口服硫酸锌。需要在医生指导下服用，不能长期超量服用，否则有可能引起消化道不良反应，严重的还可导致胃出血、胃溃疡，甚至胃穿孔。

铜在人体中含量居第三位。含铜的酶有酪氨酸酶、单氨氧化酶、超氧化酶、超氧化物歧化酶、血铜兰蛋白等。缺铜造成酪氨酸酶活性降低，易发生白发症。离子(Cu^{2+})对血红蛋白的形成起活化作用，促进铁的吸收利用，参与传递电子、结缔组织的代谢，在嘌呤代谢磷脂及神经组织形成方面有重要意义。

白癜风是发生在局部的皮肤色素脱失，这与缺少酪氨酸有关，因为酪氨酸是能转变成黑色素的物质，而酪氨酸酶是由酶蛋白和二价铜离子结合而成的，缺少了铜离子就没有了催化活性。有些医院就是用硫酸铜来治疗白癜风的，缺少铜而引起的白发，也可用硫酸铜来治疗。

冠心病与人体内锌铜比例失调有关。实验中发现，当锌与铜的比例为14:1时，会增加血中胆固醇量。血中胆固醇增加与临床某些疾病，特别是动脉粥样硬化的发生和发展有密切的关系。在饮用硬水的地区，冠心病发生率低，这是为硬水中的钙能把锌从肝移到骨骼中，这就减少了体内产生胆固醇的主要部位中的锌铜比。冠心病患者不宜多食脂肪和蔗糖含量高的食物，纤维含量高的食物能减少发生心脏病的危险，这是因为脂肪和蔗糖含量高的食物是高锌铜比的食物，而植酸能降低人体的锌铜比，纤维含量高的食物，如坚果、谷物、豆类等含有较多的植酸。经常进行体育锻炼的人，汗中的蔗糖铜比是16:1。这表明体育锻炼能将锌排出体外，减少了心脏病发生的可能性。

硒是一种多功能的人类必需的微量元素，它在防癌、抗癌、抑制多种癌症方面作用突出。硒可直接与致癌物作用，阻碍致癌物在体内代谢产生；硒是谷胱甘肽过氧化物酶的重要成分，此酶在人体中起抗衰老、防癌变的作用；硒能提高人体的免疫功能，我国新疆西北边区的调查资料表明，该地区百岁老人最多，也是高硒区，而且该地区癌症发病率极低；硒具有维持心血管系统正常结构和功能的作用，血管病与缺硒有关，硒对冠心病和动脉粥样硬化有一定的抑制作用，其原因是硒能抑制脂质过氧化反应，消除自由基的毒害，从而保护心肌正常代谢。大骨关节病是原因不明的地方性疾病，现在知道与缺硒有关，硒可以缓解或降低汞、镉等有害元素的毒性。

我国营养学会推荐的硒供给量标准为5mg/d，当摄入硒量不足时，可食用富硒食品或药物补充，含硒较多的食物有海产品、肉类、奶制品和谷物，而蔬菜和水果中的硒含量甚微，补充硒药物有富硒酵母、含无机硒的维生素C片、无机硒的化合物。

锰是人体健康必需的微量元素之一，它是多种酶的激活剂，可参与体内各种氧化还原过程，使肌肉有力量。锰能影响动脉硬化病人的脂类代谢，人体缺锰可造成骨骼发育障碍，影响体内几种维生素的合成，降低抗病能力。

铝对人体的危害是多方面的，过量的铝可影响脑细胞功能，从而影响和干扰人的意识和记忆功能，造成老年痴呆症；可引起胆汁郁积性肝病，还可导致骨骼软化，以及引起细胞低色素性贫血、卵巢萎缩等病症。因此，世界卫生组织于1989年正式将铝确定为食品污染物，并要求加以控制。铝是通过铝制器皿和铝的食品添加剂进入到人体的。

痴呆症属大脑皮质疾病，初始症状为记忆障碍并逐渐消失，语言表达困难，失去识别能力，外出不辨方向以及感觉运动能力缺陷，易被激怒和猜疑。研究发现，痴呆症患者大脑含铝水平明显升高，约为正常人的10~30倍。铝是具有蓄积性的化学物质，生物半衰期为556天，储存于脑、骨、肺、肝、甲状旁腺等组织中，并且脑、骨、肺等组织中的铝可随年龄增加而增加。铝与脑组织有较大的亲和力，铝进入脑神经元细胞内，干扰脑细胞活动，破坏神经元结构，形成神经纤维结，出现异常脑电图波形，表现出透析性脑病或痴呆的症状；铝进入脑细胞内，抑制已糖激酶和K^+-ATP酶，直接破坏神经细胞内遗传物质脱氧核糖核酸的功能。铝在大脑中蓄积引起痴呆症是一个渐进的过程，一般需要10年才能表现出来，故平时应特别限制铝的摄入。实验证明每天摄入低于125mg的铝不会造成铝在人体内的蓄积。铝是地壳里最常见的金属，约占地球表面积总量的8%，存在于人类的日常生活之中并极易不知不觉地进入人的机体。预防铝摄入过多应从以下途径严加限制：不用明矾净化的水；尽量避免使用铝制器皿及餐具；尽量少吃油炸等含铝膨松剂（硫酸钾铝）的食品；少用铝制剂胃病药。

铅是人类最早发现并应用的金属之一，在应用过程中人们对其毒性也逐渐有所了解。对人体而言铅是一种没有任何生理功能，而具有神经毒性的重金属元素。铅进入人体会损害神经、消化系统和造血功能，四甲基铅和四乙基铅在肝脏中通过去烷基化生成的三烷基化合物是有毒的。可溶性无机铅盐都有毒，其毒性发端于Pb^{2+}易与蛋白质分子中半胱氨酸内的SH基发生反应，生成难溶化合物，中断了有关的代谢径路。铅在体内代谢情况与钙相似，易积在骨骼之中。儿童对铅的吸收率要比成人高出4倍以上。当人体摄入多量铅后，主要效应与4个组织系统相关：血液、神经、肠胃和肾。急性铅中毒通常表现为肠胃效应，在剧烈的爆发性腹痛后，出现厌食、消化不良和便秘。

铅的来源主要有铅的开采、冶炼和精炼对周围环境大气和土壤产生影响，从而污染食物；含铅农药的使用；食品容器、用具等对食物的污染。因此，我们要采取下列措施：餐前洗手，少吃含铅高的松花、爆米花等膨化食品；不要在交通繁忙区和工业生产区玩耍或逗留；多食用排铅食品，如：牛奶、海带、大蒜、洋葱、猕猴桃等。

镉对生物机体的毒性与抑制酶功能有关。人体镉中毒主要是通过消化道与呼吸道摄取被镉污染的水、食物和空气而引起的。如偏酸性或溶解氧值偏高的供水易腐蚀镀锌管路而溶出镉，通过饮水进入人体。长期吸烟者的肺、肾、肝等器官中含镉量超出正常值1倍，烟草中的镉来源于含镉的磷肥。镉在人体内的半衰期长达10～30年，对人体组织和器官的毒害是多方面的，能引起肺气肿、高血压、神经痛、骨质松软、骨折、内分泌失调等病症。在日本曾发生过骇人听闻的“病痛病”，镉中毒的受害者开始是腰、手、脚关节疼痛，延续几年后全身神经痛和骨痛，最后骨髓软化萎缩，自然骨折，直至在虚弱疼痛中死亡。有关报道指出，男性前列腺患者也与人体摄入过量镉有关。不少研究资料表明，在锌镉比低的地区，高血压发病率高，并且镉与心脏病之间有一定关系。

婴儿出生时体内并没有镉。随着年龄的增长，人体内的镉就慢慢积累起来，而人体对它又没有平衡机制，所以它能在肾脏积累。积聚在人体内的镉能破坏人体内的钙，受害者骨头逐渐变形。初为腰、背、下肢疼痛，以后疼痛逐渐加剧，步行时像鸭子般臀部左右摇摆，容易发生病理性骨折，患者因疼痛而不能入睡。进入人体中的镉能与含巯基的蛋白质分子结合，降低或抑制酶的活性，并妨碍蛋白质和脂肪的转化，引起高血压和心血管疾病。镉会蓄积在肾、肝和生殖器官等组织中，造成肾和神经损伤(以前者为主)。镉与锌的性质类似，但镉对某些肾组织比锌有更大的亲和力，因而能不可逆转地置换锌，改变依靠锌的一切生化反应，引起尿蛋白症、糖尿病、水肿病和癌症等。在因高血压死亡的人中，锌镉比为1.4左右，有的甚至不到1.0。食物中含锌量比常量少或含镉量多了都能引起镉在人体中的积聚。从预防镉中毒的角度来看，应尽量选食锌镉比值大于40的食物，如：牡蛎、谷类、面筋、豆荚、坚果等。

汞的毒性因其化学形态而有很大差别。经口摄入体内的元素汞基本上是无毒的，但通过呼吸道摄入的气态汞是高毒的；一价汞的盐类溶解度很小，基本上也是无毒的，但人体组织和血红细胞能将单价汞氧化为具有高度毒性的二价汞，有机汞化合物是高毒性的，例如20世纪50年代和60年代在日本的水埃市和新潟市分别出现的水俣病即是由甲基汞中毒引起的神经性疾病。这种疾病是由于工厂废液中甲基汞排入水系，又通过食物链浓集于鱼体内，最后被人经口摄取所致。水俣病在日本曾引起千余人死亡。因甲基汞致人死命的事件还曾在伊拉克、巴基斯坦等国发生过。

汞及其化合物的毒性主要出自于它们对含硫化合物的高度亲和能力，因此在进入生物体后，就会破坏酶和其他蛋白质的功能，影响其重新合成，由此引起各种有害后果。甲基汞的毒性表现还有其特异之处，进入人体度过急性期后可有几周到数月的潜伏期，然后显示脑和神经系统的中毒症状，而且难以痊愈。此外，甲基汞还能通过母体影响胎儿的神经系统，使出生婴儿有智能发育障碍、运动机能受损等脑性小儿麻痹症状。

汞、镉、铅能对人体的免疫功能造成损害，而硒可以对它们进行降解，以保护人们的健康，因此，我们应特别注意人体中硒的平衡。

钼是黄嘌呤氧化酶、醛氧化酶、亚硫酸氧化酶、硝酸还原酶中重要的金属成分。黄嘌呤氧化酶能催化人体嘌呤化合物的氧化代谢及最后形成尿酸，并与铁代谢密切相关。醛氧化酶参与机体解毒功能。亚硫酸氧化酶可催化含硫氨基酸物质代谢，此酶缺乏时可导致神经系统病变，多数还会造成眼球晶状体损害，而硝酸盐还原酶对食道癌的防治有一定的意义。根据我国河南林县发现，食道癌高发区居民的血清、尿与头发中钼含量明显低于低发区，食道癌患者体内钼含量也较低。

铬有多种氧化态，人体所需微量元素铬是指 Cr^{3+}。Cr^{3+} 参与糖类、脂肪及氨基酸的合成代谢，协调胰岛素发挥作用。Cr^{3+}不足会引起糖尿病，缺Cr^{3+}还会引起胆固醇明显下降，出现动脉硬化和心血管疾病，因此平时应多食用一些海产品、肉类和奶制品来保证人体铬的需求。

钙是人体内的重要元素，它是骨髓和牙齿的主要组成部分。骨质疏松症是中老年的一种常见骨病，其特点是骨头逐渐变细和脆弱，到了后期脊椎极为脆弱，非常容易变形，往往导致脊骨因衰弱而弯曲；随着脆弱程度的加剧，会增加发生骨折的危险，特别是造成严重损害的髋部骨折。增加钙的摄入量对于延缓因骨质疏松引起的骨质减弱和降低骨折发生率能起重要作用。当钙和维生素 D 一同服用时，效果尤其显著，因为维生素 D 能增强身体吸收钙的能力。许多专家认为，在青春发育期就应开始增加钙的摄入量，每个人每天应补钙 800mg，相当于 3 杯牛奶中的钙量。牛奶含钙量高，而且磷、钙比例为 1.2∶2 较合适，容易吸收利用。应注意经常食用含钙丰富的食物，如薯干、薯粉、香菜、油菜、咸鸭蛋、松花蛋、大豆及大豆制品、海鱼、海带、海参、虾皮以及绿色蔬菜等。肉类食品连骨一起煨炖，并加一点醋，肉汤中的含钙量亦可明显提高，孕妇也需要增加钙来促进胎儿的骨骼形成。

既然钙对我们如此重要，所以我们应该保证每天钙的摄入量，但一定要科学补钙。钙一旦服用过量，极易引起肾结石、顽固性便秘。有一位老人从绝经前就开始补钙和服用维生素 D，十几年来自以为很满意，不久前出现腰痛、血尿，B 超、CT 检查都证实是肾盂结石；再检查她有明显的高钙血症。美国哈佛大学医学院通过调查，发现每天从牛奶、乳制品中摄入 1098mg 的钙是适量的，可安全有效地防止发生骨质疏松症。此外，豆浆、豆腐、虾皮也是钙的主要来源。

镁也是人体所必需的，镁是一种重要的保护性无机离子，堪称人类心脏的保护伞。当镁的摄入量过少、血液中镁的水平呈现不足时心脏就会遭殃。镁的不足还会使人的情绪趋于紧张，从而增加紧张激素的分泌，紧张激素的分泌又会反过来造成镁的损失。其恶性循环的结果，最终会增加心脏病突发的危险。在正常情况下人体每天至少要摄入 300 ~ 350mg 的镁。人体摄取镁的主要途径是多食用一些含镁量高的食物，如绿叶蔬菜、蛙鱼、沙丁鱼、贝类、虾类、坚果类、麦片、小麦胚以及大豆、糙米、荞麦、大麦等。镁和钙在硬水中是最重要的矿物质，二者可与食物一道，在消化道内形成脂肪酸盐，以防止与脂肪有关的动脉粥样硬化发生。所以，对于高血压、心脏病患者和消化道吸收障碍病人，以及服用利尿剂和洋地黄药物而造成镁损失的人来说，更应多吃富镁食物，必要时还应补充镁制剂。但过量的镁会造成血凝结，损害人体健康。

钾能够维持人体离子平衡，而钠还有传递生物信息的作用。可见人体是一个复杂的有机体，包含了许多物质和元素，因此要特别注意各种微量元素在人件内特定的存在方式和数量，各种元素既互相依存，又相互制约，任何元素的过量和缺乏都会导致机体正常状态的破坏。一定要重视它们之间的平衡，只有这样才能保证机体的正常运行。有趣的是人体内几十种元素的平均含量与地壳几十种元素的平均含量相同，血液内的几十种元素的平均含量与海水中的几十种元素的平均含量相同。元素平衡医学指出：从某个角度讲生病等于体内元素平衡失调，治病等于补充或调整体内元素平衡。

钴存在于维生素 B_{12}中，是在生理学上用来处理疾病的最有效的化合物之一。人们早就知道，肝制剂对恶性贫血有良好疗效，最初认为这是由于肝脏中含有抗贫血因子的缘故。后来证明抗贫血因子是由维生素 B_{12}和胃液中的一种黏蛋白结合而成。对于恶性贫血每天摄入

维生素 B_{12}20mg 左右，一般就能加以控制，按钴计算每天摄入 1mg 便可。此外钴具有驱脂作用，能防止脂肪在肝脏中堆积。表 5－1 列出了人体所需微量元素与平衡失调导致的症状。

表 5－1　人体所需微量元素与平衡失调

元素	人体含量/（mg/kg）	日需量/（mg/kg）	生理功能	缺乏症	过量症
Fe	4.2	12	制造血红蛋白和含铁酶	贫血、免疫力低、易感冒、口腔炎	心衰、糖尿病、肝硬化
F	2.6	1	防龋齿、参与钙磷代谢	龋齿、骨质疏松、贫血	氟斑牙、骨质增生
Zn	2.3	15	激活多种酶，参与核算和能量代谢，促进性机能正常，抗菌消炎	侏儒、溃疡、炎症、不育、白发、白内障、肝硬化	肠胃炎、前列腺肥大、贫血、冠心病、高血压
Sr	0.32	1.9	长骨骼、合成黏多糖、维持组织弹性	骨质疏松、白发、龋齿	关节痛、贫血、肌肉萎缩
Se	0.2	0.05	抑制自由基	心血管病、克山病、关节炎、癌	心肾功能障碍、腹泻
Cu	0.1	3	造血、合成酶和血红蛋白、增强抵抗力	关节炎、心肾功能障碍、溃疡	黄疸肝炎、肝硬化、癌、肠胃炎
I	0.03	1.14	调节能量、加速生长	甲状腺肿大、心悸、动脉硬化	甲状腺肿大
Mn	0.02	8	增强蛋白质代谢、合成维生素、防癌	软骨、营养不良、神经紊乱、肝癌、生殖功能受抑	无力、帕金森症、心肌梗死
V	0.018	1.5	刺激骨髓造血、参与胆固醇和脂肪代谢	胆固醇高、生殖功能低下、贫血、心肌无力、骨异常	结膜炎、鼻咽炎、心肾受损
Sn	0.017	3	促进蛋白质和核酸反应、促进生长、催化氧化还原反应	抑制生长	贫血、肠胃炎
Ni	0.01	0.3	参与细胞激酶和色素代谢、生血、激活酶、形成辅酶	肝硬化、尿毒症、脂肪和磷脂代谢异常	鼻咽癌、皮炎、白血病、骨癌、肺癌
Cr	<0.006	0.1	发挥胰岛素作用，调节胆固醇、糖和脂代谢、防止血管硬化	糖尿病、高血脂、结石、胰岛素功能失调	伤肝肾、鼻中隔膜穿孔、肺癌
Mo	<0.005	0.2	组成氧化还原酶	心血管病、克山病、食道癌、结石、龋齿	睾丸萎缩、性欲减退、脱毛、软骨、贫血、腹泻
Co	<0.003	0.0001	造血	心血管病	高血脂、癌

参 考 文 献

1 徐群杰，姚伟峰，王罗春等编著．绿色化学与材料技术进展[M]．北京：化学工业出版社，2012.
2 汪志勇，王官武，王中夏等译，郭庆祥审核．绿色化学导论[M]．北京：中国石化出版社，2006.
3 訾俊峰主编．绿色化学与现代生活[M]．武汉：武汉大学出版社，2011.
4 李德华编著．绿色化学化工导论[M]．北京：科学出版社，2005.
5 吴辉禄编著．绿色化学[M]．成都：西南交通大学出版社，2010.
6 贡长生，张龙主编．绿色化学[M]．武汉：华中科技大学出版社，2008.
7 魏荣宝，梁娅，孙有光编著．绿色化学与环境[M]．北京：国防工业出版社，2007.
8 闫立峰编著．绿色化学[M]．合肥：中国科学技术大学出版社，2007.
9 李再峰主编．绿色化学实验[M]．武汉：华中科技大学出版社，2008.
10 李群，代斌主编．绿色化学原理与绿色产品设计[M]．北京：化学工业出版社，2008.
11 杨德红，杨本勇，李慧，张留学编著．绿色化学[M]．郑州：黄河水利出版社，2008.
12 胡常伟，李贤均编著．绿色化学原理和应用[M]．北京：中国石化出版社，2002.